数学往事知多少

——话剧《哥廷根数学往事》和《黎曼的探戈》

柳形上　刘　攀　编著

科　学　出　版　社

北　京

内 容 简 介

本书以话剧的形式再现了数学发展历程中的一些往事。话剧《哥廷根数学往事》以20世纪的数学巨匠——希尔伯特的智慧人生和科学故事为主线，再现了数学史上最为著名的一个学派——哥廷根学派的辉煌以及最后的落寞。话剧《黎曼的探戈》则以著名的黎曼假设与素数的音乐故事作为知识的载体，通过两位主角 Dr. Prime 和 Prof. Devil 穿越时空之旅的模式来讲述数学家们在一个半世纪征程里的诸多数学科学传奇。

本书可以作为高等院校研究生和本科生科学人文类通识课程的辅助教材，也可以作为中小学数学拓展类课程的教辅书。

图书在版编目 (CIP) 数据

数学往事知多少：话剧《哥廷根数学往事》和《黎曼的探戈》/ 柳形上，刘攀编著 . — 北京：科学出版社，2020.3

ISBN 978-7-03-061617-3

Ⅰ . ①数…　Ⅱ . ①柳…　②刘…　Ⅲ . ①数学史－普及读物　Ⅳ . ① 011-49

中国版本图书馆 CIP 数据核字 (2019) 第 115097 号

责任编辑：李静科　李　萍　贾晓瑞 / 责任校对：邹慧卿

责任印制：吴兆东 / 封面设计：无极书装

科学出版社 出版

北京东黄城根北街 16 号

邮政编码 :100717

http://www.sciencep.com

北京虎彩文化传播有限公司印刷

科学出版社发行　各地新华书店经销

*

2020 年 3 月第　一　版　开本：720 × 1000　1/16

2022 年 8 月第三次印刷　印张：16　1/2

字数：328 000

定价：59.00 元

（如有印装质量问题，我社负责调换）

序 言

本书收录了《哥廷根数学往事》和《黎曼的探戈》两部原创数学话剧的剧本，以及话剧创作背后的一些数学故事。

华东师范大学(简称“华东师大”)数学话剧的创作与实践已有6年。从2012年最初的《无以复“伽”》到2017年的《几何人生》，这6年来我们已排演了8部原创数学话剧。很欣喜地看到每年的这一数学文化活动都会使许多同学因为参与话剧而更加喜爱数学，每一次都会有不少同学因为数学话剧而品味到数学文化的魅力。每一回的话剧月活动，都带给我们深深的感动。《哥廷根数学往事》和《黎曼的探戈》分别是在2015年和2017年推出的两部数学话剧。

《哥廷根数学往事》以20世纪的数学巨匠——希尔伯特的数学和生平故事为主线来奏响话剧之声：当我们打开数学历史的画卷，来到19世纪至20世纪初的欧洲，德国的一个美丽小城——哥廷根，那个时期的哥廷根，被誉为“世界数学的圣地”，吸引着众多的年轻人“打起背包，到哥廷根去”。在这里，众星璀璨——他们造就了数学史上最为著名的哥廷根学派。这一学派曾在20世纪世界数学科学的发展中长期占主导地位，对现代数学有深远的影响……

曾几何时，群星云集的哥廷根学派，因为那个时代的政治风雨，如云散去。但让人欣慰的是，在当今世界各地，希尔伯特的精神依然在闪烁光芒！在世界各地，到处都有希尔伯特的学生，以及其学生的学生。这一话剧再现了昔日哥廷根学派的辉煌以及它最后的落寞。

您在阅读这一原创数学话剧时，不妨关注一下，这其中有中西方文化的“遇见”。

《黎曼的探戈》则以著名的黎曼假设与素数的音乐故事作为知识载体，通过两位主角 Dr. Prime 和 Prof. Devil 穿越时空的旅行来讲述数学家们在黎曼假设的一百多年征程里的一些数学传奇。

数学话剧是一种数学文化传播的新模式。这种探索的目的，是想通过数学文化与话剧的艺术融合，让数学文化更好地走进学生的生活，帮助更多的学生培养数学学习的兴趣，让更多的人了解数学、喜爱数学。

数学话剧也可以是一种实践数学教育教学的新模式。以数学话剧的模式来引领文化教育与创新，通过相关的科学知识与人文故事的讲授、同学们参与话剧演出，更好地达到科学技能与人文素养同步提高的目的。在引导学生树立科学自信的同时，以数学话剧这一“润物无声”的形式将可贵的团队合作精神和科学工匠精神有效地传递给同学们。

回眸这些年的数学话剧的创作历程，我们收获了诸多的感动和启迪。尽管参与演出的同学们并不是专业的演员，但他们大都洋溢着专业演员的精神。在从排练到演出的一个多月时间里，话剧组的所有同学带着热情、专注，为着同一的主旋律而努力，这是十分可贵和感人的。在那些日子里，我们一道为此群策群力，才得以造就那些话剧演出的精彩！这是数学话剧与话剧的舞台带给我们的力量。

高斯、狄利克雷、黎曼、克莱因、希尔伯特……

数学的故事说不完。话剧可以因为数学而无限精彩！期待数学话剧可以早日步入中小学的校园。

本书中的图片来自维基百科和圣安德鲁斯大学(数学与统计学院)的数学家网页。在此表示感谢。

关于本书的形成，感谢几部书和它们的作者。话剧《哥廷根数学往事》的创作是以康斯坦丝·瑞德 (Constance Reid) 所著的《希尔伯特：数学世界的亚历山大》一书为蓝本的。而《黎曼的探戈》这一剧本的完成，得益于卢昌海先生的科普大作《黎曼猜想漫谈》和马科斯·杜·索托伊 (Marcus du Sautoy) 的《素数的音乐》等几部相关的科普书。在此表示感谢。

关于本书的形成，也要感谢许多同学和老师。在我们这 6 年多的数学话剧创作中，有太多的同学需要感谢：刘欣雨、卢昊宇、张奕一、兰彧、韩嘉业、林玉容、贾亦真……因为多，不再一一具名。在此还要特别感谢汪晓勤教授和邹佳晨老师——尤其是后者在这些年的数学话剧活动中厥功至伟，没有他们的引领和指导，数学话剧的演出不会有这么好的呈现。很欣喜看到这些年有不少同事的孩子参与话剧演出，感谢他们为我们的数学话剧和文化传播增添精彩！也感谢他们的父母和许多关心数学话剧的老师。

这些年的数学话剧创作离不开学校和院系内外许多老师和同学的支持。每一年的数学话剧都会有许多同事和同学以这样或者那样的方式传递着数学和文化的力量，在此深表感谢。在此谨向如下的老师致以特别感谢：贾挚副教授、谈胜利教授、熊斌教授、羊丹平教授……他们既是数学话剧的热心观众，又是这一科学文化活动的顾问。

特别感谢我们的家人，感谢他们的默默支持。

这些年的数学话剧活动得到了国家理科基地项目与华东师范大学校园相关经费的资助。而本书的出版，得到华东师范大学数学科学学院和上海市核心数学与实践重点实验室项目经费的资助。在此呈上我们最真挚的谢意！

这两部数学话剧依然有着诸多可以再完善的空间。不管是《哥廷根数学往事》，还是《黎曼的探戈》，每一个精彩的数学故事，都值得我们多次演绎以期待它日臻完美！本书只是抛砖引玉，期待有更为精彩的数学话剧作品不断涌现。

我们真诚地希望数学话剧可以为传播数学文化、改善数学教育贡献一己之力。

编　者

2018 年 4 月 25 日

于华东师范大学闵行校区数学馆

目 录

黎曼的探戈

哥廷根数学往事

第 1 幕

往事知多少

时间: 2015 年的某一天

地点: 华东师范大学一隅

人物: 数学嘉宾 $e^{i\pi}+1=0, \zeta(s), \left(\frac{q}{p}\right)\cdot\left(\frac{p}{q}\right)=(-1)^{\frac{p-1}{2}\cdot\frac{q-1}{2}}$, *V, K, M;*

柳形上,《竹里馆》节目主持人;

还有现场的观众朋友们

（舞台上，灯亮处，柳形上（上））

柳形上：独坐幽篁里，弹琴复长啸；深林人不知，明月来相照！

老师们，同学们，朋友们，晚上好！这是华东师大数学文化类节目《竹里馆》的录制现场，我是主持人柳形上。欢迎大家的到来！

（掌声稍停后）

柳形上：华东师范大学《竹里馆》的系列活动自 2010 年录播以来，已历经 5 个春夏秋冬。5 年的流金岁月，5 年的校园时光，5 年的数学往事……在这 5 年里，我们怀抱数学的梦与想象力，传递人文的哲思与爱。虽艰辛，亦快乐。

在这即将步入第 6 年的特别时刻，我们迎来一期特别的节目——其主题是《哥廷根数学往事》。这一期将会有 6 位特别的数学嘉宾加盟我们的活动！他们将和我们一道来聊聊“那些年，发生在哥廷根的数学往事”。

（在观众们的掌声中，6 位数学嘉宾来到舞台上，可配一些音乐）

柳形上：有请各位嘉宾，和观众们打个招呼吧！

$\boldsymbol{\left(\frac{q}{p}\right)\cdot\left(\frac{p}{q}\right)=(-1)^{\frac{p-1}{2}\cdot\frac{q-1}{2}}}$：同学们晚上好！我是 N，在数学上人们叫我“二次互反律”。

K：晚上好，朋友们……我是 K，来自几何学的王国，人们管我叫“克

莱因平面”。

$\zeta(s)$：我么……被叫做黎曼 ζ 函数，很高兴来到节目的现场。

V：我是“摆线”，被誉为“几何学家的海伦”。

M：嗨！我是 M！我的使命是，为数学的真理而辩护！

$e^{i\pi}+1=0$：呵呵，我是 E，是大家最最熟悉的欧拉公式！

（在观众的掌声里，嘉宾们入座）

柳彤上：话说……当我们打开数学历史的画卷，漫步在数学的长廊里，可遇见许多精彩的数学故事画片，19—20 世纪初发生在德国的美丽小城——哥廷根——的那段数学时光，依然让人如此神往。

（稍稍停了停）

柳彤上：一百多年前的哥廷根，被誉为“数学的圣地”，吸引着如此众多的年轻人……哈，各位嘉宾作为这段数学历史的见证者，觉得是什么造就了哥廷根在数学上的辉煌？

（众嘉宾们相互望了望，有的微笑着摇摇头，随后又点点头）

M：这里的原因可是有很多……比如这里有数学大师，还有众多天才学生……数学是他们每天的娱乐与谈资。

V：还有这里美丽的小城风光，我喜欢。

M：哈哈，当然还有各方面的财力支持！

K：我觉得，当时哥廷根在数学上的辉煌，源自其伟大的数学传统，这一伟大传统的编织者有高斯、狄利克雷、黎曼、克莱因、希尔伯特……

$\left(\frac{q}{p}\right)\cdot\left(\frac{p}{q}\right)=(-1)^{\frac{p-1}{2}\cdot\frac{q-1}{2}}$：是啊，哥廷根的这一伟大数学传统正是由“数学王子”高斯所创。

V：嗨，这位先生，别激动……请别激动！

M（打了个哈哈，对 V 道）：你还是别劝了，每当听到高斯的名讳，他总是如此，就像 $\zeta(s)$ 函数听见黎曼的名字会情不自禁地心动一样。

$\zeta(s)$：嘿嘿。

$e^{i\pi}+1=0$：在哥廷根的数学史上除了上面所说的这些数学家（可放相应的 PPT 页面），还有其他著名的数学家，如克莱布什、富克斯、施瓦茨和韦伯……

（屏幕上可出现如下这些数学家的图片和相关介绍）

柳形上：看来各位都非常认同这一点，哥廷根在数学上的辉煌离不开那些数学大师们……呵呵，这不，我们这一期节目的编导们给各位和下面的观众们设计了这样一个“谜题”：

请将上面这些数学家的名字 (或者画像) 填入如下“往事的幻方格”(可放相应的 PPT 页面)，使得方格中的每一行、每一列以及两对角线上的数字和是同一个常数。

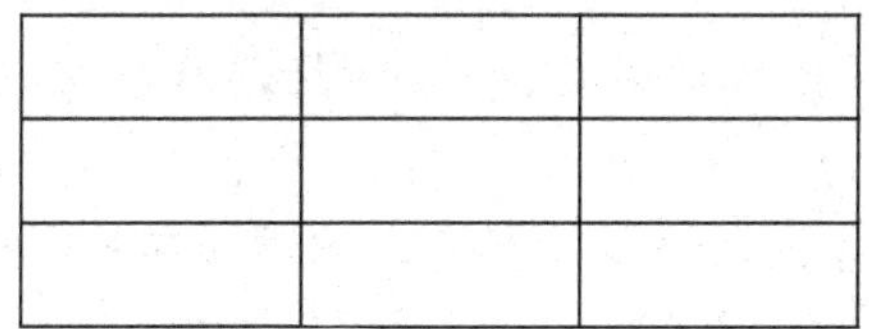

V(沉吟道)：这个谜题可真是……有点古怪？哪来的数字……哪里来的和？

柳形上 (似往台下看了看，笑道)：呵呵，我们的编导们说，“请随意”。

(却见 $\zeta(s)$ 有点随意地点上“希尔伯特”的画像，将他移入在幻方格的中间位置，于是有貌似“红色的印记”随之闪动！ 舞台上灯光渐渐变暗)

V：啊！错了，错了……你点中的不是“黎曼”，而是“希尔伯特”！……

第 2 幕

（暗幕中，随着舞台上的道具和人物上场，闪烁在 PPT 上的文字是……）

亲爱的闵可夫斯基，您好！

我现在在莱比锡，一个有趣的城市。源于赫尔维茨的建议，我来这里随 F. 克莱因先生学习数学。您知道的，克莱因可是我们数学界的一个传奇人物，当初正是我现在这个年纪时，他就是埃尔朗根大学的教授了……他的数学兴趣包罗万象：几何、数论、群论、不变量理论、代数……这些都融汇在他优秀的作品中……

这学期我选听了克莱因的课，还参加了他的一个讨论班……他的课远近闻名，受到普遍的称赞……在莱比锡，有很多人对不变量理论感兴趣。

——希尔伯特，1885 年夏，莱比锡

真的很羡慕你！亲爱的朋友！相比莱比锡的数学热情，在这兵营里的日子冷清、无趣……啊，何年才是个头呀！我这个可怜的士兵几时才能为自己心爱的数学忙碌呢？……

——闵可夫斯基，1885 年，腓特烈堡

……我在克莱因先生的讨论班上作了一个报告，真的很幸运，得到了先生的赞赏。我还应邀参加了他家里的一个“小型宴会”，我们在他家里的谈话异常活跃，“天南海北无所不谈”，他建议我在返回柯尼斯堡[①]之前应该先去巴黎待上一段时间……特别地，假若可设法和庞加莱和谐相处的话。

——希尔伯特，1885 年 12 月，莱比锡

真羡慕啊！巴黎可是当今科学活动的蜂巢，那是年轻人学习数学的天堂……为了超越他们，需要先掌握他们的所有成果……圣诞节前夕，我一直在华氏 20 度的气温下站岗，战友忘了来换班……我希望不久后和数学皇后重温旧谊。

——闵可夫斯基，1885 年岁末，腓特烈堡

①现更名为：加里宁格勒。

我已在巴黎。遵照克莱因的教诲，我极力试图和庞加莱建立友谊。他虽比我大不了几岁，但已发表上百篇文章了，且他的许多工作“远在一般应得的赞美之上”……我听过他的位势理论和流体力学的课，他讲得非常清楚，尽管有学生说，他讲课稍稍快了点。很多法国数学家——如阿尔芬、达布、皮卡、波内特、若尔当都给了我们非常热情的欢迎，其中若尔当最为友善。但对我来说最有吸引力的却是埃尔米特……

——希尔伯特，1886 年 3 月，巴黎

假如大人物中的一个，若尔当或者埃尔米特，还记得我的话，请代我向他们致以最美好的问候，并请千万说明，我的怠惰大都是环境所逼，并非全是我的本性。

——闵可夫斯基，1886 年 5 月，腓特烈堡

在回柯尼斯堡的路上，我曾在哥廷根大学有过短暂的停留，我发现自己被哥廷根这座小城和它周围丘陵起伏的漂亮原野迷住了，这跟熙攘忙乱的柯尼斯堡和它郊外一马平川的牧场是多么不同呀！

现在我获得了在柯尼斯堡大学讲课的资格。只是这里愿意学数学的学生没有几个。不过和林德曼教授可以聊数学，特别是和赫尔维茨，一如既往的数学散步曲，对我依然是一大激励。柯尼斯堡由于偏远带来的弊端，我希望在明年再作几次数学旅行来克服……或许，我将开始与戈丹先生会面。

——希尔伯特，1887 年，柯尼斯堡

请接受来自波恩的问候！多么希望再回到柯尼斯堡，加入你们每天数学散步的行列。在这里，我缺少请教数学问题的人，那位唯一的数学教授一直在病中……

——闵可夫斯基，1887 年，波恩

期待已久的数学旅行又开始了，我正在去埃尔朗根的路上，我这“熟习不变量理论的封臣”，到那里去……是的，去那里朝见“不变量之王”。

——希尔伯特，1888 年，路上

在埃尔朗根听了戈丹本人的讲述，我似乎体验到了一种过去从未有的数学新境界。“戈丹问题”唤起了我那完美的数学想象力。很高兴告诉你，亲爱的朋友，在返回柯尼斯堡的路上，关于戈丹的那个著名定理，我想到了一个更短、更简单和直接的证明（不到 4 页）。进一步，若通过改变问题的提法和不同于以往的途径，我则可以用一种统一的方法对任意一个变数的代数形式建立起更一般的定理。

——希尔伯特，1889 年，柯尼斯堡

祝贺你！亲爱的朋友，我早就清楚，由你来解决这个经典的问题，只是个时间问题——就像是 i 上只缺那个点；只是让我们想不到的是，它竟然如此出奇地一下子就解决了，真让人高兴！再次祝贺你！至于我，现在几乎完全在物理学的海洋里尽情畅游，因为这段时间以来赫兹和他的物理对我的吸引力越来越大，于是我任由神奇的魔术——物理去摆布……

——闵可夫斯基，1890 年，波恩

我相信，由不变量衍生出的函数域理论中的最重要的目标或已达到……我将决绝地离开不变量领域。另外，我要结婚了，她曾是我最喜欢的舞伴——克特·耶罗施女士……

从现在起，我将献身于数论。

——希尔伯特，1893 年，柯尼斯堡

第一场　鸿雁传书

时间：1897 年

地点：哥廷根大学附近，希尔伯特的家

人物：D. 希尔伯特 (David Hilbert) 和他的夫人克特女士

（灯亮处，舞台上，希尔伯特坐在一桌旁，翻着一卷书稿——那是他的尚未完成的《数论报告》，他的夫人克特很兴奋地从门外进来，手里拿着一封来信）

克特：亲爱的，亲爱的……闵可夫斯基又来信了！

希尔伯特（目光离开他的书卷，欣然地朝着其夫人）回道：读读看，这回又有何关于《数论报告》的新建议？

克特（边打开信边说道）：别急，别急……自从两年前的那个秋天，你们接受德国数学会编写报告的任务以来，每当有他的来信的时刻，你都这么高兴……哈，亲爱的，这个名曰代数数论的领域真的有那么迷人吗？

希尔伯特：知我者，夫人也。因为你如此地支持，使得素数和互反律 wiggeln und waggeln！

克特（打开信，读道）：亲爱的朋友，关于这卷《数论报告》，我已经没有太多的提议和注释了。这卷书无论在哪一方面都超出了数学会同仁们的期望。要知道，库默尔、克罗内克和戴德金关于代数数域的革命性工作是如此复杂，以至于当时大多数的数学家都无法理解它。现在，通过你简单而明晰的表达，已经把最近以来全部的困难融合为优雅而完美的理论……这是一篇杰作，其引言堪称是最优美的德文散文之一。

祝福你！经过一年多努力地工作之后，这样的时刻终于到来了：你的报告将成为所有数学家的共同财富……让我们期待，在不久的将来，你将跻身于数论领域中最伟大的经典学者的行列！

克特（停了停，微笑道）：亲爱的，想不到闵可夫斯基赞美别人也是如此高明啊。

希尔伯特：我这老朋友……原本就是很可爱的。

克特（看着信，续道）：不过……（她又停下，微笑不语）

希尔伯特（有点不解地问）：不过什么？

克特：不过你没有感谢希尔伯特夫人，我和赫尔维茨都觉得这太不像话了。就这么拿出去，那简直是，无论如何是不能容许的。

希尔伯特（微微一笑）：原来如此……

（于是他提笔在书卷上写下"感谢克特·希尔伯特夫人"的字样。因此最后"感谢克特·希尔伯特夫人"这个补充在威尔海姆·韦伯街 29 号新居的书房里被加上了。报告引言上署名的最后日期是：1897 年 4 月 10 日）

（灯暗处，舞台上两人下，旁白起）

旁白：希尔伯特的这卷《数论报告》，可谓是现代数学文献宝库中的一大珍品，其中包含许多创造性的贡献。书中所包含的诸多概念，导引了同调代数、代数几何和拓扑学的发展……1897 年的这个春天，对希尔伯特来说，是一个值得纪念的春天——他家的新居落成了，他的《数论报告》亦在最后的印刷之中。不由地，他想起两年前，刚来到哥廷根的日子，他的记忆回到这个在迷人小城上的第一堂课……

第二场　笛声初奏

时间：1895 年的某一天

地点：哥廷根大学

人物：希尔伯特，阿诺德·索末菲 (Arnold Sommerfeld)，

上课的学生们——

奥托·布鲁门塔尔 (Otto Blumenthal)，格雷丝·杨 (Grace Young，女) 等

旁白：希尔伯特于 1895 年 3 月来到哥廷根，差不多恰是高斯到达之后的整整一百年。哥廷根的数学传统里，又增添了一位伟大的数学家。

（希尔伯特走上讲台……台下响起众同学的掌声，或是些踏步声。希尔伯特点了点头，看着台下微微笑了笑，不紧不慢地开始他的课）

希尔伯特：多年前我曾路过哥廷根，这座美丽的小城把我给迷住了……

于是这一次我欣然接受克莱因先生的邀请，来到这曾经梦想的地方……

（稍停后）

话说在哥廷根的数学传统里镶嵌有许多伟大人物的名字：高斯、狄利克雷、黎曼……让我们追随大师的脚步，漫步在奇妙的数学世界里……

（希尔伯特转过身，在黑板上写下这样的文字）（此处放相应的 PPT 页面）

$$\begin{vmatrix} \frac{\partial y_1}{\partial x_1} & \frac{\partial y_1}{\partial x_2} \\ \frac{\partial y_2}{\partial x_1} & \frac{\partial y_2}{\partial x_2} \end{vmatrix} vs\ \vartheta(z;\tau)=\sum_{n=-\infty}^{\infty}\exp(\pi i n^2\tau+2\pi i n z)。$$

希尔伯特：作为在哥廷根的第一门课，我想讲授行列式和椭圆函数！（他顿了顿）或许有同学会奇怪，行列式和椭圆函数，两者是如此不同，一个来自代数学，另一个则来自分析学，看似毫不相干的两个主题，竟然可以联系在一起？

格雷丝·杨：是呀，多奇妙的遇见！

布鲁门塔尔：教授，把行列式和椭圆函数放在同一门课里，真的是有点不可思议啊！

（在不少同学附和声中，希尔伯特接着说道）

希尔伯特：这有何不可呢？让行列式和椭圆函数漫步在同一门课里，至少可以因为一个人，一位数学家。哈，那是一位非常伟大的数学家……在座的各位同学不妨猜猜看，他会是谁。

（这多少激起同学们的好奇心，于是有同学议论纷纷）

格雷丝·杨：高斯！

（希尔伯特微笑着摇了摇头）

同学 A：狄利克雷？

（希尔伯特再微笑摇头）

同学 B：黎曼？

（希尔伯特再微笑摇头）

布鲁门塔尔：那是否是克莱因！？

（希尔伯特再微笑摇头）

同学 A：魏尔斯特拉斯？

（希尔伯特再微笑摇头）

格雷丝·杨：教授，您说的，不会是您自己吧？

（希尔伯特禁不住笑了）

希尔伯特：哈哈，这个伟大的人物会是希尔伯特？……这倒是一个很有趣的选项。

索末菲：嘿嘿，希尔伯特教授想说的这位伟大人物，当是数学家雅可比！

希尔伯特（愉快地点头）：是的，正是雅可比！（这里可放有关数学家雅可比的 PPT 页面）在他的身上，可以神奇地把行列式和椭圆函数这两个概念联系在一起！卡尔·雅可比，被认为是高斯时代欧洲仅次于高斯的数学家！他曾执教于柯尼斯堡大学……

布鲁门塔尔：柯尼斯堡大学？哈，这不正是教授您来到哥廷根之前执教的大学吗？

希尔伯特（微笑）：是的，还有在座的索末菲助教，我们都是柯尼斯堡大学的校友！

众同学羡慕道：喔！

（希尔伯特在此停了停）

希尔伯特：在当今大学的课堂，代数学中最重要的内容就是矩阵和行列式，这两者焦不离孟，孟不离焦；但回溯数学往事，行列式的概念却是先于矩阵的……话说 200 多年前的某一天，莱布尼茨在写给其朋友洛必达的一封信中最早使用了行列式。其后有许多数学家，如克拉默、范德蒙德、柯西等都在行列式理论上做出了很大的贡献……但在这一故事里，我们不能不提到一个人。

（他停了停，微笑着看着同学们）

众同学笑道：雅可比！

希尔伯特：是的。正是雅可比引进了函数行列式，并引导这些行列式在多重微积分学的变量替换中无可限量的作用。

希尔伯特（微微停了停）：说到椭圆函数，可谓是函数论在当今这个世纪发展中最光辉的成就之一。椭圆函数的概念诞生于著名的椭圆积分……

（讲课在继续……灯渐暗处，众人下，旁白起）

旁白：在将下课的时刻，希尔伯特告诉同学们，数学学习的一个非常有效的办法是，相互间就数学问题多多聊天（后称"数学聊天"）。他欢迎课上的同学参与每星期三讨论班后的共同午餐和数学散步！

第三场　数学散步曲

时间: 1895—1897年的某一天

地点: 哥廷根大学的校园, 草地上

人物: 希尔伯特, 布鲁门塔尔, 格雷丝·杨(女),

A.I. 麦迪森 (Ada Isabel Maddison)(女),

菲利普·富特文格勒 (Philipp Furtwängler), 汉斯·冯·沙佩尔 (Hans von Schaper), F. 比尔 (Fritz Beer) 等

注释：在这一场中，有三位数学嘉宾或可以参与讲解。

(舞台上呈现的是：某一天，希尔伯特和他的一些学生在哥廷根大学的校园里散步，他们在聊着点什么，走着走着，他们在校园的一草地或树下坐下来)

比尔：教授，在上一次的数学散步中，我们聊到了代数数与代数数域，如您所说，二次域$\mathbb{Q}\sqrt{(d)}$和分圆域$\mathbb{Q}(\zeta_p)$是两类最为经典的代数数域……不过我们为何要研究这些很是独特，有点……不一样的数域呢?

布鲁门塔尔：是呀，教授，我也很是好奇……我们为何要研究这些代数数域呢？二次域和分圆域又缘何步入数学家的脑海?

希尔伯特(微笑)：呵，关于这个问题……或许得问问伟大的高斯。19世纪数论的发展和代数数论的建立可以说是由他的名作《数论探究》一书开始的。

格雷丝·杨：啊，我们的数学王子高斯。

希尔伯特(略有沉思状)：嗯，其实在高斯之前，就有一些大数学家，比如，欧拉、拉格朗日和勒让德等在研究一些不定方程，如$y^3=x^2+2$，$x^2-dy^2=1$(Pell方程)和费马方程$x^3+y^3=z^3$时，就采用过二次域和一些特殊的分圆域$\mathbb{Q}(\zeta_3)$，但关于二次域的系统和深入研究则是由高斯完成的……

比尔：那么，分圆域又有怎么样的数学故事呢?

希尔伯特：分圆域的精彩故事则更多的是联系着另外一个德国数学家的名字——库默尔，在研究费马的著名问题：不定方程$x^n+y^n=z^n(n\geqslant 3)$没有正整数解的过程中，库默尔先生关于分圆域所做的深刻工作，则是代数数论产生的另一大标志。

(在光影变幻中，或可灯光先暗3—5秒钟，然后再亮起)

富特文格勒：教授，我们都知道，古典数论的一大主题是研究整数的算术性质，比如我们有算术基本定理，即每个整数有唯一的素因子分解……教授，我想问问，在代数数论里有相应的数学故事吗?

希尔伯特(微微笑了笑)：在代数数论里我们依然可以有代数整数、整除、素数的概念……正是在高斯关于二次域和库默尔关于分圆域的工作基础上，戴德金将他们的思想加以代数化，建立了一般代数域上的基本概念和结果……嗯，只是一般说来，素因子唯一分解定理不见得成立……

汉斯·冯·沙佩尔，格雷丝·杨(有点惊讶地)：啊……

希尔伯特(微笑着)：可以想象，这里的故事将因此变得更为精彩……比如，库默尔在研究费马猜想的过程中引入理想数，且对分圆域发现了理想数分解成理想素数的唯一性。这个规律今天已被戴德金和克罗内克推广到任意代数数域之中，占据现代数论的中心位置，其意义已远远超出数论的界限，进入了代数学和函数论的王国……

(在光影变幻中)

希尔伯特：你们可知，在高斯的数学人生中，有一个定理或曾是他的最爱……

富特文格勒：您说的可是二次互反律？

希尔伯特：正是二次互反律(放相应的 PPT 页面)。呵……这个定理最初由数学家勒让德所猜想，而定理的第一个证明则是由高斯给出的……高斯是如此喜爱这一定理，于是在他一生中对此定理至少给出了 6 个不同的证明。

格雷丝·杨：哇！

汉斯·冯·沙佩尔：哈哈！

希尔伯特：这一定理后来被狄利克雷推广到更为一般的域上，他给出了高斯数域 $\mathbb{Q}(i)$ 上的二次互反律……而最近的研究表明，若用分圆域中素理想的分解法则可以给出高斯互反律的一个新证明！由此我们不妨问一问：对于任意代数数域，当有怎样的一般互反律？

富特文格勒：这会是一个非常迷人的、富有挑战性的数论问题！

希尔伯特(微笑着)：是的！这是当今数论最为迷人的问题之一……(稍稍停顿)还有一个很是有趣的问题，它联系着阿贝尔数域的概念。克罗内克 - 韦伯 (Kronecker-Weber) 的一个定理如是说：每个阿贝尔数域都是分圆域的子域……于是我们可如此问道：克罗内克 - 韦伯的这一著名的定理如何推广到任意代数数域上？(此处可放相应的 PPT 页面)

(希尔伯特停了停，微笑)

希尔伯特：至少在 K 是虚二次域的情形下，克罗内克教授有一个著名的“青春之梦”(jugendtraum) 问题……

第四场　遇见在阅览室

时间: 1895—1898 年的某些天
地点: 哥廷根大学, 数学馆阅览室
人物: 布鲁门塔尔, 格雷丝·杨, A. I. 麦迪森,
汉斯·冯·沙佩尔, 菲利普·富特文格勒

旁白：在数学楼的第 3 层，F. 克莱因教授开辟了一个阅览室，与当时其他大学的数学图书室相比，这个阅览室别具一格，所有的书刊都是开架的，学生们可以自由取阅。这里还设有大量的数学模型，被收藏在学生们课前聚集的地方……这抑或是学生们喜欢数学聊天的所在。

（灯亮处，舞台上呈现的是几名同学在阅览室遇见的情景：三位男生——布鲁门塔尔、汉斯・冯・沙佩尔、富特文格勒，正与两位女生格雷丝・杨和 A. I. 麦迪森打招呼）

布鲁门塔尔：尊贵的女士们，下午好！

格雷丝・杨：下午好！亲爱的先生们！

布鲁门塔尔：嗨，你们喜欢最近的数学课吗?

麦迪森：那是当然。有谁会不喜欢希尔伯特教授……如此精彩的课呢？

格雷丝・杨：呵，相比 F. 克莱因的魁梧威严、风度翩翩，希尔伯特可很不一样，这位中等个儿、说话谦逊、蓄着淡红胡须的人，看上去根本不像一个教授。

汉斯・冯・沙佩尔：啊哈，俗话说得好："人不可貌相，海水不可斗量。"

富特文格勒：是的。和他的人一样，希尔伯特教授的课也是如此的与众不同……我很喜欢他的授课风格: 课前只做一般的准备, 习惯于在课上"将自己置于险境"——对要讲的内容，现想现推……正因如此，我们才可以有这样的机会，来瞧一瞧最顶尖的数学思维是怎样工作的。

汉斯・冯・沙佩尔：是的，相对而言，我更喜欢希尔伯特教授的课。因为……或许是因为克莱因教授的课太过完美，结果我们若想掌握课堂上讲授的内容，则在课外至少得花费 3 倍的时间。

布鲁门塔尔：那倒是，克莱因先生的演讲被奉为经典。他通常会比学生早到一个小时，来检查他让助教准备的广征博引的参考文献表，同时对讲稿中可能存在的思路不够清晰或者表述粗糙之处进行加工。

格雷丝・杨：呵呵，在开始讲课前，他脑中已对所有的公式、图表和引文有所安排。(有几分陶醉地)想想这是一幅多完美的画面啊，在克莱因教授的笔下，他讲课过程中写在黑板上的东西从来不必擦掉……最后，整个黑板上就包含了对讲课内容的一个绝妙的概括，每一个小方块都写得恰到其位、井然有序……就像他擅长在全然不同的问题中洞察到统一的数学思想。

布鲁门塔尔：相对而言，希尔伯特教授讲课则比较慢，“毫不修饰”，并且经常重复，以保证每个人都能听懂。他习惯于课前回顾上一讲的内容，其讲课与克莱因的风格如此的不同，但因为其间充满了“精彩的观点”，似乎就可给许多学生留下更深刻的印象。

富特文格勒：是的。虽说希尔伯特教授讲课不拘小节，难免错漏，有时还表现出那种忽然有所发现的“不适当”的冲动……远不如克莱因先生那样尽善尽美，可这不正是科学探索之旅上可爱的真情实境吗。哈哈……

(众人的数学聊天在继续……灯渐暗处， 众人下。随后 PPT 上出现如下的字幕)

第五场　桌子、椅子和啤酒杯

时间: 1899 年的某一天

地点: 哥廷根大学教学楼

人物: 希尔伯特, 希尔伯特的学生们——

费尔德 · 布卢姆 (Michael Feldblum), 安妮 · 博斯沃思 (Anne Bosworth),

M. W. 德恩 (Max Wilhelm Dehn), 恩斯特 · 策梅洛 (Ernst Zermelo) 等

注释：在这一片段中，或可以加上 M 和 K 的数学讲解。

(舞台上，希尔伯特走上预设的讲台，在众人的踏步声里，他转身在黑板上写下“几何基础”几个字，然后微笑着开篇言道)

希尔伯特：和算术一样，我们可以将空间直观加以逻辑的分析……几何学的基石只需要少数公理作为基础。可如何建立这些公理以及探究它们之间的联系，这一问题有着非常悠久的历史……

(微微停了停)

希尔伯特：我们知道，数学最初是一堆并无严格秩序的命题，这些命题或者是自明的，或者是由一些自明的命题，通过一定逻辑方式而获得的。到公元前 3 世纪，有一位叫做欧几里得的数学家将当时的数学知识通过公理化的模式组织起来，写出一卷不朽的名著，叫做——?

费尔德 · 布卢姆：《几何原本》。

希尔伯特：对了，正是《几何原本》！欧几里得在他的书中定义了点、线、面这些概念，然后把一些命题当作真理来接受，只用这些定义和公理，经由逻辑的法则，他推导了 500 多个几何定理……

（看了看底下的学生们，希尔伯特微微一笑，在黑板上画了一个"点"）

希尔伯特：不过，数学家们不久之后就开始认识到，欧几里得的工作尽管十分优美、精湛，但还是有懈可击的。比如，欧几里得说，「点是没有部分的」，那么什么叫「部分」？（他转向一个学生问道）你知道什么叫「部分」吗？

安妮·博斯沃思：这，这可……说不太清楚。

（希尔伯特教授笑了笑，又在黑板上的"点之下"画了一条"线"）

希尔伯特：他还说，「直线是它上面的点一样地平放着的线」，那什么叫「平放」？（有一些学生在摇头）严格说来，这些定义中有诸多不完备之处。有时，其他一些未经明确说明的假设悄悄地溜了进来……

希尔伯特（稍在此驻步）：其中最受争议的是欧几里得的第五公设：（他在黑板上试着画了一条过已知点与所画的直线平行的直线，续道）等价地说，这一著名的公设说的是：

平面上过直线外一点有且只有一条直线与已知直线平行。

希尔伯特（笑道）：这一结论看似如此显然，但这是一则数学的真理吗？

（在学生你一言、我一语的众说纷纭中，希尔伯特续道）

希尔伯特：不单你们，这些问题困扰着数学家们几百年，乃至上千年，他们希望可将《几何原本》中的定义、公设和公理加以改善……在这众多的数学家中，我要特别提到三位数学家的名字——帕施 (Pasch)，佩亚诺 (G. Peano)，皮耶里 (M. Pieri)，他们关于几何公理化的思想将会在我们以后的课堂上有所呈现和分享。

德恩：教授，若我们假设"在平面上过直线外的一点，有至少两条直线与已知直线平行或者说不相交"，那接下来的数学故事又将如何呢？

希尔伯特（微笑）：这……这将导引出一门全新的几何学——它与欧氏几何非常不同，人们把它叫做非欧几何学。

安妮·博斯沃思：过直线外的一点，至少有两条直线与已知直线平行，这一结论看起来多少有点荒诞。

希尔伯特：在平面上过一直线外的一点，有不止一条直线不与已知直线相交。尽管这一假设看起来是如此不合情理，但经由它却可推演出许多定理而不会造成逻辑的矛盾……这或多或少告诉我们，除了欧氏几何，其他的几何也是可能的！但直到 19 世纪上半叶，非欧几何学才得以被创立……有三位数学家分享这一数学的荣誉，他们是俄国数学家罗巴切夫斯基，匈牙利数学家 J. 鲍耶，还有我们伟大的高斯……

（底下有众学生有惊叹声）

策梅洛：改变平行公理，但保持其他的公理不变，由此形成一种相容的新几何学……这，这多少有着形而上学的设想。

希尔伯特：是的。因而这一数学的新思想，直到 1870 年后才被数学家们普遍接受，当时，21 岁的克莱因在凯莱的工作中发现一个模型，由此他能够把非欧几何的基本对象和关系与欧氏几何中特定的研究对象和关系等同起来……他用这种方法证明了，非欧几何和欧氏几何学一样地相容……

德恩：如此说来，当初克莱因教授的工作有着非凡的意义，它使得非欧几何学具有了至少和欧几里得几何同样的真实性。

希尔伯特：正是如此……，在追寻非欧几何学现实意义的数学之旅上，还有意大利数学家贝尔特拉米和法国数学家庞加莱的贡献，他们都对非欧几何给出各自的模型……还有天才黎曼，曾建立了一种更广泛的几何学……

德恩：啊，几何学的天空真是多彩！

希尔伯特：为了揭示几何学的实质，还是让我们回到欧几里得最初的几何学故事，回到当初他笔下的点、线、面，回到那些古老的关系——比如关联关系、顺序关系以及线段和角的合同关系……

希尔伯特（停了停）：我想说的是，欧几里得那些关于点、直线、平面的定义，在数学上并不重要，它们之所以成为讨论的中心，仅仅是因为它们同所选择的诸多公理的关系，换句话说，不管它叫做点、线、面，还是“桌子、椅子和啤酒杯”，它们都能成为这样一种对象：对它们而言，公理所表述的关系都成立。在某种意义上，这好像是说，一个未知的单词，当它在各种上下文中出现时，其意义就越来越清楚……

（在光影变幻中）

希尔伯特：让我们设想有三组不同的对象：第一组对象叫做点，用 A，B，C，…表示；第二组对象叫做直线，用 a，b，c，…表示；第三组对象叫做平面，用 α，β，γ，…来表示……

（在映像的跃动中，希尔伯特续道）

希尔伯特：与欧氏几何有所不同的是，我们只要求这些公理满足某些逻辑的要求：它们是相容的、独立的和完备的…… 而通过否定或者替换其中的一条或者几条公理，就可以得到各种不同的几何学……

（灯光渐暗里，众人下）

旁白：这一场源于希尔伯特关于几何基础的系列讲座，后来被整理出版，这便是他的经典之作——《几何基础》。希尔伯特的这部著作具有划时代的意义，因为他比任何前人都更加透彻地弄清了公理系统的逻辑结构与内在联系。逻辑的力量和创造力的融合，不仅可重现已有的几何学，而且还可以导引出新的几何学。现代数学公理化的哲思将喷薄而出。

第 3 幕

第一场　数学问题

时间: 1900 年 8 月 8 日
地点: 法国, 巴黎
人物: 希尔伯特, 众多数学家

旁白：1900 年的这一天，注定是个特别的日子。当时又有谁曾想到，希尔伯特在第二届国际数学家大会上提出的 23 个数学问题，激发了整个数学界的想象力，对其后一百多年的现代数学具有如此深远的影响……

(灯亮处，舞台上，希尔伯特走上讲台，微微地点了点头，缓慢地开始其演讲)

希尔伯特：我们当中有谁不想揭开未来的帷幕，看看在今后的世纪里我们这门科学发展的前景和奥秘呢？我们下一代的主要数学思潮将追求什么样的特殊目标？在广阔而丰富的数学思想领域，新世纪 (20 世纪) 将会带来什么样的新方法和新成果？

(他稍稍地停了停)

希尔伯特：历史教导我们，科学的发展具有连续性，我们知道，每个时代都有自己的问题，这些问题或者后来得以解决，或者因为无所裨益而被抛到一边并代之以新的问题。当此世纪更迭之际，我认为正适于对问题进行这样一番检视。因为，一个伟大时代的结束，不仅促使我们追溯过去，而且把我们的思想引向未知的将来。

希尔伯特：一门科学分支只要能提出大量的问题，它就充满着生命力；而问题缺乏则预示着其独立发展的衰亡或中止……那么，怎样的问题才是好的数学问题呢？

(其稍停了停)

希尔伯特：一个好的数学问题，我认为应当具有如下的特点：

(1) 它是非常清晰和易懂的。因为清晰、易于理解的问题可以引起人们的兴趣，而复杂的问题往往使我们望而却步。

(2) 它是有难度的，这才能诱使我们去钻研它；但却又不是完全无从下手，免得我们徒劳无功或者白费力气。

(3) 它是意义重大的。在通往那隐藏着的真理的曲折道路上，它将是一盏指路的明灯……最终或可带给我们成功的希望。

(在光影变幻中)

希尔伯特：在此让我们关注数学史上的三个经典的问题例证：

(1) 约翰·伯努利的“最速降线问题”：现代变分法的起源当很大程度上归功于这一有趣的问题。

(2) 费马问题：这个“非常特殊，似乎不十分重要的”问题，有力地推动了代数数论的发展。

(3) 三体问题：由庞加莱引进到天体力学中的那些卓有成效的方法和影响深远的原则，依然对现代天体力学的发展起着关键作用。

希尔伯特：让我们相信每一个数学问题都可以得到解决。让我们倾听这样的呼声：这里有一个数学问题，而其答案在那里……你可以经由纯思维找到它，因为在数学中没有不可知 (ignorabimus)!

希尔伯特：下面我将和诸位分享 23 个很有意思的数学问题——因为时间的缘故，我只从这 23 个问题中选取 10 个进行简短的解说……

(在光影变幻中)

希尔伯特：这些问题只是一些样品，它展示了当今数学世界是多么丰富多彩，范围多么广阔。我认为，数学科学是一个不可分割的有机整体，它的生命力在于各个部分之间的联系。为了实现数学的有机统一这个崇高的目标，希望有更多的数学天才投入到数学研究中。

(灯渐暗处，众人下，旁白出)

旁白：当时出现在各大报刊上的新闻是，在俄法两国因为各自的战事而不能增兵的情形下，美、英、德、日正在加紧策划它们对中国的军事行动；意大利国王最近被暗杀，该国陷于混乱之中；维多利亚女王打算向国会发表演说……但是在巴黎大学的小山上，大卫·希尔伯特关于 20 世纪的数学问题表却吸引了整个数学界的关注……事实上，这些问题影响了数学世界整整 100 年，甚至还将持续其影响。

第二场　众星云集

时间：1900—1902年的某一天

地点：哥廷根大学的一隅，数学研究所阅览室

人物：高木贞治（Teiji Takagi），艾哈德·施密特（Erhard Schmidt），

康斯坦丁·卡拉泰奥多里（Constantin Carathéodory）

旁白：在巴黎的第二届国际数学家大会的数学演讲后，希尔伯特的声望如日中天，现在只有庞加莱或可与他匹敌，哥廷根的数学热情引来世界各地的年轻人，这其中有来自日本的高木贞治，来自柏林的艾哈德·施密特，还有一个名叫康斯坦丁·卡拉泰奥多里，希腊的一位富家子弟……这不，这一天这三位年轻人碰在了一起。

（灯亮处，舞台上三位年轻人对话的情景）

施密特：您好！我是艾哈德·施密特，请问您是？

高木贞治：我叫高木贞治。

施密特（转而介绍他的朋友）：这是我的朋友，康斯坦丁·卡拉泰奥多里。

高木贞治：康斯坦……卡拉泰奥？

卡拉泰奥多里：哈哈，叫我卡拉泰奥多里就行。

（两人相互握手）

高木贞治：您好！

施密特：不知高木先生来自东方的哪个国度？

高木贞治：我来自一个叫做“日本”的岛国，是国家公派来这里学习数学的。

卡拉泰奥多里：哦，来这里学数学的东方人可不多见。我来自希腊。

施密特：啊哈，我这朋友可是很有故事的，他原本有着一个很有前途的工程师职位。可不知哪根神经出了点故障，放弃了大有前景的旧职而回到大学来专攻纯数学。他的家人们都认为这是一个非常愚蠢的，尽管看着“有点浪漫”的计划！因为，没有人会到26岁才开始他的数学研究生涯的。

卡拉泰奥多里：嘿嘿，这并不稀奇。我觉得，通过不受束缚的、专心致志的数学研究，我的生活会变得更有意义……说实话，我无法抗拒这样的诱惑！

施密特（笑道）：怎么样，我这朋友是不是很特别？在来到哥廷根之前，我们都曾在柏林学习数学。

高木贞治：柏林？那可是当今世界数学的一大中心，一个学习数学的绝妙的所在呢。

施密特：是啊，柏林也是从事数学学习和研究的一个很不错的所在。那里有一些非常出色的数学家，比如，富克斯、施瓦茨和弗罗贝尼乌斯，这可是一个“无敌三人组”啊。

高木贞治：富克斯、施瓦茨和弗罗贝尼乌斯?

卡拉泰奥多里：是啊，拉撒路斯・富克斯，他是一位线性微分方程领域的大师，许多年前希尔伯特教授曾在海德堡大学跟他学习过数学哦。

施密特：而施瓦茨，则是当年将克莱因推荐到哥廷根大学来就职的有功之臣，他现在负责指导一个国际闻名、每个月举行两次的讨论班。

卡拉泰奥多里：至于弗罗贝尼乌斯，他的数学演讲被认为是德国最完美的演讲，(*他停了停*)他们唯一的缺点是……

施密特(*笑着接道*)：呵呵，他们唯一的缺点是他们没有缺点。

卡拉泰奥多里：是的，他们唯一的缺点正是“由于他们的完美，以至于让我们提不出没有解决的问题”！

高木贞治：啊哈！在那样的一个绝妙之地学习数学……那你们为何又会来哥廷根呢？

施密特：原本我只是来这儿“侦察”一下哥廷根的数学教育，来看看这里的数学圈与柏林有何不同，不过呢，经由这一段时日的学习，我决定留在此处研究数学，不再回柏林。

卡拉泰奥多里：我呢，则是由于他——我这位好朋友的蛊惑，而到此地一游的……

(*众人的聊天在继续……有人从不远处跑来*)

同学 I：听说希尔伯特教授要离开哥廷根啦！听说希尔伯特教授应邀要去柏林工作接替富克斯的光荣职位啦！

(*灯渐暗处，众人下，有旁白起*)

旁白：这个消息在讲师和高年级同学间传开，大家都有点心烦意乱……尽管并不抱有多少希望能够影响希尔伯特的决定，他们还是推出三名代表，由沃尔德・里兹曼带头去希尔伯特家请求他留在哥廷根……

（随后 PPT 上出现如下的字幕）

第三场　不寻常的宴会

时间: 1902 年的某一天
地点: 哥廷根大学的一隅
人物: F. 克莱因, 希尔伯特, 两位教授的夫人;
数学俱乐部的其他师生

旁白：真是好事多磨！所谓“山重水复疑无路，柳暗花明又一村”。当数学俱乐部的成员们听说“希尔伯特不走，且闵可夫斯基要来哥廷根”的消息时，人人欢欣鼓舞。于是他们组织了一次宴会以表达对希尔伯特教授的深深敬意……

（灯亮处，舞台上呈现的是这样的情景：在人来人往中，施密特与卡拉泰奥多里在酒局旁遇见，两人各拿上一杯酒）

施密特：Cheers，为今晚干杯！

卡拉泰奥多里：Cheers，为“哥廷根的美好未来”干杯！

施密特：听说希尔伯特教授不走了？

卡拉泰奥多里：是的，他依然会留在哥廷根！

施密特：那是多让人高兴的一件事啊。

卡拉泰奥多里：是啊，不单如此……听说闵可夫斯基还会来哥廷根执教！

施密特：你……你说的可是希尔伯特教授最亲密的朋友——赫尔曼 · 闵可夫斯基？

卡拉泰奥多里：正是。

施密特：那真是太给力了！（目光飘向不远处）噢，好像克莱因先生要讲话啦。

（舞台的中央，F. 克莱因走上预设的讲台）

克莱因（微笑着）：女士们，先生们，朋友们！这是一个非常美妙的夜晚，在此我很高兴地告诉大家，前段时间关于希尔伯特教授要离开哥廷根的传言并不准确，（他稍停了停，语气多了几分欣喜）我们尊敬的希尔伯特教授并没有接受来自柏林大学的邀请，他将依然留在哥廷根！

（底下掌声雷动，其中包括许多的欢呼声）

克莱因（微笑地望了望四周）：在这个美丽的、值得庆贺的晚上，不妨让我们聊聊希尔伯特教授这些年在数学上的伟大工作，这将给我们年轻的一代以鼓舞……

克莱因：说到这些年他在数学上许多无比出色的工作，首先是他关于不变量理论的登峰造极的研究，他关于“著名的戈丹问题”的存在性证明是极为简单而奇妙的！

克莱因：希尔伯特的《数论报告》是一篇数学的杰作，他将库默尔、戴德金、狄利克雷等人的工作以及相关的数学进展融合成了一个优美而完整的理论，其必将对未来的数学影响深远……而他关于几何基础的小册子，不仅仅在现代几何学上，还将在现代数学的其他领域展现逻辑与创造力相融合的巨大力量……

克莱因：漫步变分法的历史之旅，我们不可不说，狄利克雷原理是最为经典的问题之一，它联系着哥廷根数学传统上所有伟大人物的名字：高斯、狄利克雷、黎曼……

（在光影变换里）

克莱因：…… 就在当时大多数的数学家因为魏尔斯特拉斯的反例而放弃挽救这一原理的希望时，希尔伯特“以只有真正伟大的探索者才具有的那种质朴无华的精神”对狄利克雷原理进行了探索，最后他说，我们只要对曲线和边界值的性质加上某些限制，就可以消除魏尔斯特拉斯所批评的缺陷，让黎曼的理论回复到它原有的简明和优美……哈哈，希尔伯特教授成功地给曲面剪了毛！

克莱因：希尔伯特在数学上的无限想象力，蕴藏在他新世纪的题为《数学问题》的演讲中，还有他最近关于积分方程的工作里……

（于无声处，灯暗，在隐约的掌声里…… 舞会的音乐响起；众人加入舞会的曲步，其中有热爱跳舞的希尔伯特教授！伴随众人的舞步：时长 3 分钟）

（随后 PPT 上出现如下的字幕）

第四场　那个人是谁？

时间: 1902 年的某一天

地点: 哥廷根大学校园的一隅

人物: 同学三五人，天才数学家赫尔曼·闵可夫斯基

（灯亮处，在校园的一隅，有同学三五人在聊着天，不由得聊到了某个数学问题……）

韦尼克 (Paul Wernicke)：朋友们，最近我碰到一个很有意思的数学问题。

不知这里有没有人能回答它？

富埃特 (Rudolf Fueter)：是一个什么问题，说说看？

韦尼克：是一个与级数相关的问题，(他试着在一块草地上隐约写下，此处可放相应的 PPT 页面)

$$\frac{1}{2}+\frac{1}{3}+\frac{1}{5}+\frac{1}{7}+\frac{1}{11}+\cdots=+\infty\ ?$$

(他随后在"+∞"下画了两条横线和一个大大的问号，于是众人凑上前去……)

韦尼克(笑了笑)：请问这个级数是收敛的，还是发散的?

韦斯特福尔 (Wilhelmus Westfall)(沉思状)：这个级数……这一级数看似有什么规律?

富埃特：嗯，对了……这个级数中的每一项的倒数都是素数。

韦尼克：是的，正是这样 ……这个很有趣的问题，问的是，"所有素数的倒数和，究竟是收敛的，还是发散的？"

韦斯特福尔(沉思状)：这样的一个级数是收敛的，还是发散的？嗯，这倒是一个很有趣的问题 ……

富埃特：在我看来，它……它会是发散的。

(他的话被打断)

韦斯特福尔：为何？这或许只是你的……

富埃特：这是有理由的，众所周知，莱布尼茨曾证明下面的级数(其名曰调和级数)是发散的：(此处放相应的 PPT 页面)

$$1+\frac{1}{2}+\frac{1}{3}+\frac{1}{4}+\frac{1}{5}+\frac{1}{6}+\cdots=+\infty\,!$$

韦尼克：可是我们也知道，欧拉告诉我们说，(放相应的 PPT 页面)

级数 $1+\frac{1}{2^2}+\frac{1}{3^2}+\frac{1}{4^2}+\frac{1}{5^2}+\frac{1}{6^2}+\cdots$ 收敛于一个有限和！

富埃特：嗯，这倒也是……

(于是众同学又陷入一段长时间的沉默……其后闵可夫斯基来到旁边看了看……然后拍了拍一位同学，比如韦尼克的肩膀)

闵可夫斯基：发散是毫无疑问的！(随后下)

(众同学有点懵懂地相互瞧了瞧)

韦斯特福尔：那个人是谁？

富埃特：不会是希尔伯特教授常说起的，那位饱含传奇色彩的闵可夫斯基吧？

韦尼克：是他，肯定是他，（望着远去的身影，喃喃语道）他可谓是一位真正的数学诗人，我们应当为有机会，有机会聆听他的演讲而欣喜……

（灯渐暗处，众人下。随后 PPT 上出现如下的字幕）

第五场　但愿人长久

这是以相关的影像和旁白为主旋律的一场，其中的人物是希尔伯特与闵可夫斯基，以及两家人，其中可包含一些零散的故事片段。

片段一：希尔伯特给闵可夫斯基打一个电话，或者沿着街走几步，向他所在的书房扔一块小石子。

旁白：在闵可夫斯基来到哥廷根之后，希尔伯特不再感到孤单了。打一个电话，或者是沿着街走几步，向闵可夫斯基所在的书房的角窗上扔一块小石子，都意味着要进行一项数学或者非数学的活动。

片段二：某些星期天早晨，两人与他们的妻子和孩子们相约去郊外野餐——这里或可有一场小小的露天舞会，还有那两个朋友间的问与答。

希尔伯特：要是把天底下最聪明的十个人集合起来，请教他们世界上最愚蠢的事情是什么？

闵可夫斯基：他们一定会告诉你，没有比占星术再愚蠢的了！

闵可夫斯基：最重要的数学问题是什么？

希尔伯特：黎曼 $\zeta(z)$ 函数的零点问题，不仅在数学上重要，而且是绝对地重要！

（两人相对而笑，众人笑）

片段三：两人共同指导物理讨论班的画片。

旁白：在闵可夫斯基的建议下，他们一起讨论古典物理。在他们的讨论班上，他们聊到与爱因斯坦相对论的类似思想。这些想法后来为相对论的创立提供了数学框架——在当今的这个时代，被叫做闵可夫斯基几何。

（在这些影像片段放映后，灯暗处，有旁白）

旁白：在 20 世纪初的那些日子里，全世界学数学的年轻人都受到这样的忠告：

“打起你的背包，到哥廷根去！”

对于那个时期初到哥廷根的学生们来说，希尔伯特的数学课堂富含传奇，总是如此让他们神往！……

（随后 PPT 上出现如下的字幕）

第六场　希尔伯特的课堂舞步

时间: 1903—1910 年

地点: 哥廷根大学

人物: 希尔伯特, 上课的学生们: 在变幻的课堂曲中将逐渐增加人数

灯亮处，舞台上呈现的是希尔伯特给同学们讲课的情景：在课堂的最初，学生群落的代表人物有布鲁门塔尔、艾哈德·施密特、康斯坦丁·卡拉泰奥多里、赫尔曼·外尔 (Hermann Weyl)、冯·劳厄 (von Laue)。

其后增加的代表人物可以有：安娜·P. 惠勒 (Anna P. Wheeler，女)，恩斯特·赫林格 (Ernst Hellinger)，哈尔 (A. Haar)，马克斯·玻恩 (Max Born)，西奥多·冯·卡门 (Theodore von Kármán) 等。

注释：在这一片段中，不妨让 $e^{i\pi}+1=0$ 等三位数学嘉宾参与讲解。

(在众同学的掌声中，希尔伯特走上讲台；他点了点头后，在黑板上写了 e 和 π 这两个数学常数，然后看着台下微微地笑了笑，指着黑板上的这两个数)

希尔伯特：数学上的这两个经典常数，我想在座的各位都不陌生吧？

台下有许多同学的笑声和回音：是!

希尔伯特：尽管这两大常数步入数学家的视野已有几百年，甚至上千年的历史，但关于“它们是超越数”的论断，却还不到 30 年! …… 呵呵，是不是和这里……大多数的同学差不多是“同龄”的?

(希尔伯特笑得更大声了)

台下有声音道：教授，我们比“她—— 30 岁”还大呢!

希尔伯特：在今天的这一堂课里，我们将一道来分享这两个数学常数——特别是 π 背后的一些数学故事，以及我自己关于“e 和 π 的超越性”的比较简洁的证明与思考。

(希尔伯特回望四周，微微点头后，微笑着)

希尔伯特：当我们将数学历史的画卷翻到遥远的古希腊时代，我们不由惊叹，古希腊人所提出的三大古典几何作图问题 (放相应的 PPT 页面)，在数学上有着如此经久不衰的魅力。这三个问题从提出到最后被证明其不可解，走过了2300多年的漫漫长路……而π的故事,则与其中的“化圆为方问题”紧密相连。

希尔伯特：在这三个古老的数学问题中，“化圆为方”或许是最具魅力的! 在“化圆为方”问题的历史之旅中，留下众多数学家的足迹 (放相应的 PPT 页面)：这其中的著名人物有古希腊数学家安纳萨格拉斯、希波克拉底、阿基米德和“几何学的巨匠”阿波罗尼奥斯……

外尔：原来连“数学之神”阿基米德也曾关注与研究过这一问题。

希尔伯特：当时间的舞步来到17世纪，一个名叫詹姆斯·格雷戈里的数学家在他1667年的一篇论文中，尝试用阿基米德的方法来证明化圆为方问题是不可能的。尽管他的证明后来被证明是错的，但他的这一努力在数学史上依然意义非凡，因为这一论文第一次开启了借助于“圆周率π的代数性质”来解决化圆为方问题的数学诗篇……

外尔：教授，这个叫格雷戈里的数学家是一个德国人吗？抑或是一个法国人？

希尔伯特：哈哈，他既不是德国的，也不是法国的，而是一个英国人……格雷戈里是一位苏格兰的数学家。

台下有不少同学道：喔……

（在一些光影变幻中，灯光可先暗3—5秒钟，然后再亮起）

希尔伯特：经由现代数学——比如解析几何学和代数学的语言和力量，“化圆为方”问题其不可解可转化为证明“π是一个超越数”……

希尔伯特：又经过许多数学家的“你追我赶”，当林德曼教授在1882年成功地证明π不是一个代数数，而是一个超越数的时刻，古希腊三大几何问题之“化圆为方”问题终于被画上了休止符——经由2000多年的等待，人类终于揭开了这一古老问题的谜底！

（灯稍暗处，灯光打到下面正在讨论的三位同学）

布鲁门塔尔：知道吧，林德曼教授！那可是希尔伯特教授的博士研究生导师呵！

卡拉泰奥多里：喔，那我们亦引以为傲！

施密特：哈哈，1882年……那年我恰好是6岁。

布鲁门塔尔：这么巧！1882年，那年我也恰好是6岁。

（两人轻笑着相互握手，却听不远处有同学说道）

惠勒：教授，林德曼教授可是您和闵可夫斯基教授的博士研究生导师啊！

希尔伯特（欣然地语道）：没错！林德曼教授的这一“数学的诗篇”是他到柯尼斯堡大学之前不久完成的！那可是我们——德国数学的一大骄傲！

（众多同学的掌声在此刻响起）

希尔伯特：在此前这些“你追我赶”的数学家中，有伟大的欧拉，还有兰伯特和勒让德……嗯，差不多在兰伯特和勒让德提出“e和π是超越数”的猜想一百年后，法国数学家埃尔米特在1873年证明了e是一个超越数！他的证明是通过巧妙地运用函数论得到的。

希尔伯特：话说在其后，有人打算借助于埃尔米特的方法来证明π是一个超越数。埃尔米特先生对此表示质疑，他说：“这绝不是一件轻而易举的事”。然而，经过近10年的等待，林德曼教授正是在运用埃尔米特的哲思的基础上，证明了π是一个超越数。当然，这其中还有著名的欧拉公式——$e^{i\pi}+1=0$的功劳！

希尔伯特：相比当年林德曼教授等的长篇证明，现在我们有关于“e和π是超越数”的非常简洁的证明。比如几年前(那是1893年)我曾在一篇论文里给出的证明只有短短的4个页面……接下来让我们以“e是超越数”为例来看看这一简单的证明……其背后的哲思吧！

(灯暗处，呈现希尔伯特的一些证明画片)(放相应的PPT页面)

希尔伯特：在上面的这一证明哲思的基础上，再加上欧拉公式的力量，我们可以类似地证明π的超越性。

(在光影变幻中，PPT上出现如下的字幕)

注释：在这个和下面的每一次光影的变幻时刻，舞台上可多上来2至3名新同学。

(此处可放相应的PPT页面)

林德曼-魏尔斯特拉斯定理

若α_1，α_2，…，α_n是在$\mathbb{Q}$上线性无关的代数数，则$e^{\alpha_1}, e^{\alpha_2}, \cdots, e^{\alpha_n}$在代数数域上是线性无关的。

画片一

希尔伯特：19世纪超越数理论的最高成就，是著名的林德曼-魏尔斯特拉斯定理。

(在光影变幻中，PPT上出现如下的字幕：此处可放相应的PPT页面)

$$\sum_{k=1}^{\infty}10^{-k!}=\frac{1}{10}+\frac{1}{10^{2!}}+\frac{1}{10^{3!}}+\cdots;$$

$$e,\ \pi;\ \sin 1,\ \cos 1,\ \ln 2;\ e^{\pi},\ 2^{\sqrt{2}};$$

$$1+\cfrac{1}{2+\cfrac{1}{3+\cfrac{1}{4+\cfrac{1}{5+\cfrac{1}{6+\ddots}}}}};\quad 0.12345678910111213141516\cdots\cdots。$$

画片二　超越数的画壁

画片三　在超越数领域做出过重要贡献的数学家

旁白：当上帝为我们关上一扇门的时候，也会给我们打开一扇窗。是的，当林德曼证明了π是一个超越数的那一时刻，上帝为我们关上了“化圆为方”问题的门，但同时也给我们打开了超越数理论的一扇窗，经由此我们可看到一个无比辽阔的星空。

（在光影变幻和众多同学的掌声中，随着课堂的变幻曲，不断增加的听众如下：I. A. 龙格 (Iris Anna Runge，女)，胡戈·施坦豪斯 (Hugo Steinhaus)，理查德·柯朗 (Richard Courant)）

旁白（再次响起）：时光流逝，希尔伯特给富兰克林教授一个人讲授解析函数的时代早已过去。现在，经常有好几百人挤在大厅里听他讲课，讲堂里人满为患，有些人甚至只能坐在窗台上……

（这里呈现的画面是，希尔伯特教授因为某一堂课某个细节推不出来或推错了而愣在讲台上。于是有同学帮其解围）

柯朗：学生被弄糊涂了，教授先生，是符号错了！

（不过，他常常无法理解这种帮助……他可能会耸耸肩膀）

希尔伯特：对了，我应该准备得好一些，我们应该从最简单的例子开始。

（伴随着课堂的变幻曲，可增加听众如下：H. 科赫 (Hugo Koch)，玛格丽特·卡恩 (Margarete Kahn，女)，恩里希·赫克 (Erich Hecke) 等）

（在光影变幻里，有众多同学的掌声或笑声）

希尔伯特：“每个叫克特的女孩子都长得漂亮”这句话不是普遍规律，因为它跟起名字有关，而这是任意的。

希尔伯特：在这个课堂里，有这么一位，他的头发根数最少……这个例子可以告诉我们，纯粹的存在性命题和特殊对象之间的差别……

（灯暗处，众人下，有旁白起）

旁白：从“化圆为方”的古典问题到分析学理论的当今传奇，这期间掩映着诸多数学的邂逅：化圆为方，原本是个几何问题，然而正是借助于其代数学语言的转化，我们隐约可看到解决这一千古难题的希望。而在超越数的传奇之旅中：埃尔米特关于e的超越性和林德曼关于π的超越性证明，其后希尔伯特第7问题的解决，乃至许多年后贝克定理的呈现……让我们或多或少都见证了代数、几何与分析学完美结合的力量……

第七场　请来这儿聊聊天

时间: 1906—1907年的某一天

地点: 哥廷根大学阅览室

人物: 赫尔曼·外尔, 理查德·柯朗, 马克斯·玻恩, 西奥多·冯·卡门

A. P. 惠勒(女), 安娜·龙格(女)

(灯亮处，舞台上呈现的是一场小小数学沙龙活动：在数学阅览室的一角，一些同学在进行数学聊天和分享一些数学趣事。待诸多同学坐下后，理查德·柯朗最先起来说话)

柯朗：各位，在今天的这一小小数学沙龙活动里，让我们来聊聊最近发生在哥廷根的数学趣事。我讲的这一段趣事是有关希尔伯特教授的。

(在众人的笑声和鼓掌声里)

柯朗：有谁知道希尔伯特教授最近在忙什么？…… 哈哈，你们一定想不到的，他在学骑自行车。

外尔：学骑车？不是吧？ ……他不是在跟龙格教授学滑雪吗？

玻恩：自行车可是一种新鲜玩意儿，听说这种交通工具刚刚在哥廷根流行。

惠勒：啊，希尔伯特教授是不是有点疯狂？都45岁了，还学习骑车？

柯朗：哈哈，如果说滑雪是他一时的兴致，骑车则不然，它像散步和园艺一样，成为他从事数学创作活动的形影不离的好伙伴！

(他稍停了停)

柯朗：我们都知道，希尔伯特喜欢在户外工作。现在，这辆自行车总是放在旁边。他会在那块挂在邻舍墙上的大黑板前工作一会儿，然后突然停下来，跳上自行车，围着那两个圆形的玫瑰花坛骑8字圈或什么别的花样……几分钟后，他又把自行车放在一旁回到黑板前。

(在众同学的轻笑声中)

柯朗：有时，他又会中断他的工作，去修剪一棵树，或去拔一些杂草。络绎不绝的访问者来到这所房子时，管家总是一边引导他们到花园，一边说："假如看不到教授，请往树上瞧瞧！"

(同学们大笑声中在此奏响)

龙格：柯朗，让我都好奇的是，你是怎么知道这些趣事的？

柯朗：哈哈，因为我就住在离他家不远的地方，经常可以从阳台上看到教授在花园的活动！我猜想那是“高度紧张和完全放松两者之间的古怪有趣的平衡”！

（在众人的笑声中，马克斯·玻恩开始他的故事）

玻恩：我讲的这一段故事是有关闵可夫斯基教授的…… 我想在座的每一位认识他的同学都知道他是一个天才，数学、物理学、电磁学……无所不知啊！

龙格：在我们看来，他是一位“真正的数学诗人”。

惠勒：是的，我们因为享有聆听这位数学诗人演讲的特权而感到光荣……对我们来说，似乎他所说的每一句话，都是新鲜生动、前所未闻的。

玻恩：嘿嘿，天才也会遇见很尴尬的时候！话说有一次讲授拓扑学时，闵可夫斯基提到这个领域里一个尚未解决的著名问题——四色定理。

玻恩：“这个定理还没有得到证明！但这是因为到现在为止，只有一些三流的数学家对它进行过专门研究。”闵可夫斯基以一种少有的自负向全班学生宣称，“我相信我能够证明它”。

惠勒：他肯定可以证明它！

玻恩：于是他当场开始证明这个定理……这堂课结束时，他还没有证明出来。

龙格（有点惋惜地）：看来天才也有“马失前蹄”的时刻！

玻恩：然后在下一次课他又继续证明。就这样，一连几个星期过去了……最后，在一个阴雨的早晨，闵可夫斯基走进教室，这时恰有一道闪电袭来，空中雷声大作，他站在讲台上，面对同学们，温和的圆脸上显出一副深沉、严肃的表情，说：“老天也被我的骄傲激怒了，我对四色定理的证明也是不完全的。” 接着他从数周前中断的地方开始继续讲授拓扑学。

(在众人的笑声后，有一段时间的沉默。于是柯朗对着西奥多·冯·卡门言道)

柯朗：嗨，卡门！说说你的博士研究生导师路德维希·普朗特教授吧，他最近有什么样的趣事？

冯·卡门：哈哈，那我们还是先来说说 F. 克莱因先生吧！要知道几年前普朗特教授之所以来到哥廷根，任应用力学系主任一职，正是由于克莱因的力荐！

玻恩：嗯，在我们看来，希尔伯特和闵可夫斯基是创造奇迹的英雄，而克莱因则君临其上，仿佛是一个远在云端的神。这位老人现在可是越来越多地把时间和精力用于实现他的梦想——这就是，“使哥廷根成为科学世界的中心”！

冯·卡门：哈哈，听说克莱因先生一年只会说两次笑话，“一次是在春季学期，另一次是在秋季学期”……他的时间，每分钟都有计划，即使是他的女儿找父亲谈话，也需要预约时间。

（灯光在众人的谈笑声中渐暗，众人下。随后PPT上出现如下的字幕）

第八场　诗人远去

时间: 1909年的某一天

地点: 哥廷根大学

人物: 希尔伯特, 上课的学生们

旁白：就在闵可夫斯基为了电动力学而把数论搁在一边时，希尔伯特却被一个经典的数论问题深深吸引：一百多年前，著名的英国数学家爱德华·华林(Edward Waring)猜想说，每一个正整数都可表示为有限个n次方幂数之和。在赫尔维茨工作的基础上，希尔伯特得到了华林猜想的一个证明，正当他想把这份喜悦与闵可夫斯基分享时，闵可夫斯基却意外地过世了……今日的课，或将是一堂最特别的数学课。

（灯亮处，希尔伯特走上讲台，与以前不一样的是，这一次脸上没有原来的微笑）

希尔伯特：同学们，我不能不告诉你们一个非常不幸的消息：就在昨天，闵可夫斯基走了，他永远地离开了我们！

（说到这里，希尔伯特情不自禁地哭了）

希尔伯特（哽咽）：从学生时代起，他一直是我最好的，也是最可信赖的朋友。我们所喜爱的科学使我们走到一起，在我们眼里，数学就像一座百花盛开的园林，花园里有被人踏就的路，你可以循着它去观花赏景，悠然自得而不费力……

希尔伯特：他是一个天才，无论在数学上，还是文学上。但他又是如此的勤勉，无论去休学旅行还是夏日度假，无论是在艺术陈列馆，还是大都市的人行道旁，无论走到哪里，科学伴随思考总围绕在他的身边……他的许多工作比其他一些同时代作者的工作更富有生命力。比如，他关于线性不等式的整数可解性定理，关于数域中分歧数存在的证明等工作，都跟我们这个时代最伟大的经典作品的作者在研究几何数论时所得到的最好结果具有同等价值。而他最近在数学物理上的工作，必将开启理论物理学一个新的时代……

希尔伯特（继续哭泣）：在本堂课里，让我们回忆和分享闵可夫斯基在数论领域中的一项重要研究：那是在 1882 年他与史密斯先生共同分享的由法国科学院悬赏的大奖中，在高斯、狄利克雷等人的论著的基础上，闵可夫斯基钻研了关于 n 元二次型的工作……

注释：上面的独白可以说得比较慢，因为在一个很是悲伤的情境中。

（灯暗处，众人下）

旁白：在这个星期四下午，没有谈论数学的散步。代替它的是，让哥廷根大学的教授们和同学们最后一回守护闵可夫斯基的遗体……华林问题的解不久后出版了，作者的题赠是：谨以此纪念赫尔曼·闵可夫斯基。

第九场　当庞加莱遇见克莱因

时间: 1909 年 4 月 25 日前后
地点: 哥廷根一隅
人物: J. H. 庞加莱 (Jules Henri Poincaré),
克莱因和他的夫人, 希尔伯特和他的夫人,
朗道, 其他的教授和学生们

旁白：哥廷根的生活在继续。在闵可夫斯基去世后的那个春天，32 岁的朗道来到哥廷根接任其数学教授的职位。他也是数学史上的一位传奇人物，在其来这所大学后不久，他的故事就开始在数量上跟希尔伯特的相媲美了……

还是在那年的春天，那个时代最伟大的数学家之一——庞加莱受邀来访。而这正是克莱因的 60 岁诞辰时刻——因此希尔伯特和他的夫人为他们举行了盛大的招待会。

（灯亮处，舞台上呈现的是如下的场景：在众人的掌声里，克莱因和庞加莱来到了招待会的现场；陪伴着他们的，有希尔伯特和他的夫人，还有其他的一些教授和夫人……）

（希尔伯特微笑着走上预设的讲台）

希尔伯特：女士们，先生们，朋友们，这是一个伟大的日子：今天，是我们非常尊敬的 F. 克莱因先生的 60 岁的生日，让我们祝他生日快乐，健康长寿……

(在众人的掌声里)

希尔伯特：今晚我们又迎来了最尊敬的客人，我们亲爱的朋友——法国科学院院士庞加莱教授到访哥廷根！在这里的每一位，想必对他的名字都如雷贯耳，庞加莱教授无疑是我们这个时代中最伟大的数学家之一，他在代数拓扑、函数论、代数几何、数学物理和天体力学等许多领域都做出了有创造性的贡献……

希尔伯特：昨天有幸听过他关于“积分方程”报告的老师和同学，都会被他渊博的学识和非凡的数学创造力所折服！……，就像那天闵可夫斯基年幼的女儿在威尔海姆 - 韦伯大街的台阶上遇见这位伟人时，向他深深地请了个安，如一个小女孩见到了一位国王时所应做的那样。

(众人笑，庞加莱和克莱因也都笑了)

希尔伯特：今天，做一个数学家是何等的愉快啊！…… 因为有许多如 F. 克莱因和 J. H. 庞加莱这样的伟大数学家的存在，数学正在到处发芽，新的枝叶繁茂地生长着。就它在自然科学中的应用和它跟哲学的联系而言，数学变得愈来愈重要，并且正在重新获得它过去有过的中心地位！……

希尔伯特：刚才，庞加莱教授私下里和我说，他想简单地致辞，来祝贺克莱因先生的生日……下面有请他来说几句。(面向庞加莱) 欢迎。

(在众人的掌声中，庞加莱愉快地走上讲台)

庞加莱 (面向克莱因，笑道)：尊敬的克莱因先生，在此祝您生日快乐！

克莱因：谢谢。

庞加莱：很荣幸我这次有机会来到哥廷根进行访问，并遇见这样一个最最特别的日子！在这短短的两三天中，我感觉到这里有一种“四海之内皆兄弟的真诚精神”统御着年轻的数学家，希尔伯特等诸多教授的光辉才能照耀着哥廷根的科学生活，仿佛把年轻的一代紧紧地结合在一起！……

(稍停后，续道) 半个世纪以前，法国的巴黎是当之无愧的世界数学的中心，而当今世界数学的中心，正在向哥廷根转移！这一切，都源于尊敬的克莱因先生、希尔伯特教授等的规划和辛劳……

庞加莱：老师们，同学们，朋友们，让我们期待哥廷根有一个更加美好的未来！(下)

(在众人的掌声里，克莱因向希尔伯特颔首，表示有话要说)

希尔伯特：哈，看来我们今晚生日的主角——克莱因先生有话要说。

(在众人的又一次鼓掌声中，克莱因笑着走上讲台)

克莱因：谢谢希尔伯特教授和他的夫人克特女士，为我张罗了这样一次很有意思的晚会！谢谢刚才庞加莱教授的生日祝福！谢谢在这里的每一位朋友！愿今晚因为你们的到来而变得无限精彩……

克莱因：30多年前，在我的年轻时代，记得那时候我刚获得博士学位，我和我的朋友索弗斯·李曾相伴去巴黎作数学旅行，那时的巴黎是科学活动的蜂巢，吸引着世界各地的年轻数学家到那里去学习、研究和交流……哈，那时当然还没有庞加莱教授的故事，因为，那时他还在读中学。

（众人笑）

克莱因：可是不久之后，天才庞加莱横空出世！正如刚才希尔伯特所说，现今他已是我们这个时代中最伟大的数学家之一，他在代数拓扑、函数论、代数几何、数学物理和天体力学等许多领域的创造性工作必将对未来的数学产生极其深远的影响……哈哈，或许特别值得一提的是，我们在自守函数论方面的数学比赛，或多或少让我在这一领域中有所贡献……哈哈，让我们期待有更多出色的年轻数学家来到哥廷根！（下）

（希尔伯特再一次走上讲台）

希尔伯特：谢谢庞加莱教授到访哥廷根！让我们再一次祝愿克莱因先生生日快乐！让我们期待哥廷根有一个更加美好的未来！让我们期待数学的世界会无限美好！

希尔伯特：女士们，先生们，朋友们！接下来让我们今晚尽情地快乐吧！

（灯渐暗处，音乐起，众人步入酒会和舞步中……舞会曲的时间或可以是5分钟）

第十场　战争前的科学变奏曲

（这一场依然可以用相关的影像来呈现）

画片一：希尔伯特又重新恢复了他初来哥廷根的习惯，在数学俱乐部每周一次的聚会后，带领一群年轻人去进行长时间的散步。

旁白：希尔伯特又重新恢复了他初来哥廷根的习惯，在数学俱乐部每周一次的聚会后，他会带领一群年轻人去作长时间的散步。记得有一次有人问希尔伯特："您为什么不去证明费马大定理以赢得乌斯克奖呢？"他的回答是："我干吗要杀死一只会下金蛋的鹅呢？"

画片二：柯朗获得学位（那是1910年2月）后，请两位朋友租了一辆四轮敞篷马车绕城一周，大张旗鼓地向市民宣告：理查德·柯朗已经是一位成绩优秀的哲学博士了……

画片三：庞加莱给希尔伯特的颁奖画面……

旁白：1910 年，第二届鲍耶奖授予 D. 希尔伯特……这不仅仅是源于其思想的深刻性和方法的创造性，而且还在于他所从事的教学活动。他给予学生的帮助，使得他们能够运用他所创造的方法对数学科学作出自己的贡献。

画片四：希尔伯特与马克斯·玻恩、索末菲、埃瓦尔德、恩里希·赫克、冯·劳厄、保罗·雪勒、尼耳斯·玻尔等讨论物理学的情景。

旁白：现代物理学的新纪元悄然开始，伦琴发现了 X 射线，居里夫人发现了放射性物质，汤姆孙发现电子，普朗克提出了量子理论，爱因斯坦建立了相对论……但在希尔伯特看来，在物理学家的胜利中还缺少某种次序。“我们已经改造了数学，下一步是改造物理学，再往下就是化学……”希尔伯特如是说……

第 4 幕

第一场 西格尔的天空

时间: 1920 年前后

地点: 哥廷根大学

人物: 希尔伯特, C. L. 西格尔 (Carl Ludwig Siegel), 其他听讲座的师生

旁白: 随着第一次世界大战的结束, 待在战壕里的年轻人开始回课堂了, 一个个体态僵硬, 面带伤痕, 空晃着袖筒和裤腿……数学摆在他们面前, “像 5 月一样新鲜”!

20 世纪 20 年代, 这个时期哥廷根数学活动中最精彩的节目, 当是数学俱乐部举行的系列科学讲座……这不, 这一次的大众数学讲席者又是我们的希尔伯特教授。

(灯亮处, 舞台上, 希尔伯特漫步走上预设的讲台, 若有所思地看了看台下的人群)

希尔伯特: 在国家生活中, 每一个国家, 只有当它同邻国协调一致、和睦相处, 才能繁荣昌盛; 国家的利益, 不仅要求在每个国家内部, 而且要求在国与国之间的关系中建立普遍的秩序……在科学生活中亦是如此!

希尔伯特: 我相信, 凡服从于科学思维的一切知识, 只要准备发展成一门理论, 就必然受数学方法的支配。比如一个问题在原则上的可解性, 其内容和形式的关系, 这一问题在有限步骤内的可判定性……而在数学科学的历史发展中, 纯粹的存在性证明始终是最重要的里程碑……

(在光影变换中)

希尔伯特: 比如我们可举出一些特殊的数论问题, 它们乍看起来似乎很简单, 但实际解决起来却非常困难。这样的例证里含有著名的黎曼猜想、费马大定理和 $2^{\sqrt{2}}$ 超越性的证明。

西格尔: 教授, 我有一个问题?

希尔伯特 (转过身来): 西格尔同学, 请问你有什么问题?

西格尔: 在您刚才提到的这 3 个著名的问题中, 您觉得哪个问题将最先被解决?

希尔伯特：嗯，这个问题啊……缘于最近哈代和李特尔伍德等诸多数学家在黎曼猜想的研究方面已获得很大的进展，我想我很有希望能在自己有生之年看到它的证明！

希尔伯特：至于费马问题，考虑到它的历史如此悠久，它的解决显然需要依靠全新的方法。我想也许在座的最年轻的听众，可以看到这个问题的解决。

（他停了停，若有所思）

希尔伯特：…… 嗯，而说到关于$2^{\sqrt{2}}$的超越性的证明，恐怕这个教室里没有一个人能看到了。

注释：当此时刻，可用追光打一下西格尔同学源自这一讲座的触动和启迪。

（灯渐暗处，众人下。旁白起）

旁白：然而数学的历史之旅偏偏富含戏剧性。就在希尔伯特的这次演讲后的 10 年，当时众多年轻的听众之一，那位名叫西格尔的同学，在苏联数学家盖尔丰德工作的基础上，证明了 $2^{\sqrt{2}}$ 的超越性！然后在 21 世纪到来的前夕，著名的费马大定理被英国数学家 A. 怀尔斯 (Andrew Wiles) 所证明！而在希尔伯特眼中最简单的黎曼猜想，在 21 世纪的今天，依然还等待着年轻一代的数学家去探寻！

第二场　难忘的 60 岁

时间: 1922 年 1 月 23 日
地点: 哥廷根大学一隅
人物: F. 克莱因, 希尔伯特和其夫人克特·希尔伯特,
理查德·柯朗, 布鲁门塔尔, 恩里希·赫克, 保罗·贝尔奈斯,
其他的教授们和夫人们, 费迪南德·斯普林格, F. 伯恩斯坦等

（灯亮处，舞台上。理查德·柯朗微笑着走上预设的讲台）

柯朗：女士们，先生们，朋友们，今天是一个非常特别的日子……尊敬的希尔伯特教授，我（们）的博士、教父迎来他 60 岁的生日！今晚我们在此设宴，祝他生日快乐！

柯朗（面向希尔伯特）：在此宴会的开篇，将会有两件最特别的礼物赠送给希尔伯特教授，这其中之一是，我们为教授的 60 岁生日所编辑的纪念专辑，下面有请希尔伯特教授最年长的学生——布鲁门塔尔赠送礼物并致辞！

(在众人的掌声里，布鲁门塔尔为希尔伯特送上他们的礼物——《自然科学》，1922年1月最后一期的纪念专辑，扉页上是那张希尔伯特坐在藤椅上的相片)

(布鲁门塔尔继而走上讲台)

布鲁门塔尔：这最新一期《自然科学》的纪念专辑，收集了我们这些希尔伯特先生门下的学生所写的文章，分别叙述了希尔伯特教授这些年所研究过的五个主要的领域——代数、几何、分析、数学物理和数学哲学……原本柯朗和他的朋友斯普林格还准备写一篇题为 *Hilbert and Women* 的文章，只是他们没有按时完成……

布鲁门塔尔：作为希尔伯特教授最早的博士研究生，我很幸运可在将近四分之一的世纪里，对他进行比较深入细致的观察。……我觉得，希尔伯特教授科学生活中最突出的特点，就是不同寻常的连续前进：一个问题刚刚解决，就毫不停顿地向另一个问题进击。那些不十分了解他的人会把他看成全能的数学家、问题的解决者和纯粹思维的化身……

布鲁门塔尔：不过，我相信希尔伯特教授不喜欢这样的评价，我们同他相处越久，对他了解越深，就越可认识到他是个聪明豁达的人，一经意识到自己的能力，就为自己树立了一个始终不渝、全力追求的崇高目标，这就是：至少在精确科学的专门领域里达到统一的世界观……让我们再一次祝希尔伯特教授生日快乐！

(然后在众人的掌声里)

柯朗：嗯，这第2件礼物来自我们最为尊敬的克莱因先生，他将送给希尔伯特教授一件最特别的礼物，那是……

(在众人再一次更为热烈的掌声里，有人代坐在轮椅上的克莱因送上那最特别的礼物时刻，两位名满天下的教授微笑着相互致意)

(在希尔伯特打开礼物后)

柯朗(笑道)：哈，那是三十多年前，年轻的希尔伯特博士1885年在莱比锡——克莱因讨论班上所做报告的抄本！

(在众人的笑声和掌声里，光影在变幻)

贝尔奈斯：各位，在布鲁门塔尔的提议下，我们将以游戏的方式来表示对希尔伯特教授的尊敬，我们不妨管它叫“爱字表”：每当我们说出一个字母的时刻，看看谁可以最早说出与这一字母对应的一首小诗，来说明希尔伯特教授所喜爱的一个人或者一样东西……

赫克：呵，这第一回合的字母是，让我们选取“G”如何？

（在众人的几秒钟的思考后）

西格尔（笑着道）（此处可放相应的 PPT 页面）：In der heutigen besonderen Tag，wenn gefragt，was Prof. Hilbert Lieblingssache ist，es ist sicherlich das besondere Geschenk von Kleins（在今天这个特别的日子，若问希尔伯教授最喜爱的东西是什么，那无疑会是克莱因先生的礼物）。

（在众人的笑声和掌声里）

贝尔奈斯：哈哈，果然是一首奇妙的小诗。接下来，让我们选择“I”如何？

（依然是几秒钟的思考后，布鲁门塔尔说道）

布鲁门塔尔：Wenn sich unsere Harre lichten，Lieben wir die Kleinen Nichten，Das ist menschliche Natur，Denkt an Ilschen Hilbert nur（当我们头发稀少，渐入老境时，我们就会喜欢自己的侄女。这是人类的天性，请想一想伊尔塞·希尔伯特吧）。

（在众人的笑声和掌声里，希尔伯特教授微笑以对！）

贝尔奈斯：那下面请希尔伯特教授给个字母吧。

希尔伯特：呵呵，这一回就以“K”来做诗如何？

（对字母“K”，在我们的话剧时刻过了 10 秒钟，却依然没有人能想起希尔伯特喜欢的哪个人或者物是以 K 起头的。）

克特（笑道）：这一回你们总该想想我了吧。

（快乐的年轻人哄堂大笑，立刻凑成了这样的一首诗）

希尔伯特：Gott sei Dank / gab mir das beste Geschenk / meine Frau / Käthe（感谢上帝赐给我最美好的礼物，我的夫人，克特）。

（希尔伯特和其夫人相视一笑，在众人的笑声和掌声里，光影在变幻。音乐声起，一场小小的酒宴和舞会随之开篇：加入舞会曲，时间约为 3 分钟）

第三场　千里共婵娟

（这是一个以相关的影像来呈现的话剧舞台）

画片一：范德瓦尔登在阅览室读书，他在找一本“作者 A”的书时，偶尔会发现旁边有一本“作者 B”的书，这本书让他更有兴趣……旁边还有许多其他同学间的讨论。

旁白：许多优秀的年轻科学家又开始从世界各地来到哥廷根，这些年轻人有不少后来成为科学的巨匠，其中有维纳、哈塞、范德瓦尔登、阿廷、海森伯、沃尔夫冈·泡利、恩里科·费米、霍普夫、冯·诺依曼……

画片二：朗道和同学们讨论数学的画片。

旁白：由于朗道的努力，哥廷根成为20世纪20年代数论研究的中心。这是一个可与高斯在1801年开创的时期相提并论的新时期的开端：有两个问题或许是人们最为关心的，一个是著名的黎曼猜想，另一个是要准确地确定华林定理中的N次幂的个数。

画片三：埃米·诺特走进一教室，发现有一百多名学生等在那里。“你们一定是走错教室了”，她对他们说，但这些学生们发出一阵用脚踏地的声音，这是德国大学里每堂课开始和结束时学生代替鼓掌的习惯动作……

旁白：战后哥廷根最富成果的研究圈子之一，是以埃米·诺特为中心展开的。漫漫长路十多年，她在数学上的贡献，绝不亚于柯瓦列夫斯卡娅那些著名的研究……在哥廷根的后起之秀中，埃米将是对于未来数学的发展影响最大的一位。

第四场　数学哲学上的对话

时间：1927—1929年的某一天
地点：哥廷根大学一隅
人物：希尔伯特，布劳威尔，赫尔曼·外尔，其他的老师和学生，
两组参与辩论的同学

话说在20世纪初，围绕着数学基础的论战形成了当今数学上的三大数学流派：逻辑主义、形式主义和直觉主义学派。其中希尔伯特和布劳威尔分别是形式主义和直觉主义学派的代表人物。在这一天布劳威尔到访哥廷根作演讲后，有了一场特别的数学辩论赛。

这是可以独立成篇的一场话剧辩论赛。

注释：可参考下文“话剧篇中曲”。

第五场　再见！柯尼斯堡

时间：1930年秋
地点：柯尼斯堡大学
人物：希尔伯特，P. M. 德雅先生，库尔特·里德迈斯特和其他师生

旁白：在希尔伯特退休的那一年——1930年，荣誉像雨点一样飞来，其中最使他高兴的，是来自其家乡的——他将被授予柯尼斯堡的“荣誉市民”

称号。在授予仪式的同时，他被邀请做一场面向公众的受礼演说。

（灯亮处，舞台上，里德迈斯特走上预设的讲台）

里德迈斯特：老师们，同学们，朋友们！这是一个让人无限欣喜的日子，柯尼斯堡大学迎来其杰出的校友，著名数学家希尔伯特教授！作为20世纪最伟大的数学家之一，他被授予柯尼斯堡的“荣誉市民”称号！下面有请柯尼斯堡市长P. M. 德雅先生给希尔伯特教授颁奖 。

（两人上台后，P. M. 德雅给希尔伯特颁奖，然后德雅下）

里德迈斯特：现在是希尔伯特教授的公众演讲时刻，有请。

（希尔伯特走上预设的讲台，其蓝色的眼睛依然锐利而深含探索之情，眼神还是那样的天真烂漫。他的手坚定有力地放在面前的讲稿上，缓缓地开始了他的演说）

希尔伯特：认识自然和生命是我们最崇高的任务。

（他在此停了停）

希尔伯特：在最近的几年里，我们获得的知识比过去的几个世纪里所获得的还要丰富和深刻许多。逻辑学有了显著的发展，公理化方法已经提供了一种对所有的科学问题进行理论处理的普遍技巧。由于这些进步，今日的我们比古代哲学家具备了更好的条件来回答一个古代哲学的问题：在我们的认识中，思维和经验各自起了什么作用？我们在科学活动中所得到的一切知识又在什么意义下才算是真理？

（在光影的变幻中）

希尔伯特：许多年前，柯尼斯堡伟大的儿子——伊曼纽尔·康德，如是说：“人们具有超出逻辑和经验之外的某种关于客体的先验知识……”

希尔伯特：我承认，即使为了构作特定的理论学科，也需要某种先验的洞察力……我甚至相信数学知识终究是依赖于某种类型的直观洞察力……但是我还是认为伟大的康德过高地估计了先验物的作用和范围。

（在光影的变幻中）

希尔伯特：尽管数学的应用是重要的，但绝不要用它来衡量数学的价值。数学中的纯粹数论直到今天还没有找到应用，但她依然被高斯誉为数学的皇后。我们柯尼斯堡的伟大数学家雅可比也是这样认为的……

（在光影的变幻里）

希尔伯特：对于数学家来说，没有不可知论。或许自然科学也根本没有不可知……

希尔伯特（最后坚定有力地语道）：Wir muessen wissen. Wir werden wissen.（我们必须知道。我们必将知道。）

(当他的目光从讲稿上抬起时，他发出愉快的笑声。灯暗处，或可以以希尔伯特当时的原声演讲段落作结尾)

(随后 PPT 上出现如下的字幕)

第六场　再见! 哥廷根

时间: 1936 年夏

地点: 哥廷根大学, 数学系阅览室

人物: 贝尔奈斯, 其他学生两三人

(贝尔奈斯走进久违的数学阅览室，却见多年前热闹非凡的数学阅览室，如今却只有零星的两三人，他随意漫步，最后的目光停留在一卷其名曰《数学及物理月刊》的期刊上，他翻动着，慢慢地翻动至一篇论文，那是最近哥德尔关于不完备定理的著名论文)

注释：PPT 自动播放表示时间流逝。所有的故事似乎定格在这一刻，音乐起，几多悲凉几多离愁……

(灯暗处，众人下)

旁白：夏日将尽，人亦如云散去，所剩无几……曾经群星云集的哥廷根学派，因为那个时代的政治风雨，如云散去。但是，整个世界，包括英国、日本、俄罗斯、美国，到处都是希尔伯特的学生和其学生的学生……在这里，希尔伯特的精神在闪耀光芒！

第 5 幕

梦却在何方

时间：2015 年的某一天

地点：华东师范大学紫竹音乐厅

人物： $e^{i\pi}+1=0$, $\zeta(z)$, $\left(\dfrac{q}{p}\right)\cdot\left(\dfrac{p}{q}\right)=(-1)^{\frac{p-1}{2}\cdot\frac{q-1}{2}}$, V, K, M, ⋯

柳形上，《竹里馆》节目主持人；现场的观众朋友们

还有在 PPT 屏幕上出现的如下图片

（灯亮处，舞台上。又回到《竹里馆》的节目现场）

柳形上：同学们，朋友们，这是华东师大数学文化类栏目《竹里馆》的节目现场，让我们再次欢迎六位嘉宾的到来。

（在众人的掌声里）

柳形上：嘿，遥想当年，哥廷根群星璀璨，那是一个多么让人向往的地方啊，可如今却物是人非，光芒不再……阅读至此，不由得让人叹息不已。各位嘉宾是否亦感慨良多？

$\left(\frac{q}{p}\right)\cdot\left(\frac{p}{q}\right)=(-1)^{\frac{p-1}{2}\cdot\frac{q-1}{2}}$：哎…… 岁月已蹉跎，往事待追忆。

V：还是俗话说得好，天下没有不散的宴席……

K：或许我们可以从比较乐观的角度来看这一往事，“江山代有才人出，各领风骚数百年”，数学往事亦是如此，当我们漫步数学的长廊，当可看到，世界数学的中心，一直在动态的变化中……最初在古希腊；16 世纪则来到文艺复兴的欧洲的意大利；17 世纪则转移到法国，而后在英国、法国、德国……现在则移到了美国。

$\mathbf{e^{i\pi}+1=0}$：是的，虽说“哥廷根学派”璀璨的星光不再，但其宝贵的数学传统却被带到世界的各地，像蒲公英的种子一样，随风飘落，生根发芽……比如赫尔曼·外尔在美国普林斯顿高等研究院延续他的数学传奇，柯朗数学研究所在柯朗的带领下成为当今最受人尊敬的应用数学研究中心；埃米·诺特后来来到了布林茅尔学院，阿廷则任教于印第安纳大学，在那里，纯粹数学成了逻辑思想的诗篇……

柳形上：如此说来，当今美国数学之所以占据世界领先地位，有着哥廷根数学的深远影响？

M：那是当然……不单如此，现在的数学大国——英国、法国、瑞士、俄罗斯、波兰、日本……又有哪个国家没有受到哥廷根数学学派的影响？嗯，让我们想想看，希尔伯特于 1900 年在第二次国际数学家大会上提出的 23 个数学问题，激发了整个数学界的想象力，它们就像是一张奇妙的航图，引领着无数的后来者探险在数学的浩瀚海洋。

V：希尔伯特的精神在闪耀，Wir muessen wissen. Wir werden wissen.

M：“我们必须知道。我们必将知道。”……是的，希尔伯特先生的这一可贵的数学信念，对于现在的年轻数学家来说，真是一种“+∞”（无限大）的鼓舞……

$\mathbf{e^{i\pi}+1=0}$：记得有一个很有名的数学家曾如是说，“好的数学是永恒的”，但经由“哥廷根的这一数学往事”，我更愿意相信：“数学的生命力在于它的统一性，在于纯粹数学和应用数学的融合，在于数学各个领域中诸多知识真理的遇见……”

柳形上：呵呵，看来“哥廷根的这一数学往事”虽已作往事，它依然可以带给我们太多的感动与启迪？……（转向 $\zeta(z)$ 函数），哈，$\zeta(z)$ 函数先生，你说呢？

$\zeta(z)$（凝望着屏幕上的拼图）：此时此刻，让我如此好奇的是，出现在屏幕上的数学家人物拼图……为何会是这样的一个答案？

柳形上：呵呵，为何会是这个答案？这只有我们的编导们知道……这里的秘密啊，或许正如欧拉公式 $e^{i\pi}+1=0$ 所说，在于“数学的统一性”。

$\zeta(z)$：嗯啊，数学的统一性！……这真是一个绝妙的说辞！

（柳形上转向底下的观众席）

柳形上：对于今晚的数学往事，不知在座的同学们有什么感想？或者说，你们也可以向你所喜爱的数学嘉宾提一些问题？

（在许多举手的同学中，柳形上请某位同学提问）

同学 1：有人说，“数学是抽象的阶梯”。从我们的小学到初中，初中到高中，高中到现在的大学，数学变得越来越抽象……而在我们的身边，时有许多的同学因为跟不上抽象的舞步而不再喜爱数学！我想问问，数学真的需要这样的“抽象”么？我们当如何学好数学？

M：呵呵，现在人类所知晓的数学知识，比起以前的要多得多……因此“抽象”或是人们收藏数学知识的最佳方式之一……抽象是浓缩具象的精华。

$\left(\frac{q}{p}\right)\cdot\left(\frac{p}{q}\right)=(-1)^{\frac{p-1}{2}\cdot\frac{q-1}{2}}$：在我看来，抽象与具象是一个跷跷板的两端，只要记得把握其间的平衡，就是完美的存在……因此在学习数学时，要注意抽象的数学概念和一些具体的例证里的“跷跷板效应”。

V：当你游弋在数学的海洋，记得多收藏经典的例证……这样你才得以寻觅到时而可以休闲的驿站！另外，还请懂得和运用同学间数学聊天的力量！

柳形上：谢谢三位嘉宾的肺腑之言，（面向舞台下的一位观众）请这位同学提问。

同学 2：我想问问 $\zeta(z)$ 函数先生，Riemann Hypothesis——当今数学上最著名，或也是最重要的“黎曼猜想”将会在哪一年获得解决？

柳形上：$\zeta(z)$ 函数先生，这是你的问题。

$\zeta(z)$：啊呵，这个……这可是一个非常有难度的问题，其难度可不亚于黎曼猜想本身！

同学 2：难道说，连你也不知道，“黎曼的这一猜想究竟是对的，还是错的”？连你自己也不知道，“$\zeta(z)$ 函数的那些不平凡的零点是否都落在黎曼的临界线上”？

$\zeta(z)$：是的，“认识你自己”可是这世界上最难的问题！只有经由“人类智慧的镜像”，我才能看得清楚：天才黎曼的这一猜想究竟是对的，还是错的。呵呵，不过请相信，在未来的某一天，这一著名的数学猜想必然可以被证明。

柳形上：呵呵，如此让我们期待，可以在未来的某一天，专门邀请 $\zeta(z)$ 函数先生再来我们的节目做客……嗯，因为时间的关系，让我们看一看同学们的最后一个问题是……

柳形上（指着一位观众）：有请这位同学提问。

同学 3：在未来的某一天，中国的某个地方，会像哥廷根一样，成为数学家的圣地么？

$e^{i\pi}+1=0$：我想……会的！

同学 3：那……这个地方会是华东师范大学么？

K：呵呵，那是我们的梦想……至少我们很期待 5 年后在上海的那一场数学 Party！

柳形上：呵呵，愿“中国的数学”梦想成真！这一期的《竹里馆》到此结束，谢谢各位！让我们期待下一期的精彩！

旁白：在话剧《哥廷根数学往事》的筹备和创作的过程中，我们很高兴听闻，2015 年 5 月，经过国际数学教育委员会考察团现场考察和国际数学教育委员会执行委员会投票，上海市最终获得了 2020 年第 14 届国际数学教育大会 (ICME-14) 的举办权。

我们谨以此话剧的舞台，庆贺这一“让人欣喜”的数学插曲！

《往事》知多少

话剧《往事》以 20 世纪最伟大的数学家之一——希尔伯特的数学和生平故事为主线来奏响话剧之声：当我们打开数学史的画卷，来到 19 世纪至 20 世纪初的欧洲，德国的一个美丽小城——哥廷根，在这里，数学的众星璀璨——他们造就了数学上最为著名的哥廷根数学学派。这一学派曾在 20 世纪世界数学科学的发展中长期占据主导地位，对其后一百多年的现代数学有如此深远的影响……

哥廷根伟大的数学传统源自“数学王子”高斯，正是高斯开启了哥廷根数学学派的时代，他把现代数学提到一个新的水平。其后，狄利克雷、黎曼等诸多数学家继承了高斯的衣钵，在代数、几何、数论和分析等各个领域做出了出色的贡献，到了 20 世纪，哥廷根学派在 F. 克莱因和希尔伯特的带领下步入了全盛时期，哥廷根大学也因而成为数学研究和教育的国际中心。

A. 话剧相约——哥廷根学派的数学传统[①]

自 G. W. 莱布尼茨 (Gottfried Wilhelm Leibniz，1646—1716) 之后，德国

① A, B, C, D 中的人物简介源自维基百科和圣安德鲁斯大学数学史档案 . 网址：https://en.wikipedia. org/wiki；http://www-history. mcs. st-andrews. ac. uk/BiogIndex. html。

在数学舞台上籍籍无名，伊曼纽尔·康德 (Immanuel Kant，1724—1804) 可谓是再次唤起他们重视数学的先驱。在 1770 年至 1797 年，康德在柯尼斯堡大学既讲哲学又教数学。在《自然科学的形而上学基础》一书里，这位哲学巨匠如是说：

“我认为，每一门科学唯有当它进入数学的范畴时才成为真正的科学……凡有确定对象的纯自然科学 (比如物理学或者心理学)，只有依靠数学才能加以研究。”

经由他的哲学之形而上学，康德将数学和一切自然科学紧密地联系在一起。在这一哲思的情境里，哥廷根迎来它数学传统的起点——高斯时代。

高斯

人物：约翰·卡尔·弗里德里希·高斯 (Johann Carl Friedrich Gauss)

生命的历程：1777.4.30 —1855.2.23

国籍：德国

师承：J. F. 普法夫 (Johann Friedrich Pfaff)

影响力：整个数学史上最伟大的数学家之一，被誉为“数学王子”。

人物小传：高斯于 1777 年 4 月 30 日出生在德国不伦瑞克一个简陋的村舍里。他在 3 岁以前就显示出了他的天分。当下的我们还时常听到他 10 岁时的那个故事，说的是在那“地狱般”的小学里，高斯很快地算出了老师刁难孩子们的一道难题：

$$1+2+3+\cdots+100=?$$

这位小天才之所以没有被埋没，主要得益于他的母亲和舅舅弗里德里希。弗里德里希富有智慧，当他发现姐姐的孩子聪明伶俐后，就把许多精力花在小天才身上，用生动活泼的方式开发小高斯的智力。若干年后，当高斯回想起舅舅弗里德里希为他所做的一切时，不无伤感地说，舅舅的去世使“我们失去了一位天才”。正是弗里德里希慧眼识英才，才使得高斯有了后来的成就。

15 岁那年，因为不伦瑞克公爵 C. W. 费迪南德 (Carl Wilhelm Ferdinand)

的资助，高斯进入当地著名的卡罗琳学院读书。其间他研习了欧拉、拉格朗日的著作，还自学了牛顿的《自然哲学的数学原理》。同时还开始了对高等算术的研究，这些研究后来使他流芳百世。

高斯于1795年进入著名的哥廷根大学，那时他还没有决定是以数学还是语言学作为他毕生的事业。1796年3月30日，在数学的历史上必然是最为独特的日子之一，“正17边形的尺规作图”就是那颗最为独特的骰子，它幸运地掷下，使高斯在他所最喜爱的两门学科中选择了数学。同一天高斯开始了他的科学日记(notizenjournal)。这第一篇记录的，就是他关于“正17边形的尺规作图”的伟大发现。

不过，这个早期的成就很快被他的第一部重要作品所掩盖，他的《算术研究》给索菲·热尔曼以及任何一个可以理解它的人留下了深刻的印象。这部伟大的作品非常深奥难读，后来因为狄利克雷的阐释才没有明珠蒙尘。话说从1795年起，高斯就一直在构思这部关于数论的伟大著作。到1798年，这部著作实际上已完成，但直到1801年才出版。这部书第一次系统地整理了千百年来有关数论的知识碎片，绘就了一幅奇妙的数论画卷。

在哥廷根大学的3年(1795—1798)或是高斯一生中著述最多的时期。他着迷于数学，只交了很少几个朋友，沃尔夫冈·鲍耶是其中一个。读完大学后，高斯回到了他的家乡不伦瑞克。在接下来的7年时间里独自研究着数学。其间他曾前往黑尔姆施泰特大学，在那里受到大学图书馆馆长、数学教授约翰·弗里德里希·普法夫(1765—1825)的热烈欢迎。普法夫或是当时德国最著名的数学家。他们一起散步和讨论数学。高斯极其钦佩这位教授，这不只是因为他有很深的数学造诣，还因为他单纯、坦率的性格。后来这位普法夫先生成了他的博士研究生导师。高斯的博士学位论文涉及这样一个不简单的主题：代数基本定理的第一个严格的证明。

1807年，高斯接受了来自哥廷根大学的邀请，被任命为新建的哥廷根天文台台长，必要时他也给大学生讲授数学。他的余生是在哥廷根度过的——在这里，他一直待到生命的最后。尽管在哥廷根大学的最初几年里，他曾收到过柏林大学的教职邀请，柏林大学可能也是对高斯富有吸引力的一个地方。但因为某种原因，高斯还是选择继续留在哥廷根，直到他生命的最后。1855年2月23日凌晨，高斯安详地去世，享年78岁。

高斯的数学足迹几乎遍及数学世界的每一个角落。他在数论、代数学、非欧几何、复变函数和微分几何等许多领域都做出了开创性的贡献。比如在数论上，他提出了素数定理，证明了二次互反律。这些数论的精彩内容被整理在他的《算术研究》里。在代数上，他给出了代数基本定理的第一个严格的证明。高斯的一生，还从事天文学、大地测量学、地磁学、力学和其他物理学的实验与理论研究，通过这些研究，他建立了曲面的微分几何学。经由高斯的无与伦比的创造性工作，可以体验到纯粹数学的广阔前景和其在应用数学上的力量。

哥廷根的数学因为高斯而灿烂。原本以他为中心可以形成一个群星璀璨的数学王国，但事实并非如此。究其缘由，或是高斯不喜欢教书，又偏爱独自研究数学，因而总是置身于一般的数学活动之外。不过，由于他的著作和一些书札中所折射的深刻思想，高斯对德国的数学发展起了不可估量的重大作用。哥廷根因为狄利克雷，以及其后黎曼的到来，迎来数学传统的发展时期。

狄利克雷

人物：约翰·彼得·古斯塔夫·勒热纳·狄利克雷 (Johann Peter Gustav Lejeune Dirichlet)

生命的历程：1805.2.13—1859.5.5

国籍：德国

师承：S. D. 泊松 (Siméon Denis Poisson)，J. 傅里叶 (Joseph Fourier)，高斯

影响力：解析数论的奠基者，也是现代函数概念的定义者。

人物小传：狄利克雷于 1805 年 2 月 13 日出生于莱茵河畔的迪伦镇，当时这是法兰西第一帝国的一部分。尽管家境并不富裕，他的父母还是支持他接受教育。狄利克雷自幼喜欢数学，在 12 岁前他就开始将零用钱攒起来买数学书阅读。中学毕业后，这个年轻人决定去巴黎求学，因为那里有傅里叶、拉普拉斯、勒让德等大数学家。1822 年，他到达巴黎后，开始在大学和法兰西科学院听课。狄利克雷在一边做着家教的同时，一边啃着高斯的《算术研究》——那是在法国时的数学伴读物。1825 年，狄利克雷回到德国，先是执教于布雷斯劳大学；1828 年来到柏林大学工作，并在那里待了 27 年。1855 年，因为高斯的离世，狄利克雷被哥廷根大学聘任为教授，四年后他也在哥廷根逝世。

犹如高斯，狄利克雷也是一位大师级的数学家。他在数论、分析学和数学物理等许多方面做出了重要的贡献。比如在分析学方面，他最卓越的工作是对傅里叶级数收敛性的研究。他在巴黎见到傅里叶之后，对傅里叶级数产生了兴趣。其后他给出了关于傅里叶级数的收敛性证明。狄利克雷是19世纪分析学严格化的倡导者之一。在数学物理上，狄利克雷提出了研究拉普拉斯方程的边值问题，这一问题现以狄利克雷问题著称。在数论上，他对高斯的《算术研究》进行了多年的研究、阐释与解读，并有所创新。他的这一努力让高斯这一名著成为数论的一大经典。狄利克雷被誉为解析数论的开创者之一。算术级数的狄利克雷定理是数论的一颗明珠，彰显着狄利克雷非凡的数学智慧。另外，在费马大定理的故事之旅中，也有着狄利克雷的身影。

对于狄利克雷来说，高斯和傅里叶是对其学术研究影响最大的两位数学先行者。同样狄利克雷的数学影响，对于年轻的黎曼来说，也是如此的温暖有力。狄利克雷在柏林大学漫长的教学与研究生涯，培养了一大批优秀数学家，柏林大学因而绘就当年的辉煌。

还记得当年在中学时代曾遇见过的鸽笼原理(或者说抽屉原理)吗？那是狄利克雷先生最先提出和运用的。如果你对此感到陌生，不妨读一读狄利克雷的著名教程《数论讲义》，其中不仅有对高斯《算术研究》的最好注释，也融合了他在数论方面的许多精心创造，该书是数学史上的数论经典之一。

黎曼

人物：伯恩哈德·黎曼 (G. F. Bernhard Riemann)

生命的历程：1826.9.17—1866.7.20

国籍：德国

师承：高斯

影响力：他是世界数学史上最具独创精神的数学家之一。他的足迹遍及数学的诸多领域：柯西-黎曼方程、黎曼函数与黎曼积分、黎曼曲面、黎曼流形、黎曼几何，还有著名的黎曼假设。在数学里有那么多的事物蕴藏着黎曼的传奇。

人物小传：伯恩哈德·黎曼于 1826 年 9 月 17 日出生在德国汉诺威王国的小镇布列斯伦茨 (Breselenz)。尽管家境贫寒，他却在关爱和幸福中长大，成年后的黎曼总是对家人保持着最热烈的爱。小时候的黎曼很是害羞、腼腆，这给他带来烦恼的同时，也让他习惯于长时间在孤独的思维世界里漫步，这激发了他天才的创造力和七彩的科学哲思。1846 年，黎曼进入哥廷根大学学习哲学和神学。不过在听了一些数学讲座后，他转到了数学系。1847 年，缘于德国大学的学术传统，黎曼转到了柏林大学读书，在这里遇见了许多数学的大师。他随雅可比学习高等力学和代数，从狄利克雷那里学习数论和分析，师从施泰纳学习近代几何学，并在年轻的艾森斯坦那里学习椭圆函数。在此期间他还钻研了柯西等人的著作。两年后，他回到哥廷根继续他的数学学业。1851 年，黎曼在高斯的指导下获得博士学位。其后他的大部分时间都留在哥廷根，或执教，或做数学研究。1857 年，黎曼终于获得编外教授的职位。两年后，狄利克雷在哥廷根去世，由黎曼接任他的教授席位。

黎曼无疑是一位天才数学家。在他短短的不到 20 年的数学生涯里，黎曼在数学世界的几乎所有领域都做出了出色的贡献。他被认为是复变函数论的三大奠基者之一。另外两位是柯西和 K. 魏尔斯特拉斯 (Karl Weierstrass，1815—1897)。他们的出发点和研究方向各有不同：柯西以分析学为导向，魏尔斯特拉斯经由函数论来构想，而黎曼用的是几何学的模式。经由多值函数来定义黎曼曲面，这是黎曼最伟大的数学创造之一。黎曼和魏尔斯特拉斯在阿贝尔函数理论上所取得的卓越成就，是否受益于黎曼曲面的奇妙工具？而其名下的黎曼 - 罗赫定理，或是代数函数论和代数几何学中最重要的定理。这一数学故事的延伸依然是当今数学最热门的话题之一。

黎曼的几何学因为他的一篇演讲词而横空出世。是的，1854 年的那篇“论作为几何学基础的假设”的演讲，开创了黎曼几何学。多年后，这门几何学问为爱因斯坦的广义相对论提供了数学基础。还有，在这一篇短短不到 10 页的论文——《论小于某给定值的素数的个数》里，隐藏着一个伟大的猜想。还记得，在数学的世界里，有关素数的故事总是深刻而伟大的，尽管当年的他没有证明高斯的素数定理，但是经由此，却可导引出关于“黎曼假设”的数学传奇。

“没有其他人可以比黎曼对现代数学具有更大的决定性的影响力！”伟大的 F. 克莱因亦如是说。

在黎曼之后，哥廷根又迎来了一位出色的数学家——克莱布什。正是他开创了德国的代数几何学派，克莱布什和黎曼被认为是经典代数几何的奠基人。

克莱布什

人物：R. F. A. 克莱布什 (Rudolf Friedrich Alfred Clebsch)

生命的历程：1833.1.19—1872.11.7

国籍：德国

师承：F. E. 诺伊曼 (Franz Ernst Neumann)

影响力：德国代数几何的奠基者之一。在代数几何和不变量理论上有着极为重要的贡献。

人物小传：克莱布什于 1833 年 1 月出生在德国东普鲁士的柯尼斯堡。他曾就读于著名的阿尔斯塔特预科学校。在他的中学时代，克莱布什和卡尔・诺伊曼 (Carl Neumann) 成了好朋友。卡尔的父亲弗朗茨・诺伊曼 (Franz Neumann) 是柯尼斯堡大学物理学教授。后来，弗朗茨教授成为克莱布什的博士研究生导师。

1850 年，克莱布什中学毕业后进入柯尼斯堡大学攻读数学。在这所学校里，他受到了雅可比的极大影响。他的两位数学老师哈塞和 F. J. 里奇劳特 (Friedrich Julius Richelot) 都是雅可比的学生。在学生期间，克莱布什参与编辑了《雅可比文集》。在柯尼斯堡，弗朗茨・诺伊曼教授克莱布什数学物理。在他的指导下，克莱布什于 1854 年获得博士学位。

博士毕业后，克莱布什先后在柏林、卡尔斯鲁厄 (Karlsruhe)、吉森 (Giessen) 等地任教。1868 年接任黎曼在哥廷根大学的教授席位。1872 年在哥廷根逝世。

克莱布什早期工作的兴趣在数学物理方面。他研究过雅可比留下的问题和相关的微分方程理论。19 世纪 60 年代，他曾与戈丹共同致力于阿贝尔函数理论的研究。不过他的主要工作是在代数不变量和代数几何上。他的研究架起了一座连接英国数学学派的代数不变量和黎曼函数理论的数学桥。经由他首次引入连通、亏格等概念，克莱布什尝试对代数曲线进行分类，利用雅可比和黎曼的函数论方法证明了一系列有关定理，得到了代数曲线的许多基本性质。克莱

布什 - 戈丹定理、普吕克 - 克莱布什原理等的研究工作，延伸着他对现代数学的影响力。

克莱布什还是一位出色的教师。他善于启迪与鼓励有天赋的学生。如果他活得更久，可能会成为那个时代的数学王者，引领着德国的数学沿着他的模式发展。不过，在他的数学学派中，依然有许多出色的数学人物，比如戈丹、马克斯·诺特、林德曼等。还记得克莱布什在哥廷根工作期间，F. 克莱因曾随他做博士后研究。

另外值得一提的是，克莱布什是国际知名数学杂志 *Mathematische Annalen* 的创办人之一。当今的我们遇见这卷著名的 *Mathematische Annalen*，是否会想到克莱布什与他的朋友卡尔·诺伊曼当初创办这一杂志的艰辛？

在克莱布什之后，他的教授席位的继任者是富克斯。因其在微分方程领域的独特贡献，富克斯被誉为“微分方程的代名词”。

富克斯

人物：L. I. 富克斯 (Lazarus Immanuel Fuchs)

生命的历程：1833.5.5—1902.4.26

国籍：德国

师承：魏尔斯特拉斯

影响力：由线性微分方程的富克斯理论，可以导引出自守函数的新概念。后来有许多数学家，比如庞加莱和 F. 克莱因，也曾为这一数学的秘境而着迷。当现在的我们阅读到富克斯函数和富克斯群时，当会知道富克斯在线性常微分方程上的贡献在现代数学中有如此深远的影响。

人物小传：富克斯于 1833 年 5 月 5 日出生在德国普鲁士的莫欣 (Moschin)。在中学时他的数学就很出色，于是成为数学家或许是他未来的职业理想。由于家境比较贫寒，富克斯从中学时代就开始做家教来维持生活与学习。因此他还交了一位朋友，这位朋友有个有点奇怪的名字——L. 柯尼希贝格 (Leo Königsberger，1837—1921)，后来也成了一名数学家。1854 年，富克斯进入柏林大学读书。在这里他听了许多著名数学家的课程，其中就有库默尔和魏尔斯特拉斯。魏尔斯特拉斯先生后来成了他的博士研究生导师，富克斯于1858年在他的指导下获得博士学位。其后，富克斯先后在柏林大学、炮兵工程学校、格莱弗斯瓦尔德大学等地任教。1874年，富克斯来到哥廷根接任克莱布什的教授席位。不过一年后，他又去了海德堡。在海德堡的那些日子或许是他人生中最快乐的时光，那段愉快的日子伴随着丰硕的数学成果。1884年，缘于库默尔的退休，富克斯回到柏林大学接任了他的教授席位。

富克斯早期的数学研究深受库默尔和魏尔斯特拉斯影响，研究的主题是函数论，也曾一度倾心高等几何与数论，后来则转到微分方程理论。他在这块富饶的数学版图上留下了属于他的不凡足迹——现以线性微分方程的富克斯理论著称。正是由此出发，J. H. 庞加莱和 F. 克莱因引进了自守函数的新概念。在当下的数学世界，当我们阅读到富克斯函数和富克斯群时，就会意识到富克斯在线性常微分方程上的贡献在现代数学中有如此深远的影响。

在富克斯之后，哥廷根迎来的是数学家施瓦茨。是的，或许你曾经听说过他。著名的柯西 - 施瓦茨不等式中有他的名字。与富克斯一样，他也是魏尔斯特拉斯的高足。

施瓦茨

人物：H. A. 施瓦茨 (Karl Hermann Amandus Schwarz)

生命的历程：1843.1.25—1921.11.30

国籍：德国

师承：魏尔斯特拉斯，E. E. 库默尔 (Ernst Eduard Kummer)

影响力：其数学成就主要体现在三方面：分析学、微分方程和几何学。深受魏尔斯特拉斯的影响，施瓦茨对函数论情有独钟。柯西 - 施瓦茨不等式在数学界名声赫赫。

人物小传：施瓦茨于 1843 年 1 月 25 日出生在德国西里西亚的赫姆斯多夫 (Hermsdorf)，这个地方现属波兰。在他初入大学读书时，因为父亲的影响，施瓦茨学的是化学。后来因为听了库默尔和魏尔斯特拉斯的课程，转而攻读数学。1864 年，施瓦茨在魏尔斯特拉斯的指导下获得博士学位。其后他先后执教于哈雷大学和瑞士联邦理工学院。1875 年，因为富克斯的离开，施瓦茨到哥廷根大学接任他的教授席位。他在这里工作了 17 年，1892 年，离开哥廷根，接任魏尔斯特拉斯在柏林大学的教授席位。

施瓦茨在分析学、微分方程、几何学等领域都做出了重要的贡献。比如在微分方程上，施瓦茨在研究二阶线性微分方程的解的结构时，引入了微分方程的单值群的概念。这一工作为自守函数的研究创造了条件。在几何学上，施瓦茨的研究工作连接着三维空间的等周问题。他还曾与魏尔斯特拉斯一道深入地研究了微分几何中极小曲面问题。在分析学上，柯西 - 施瓦茨不等式名声赫赫，在函数论的研究中扮演着极其重要的角色。

施瓦茨在哥廷根的教授席位的接任者是韦伯。来此之前，他曾在柯尼斯堡大学教书。韦伯天赋极高，多才多艺，在数论和数学物理上有着重要的贡献，算得上是雅可比的传人。他还是第一个给出群抽象定义的数学家，在群论历史上占有一席之地。

韦伯

人物：H. M. 韦伯 (Heinrich Martin Weber)

生命的历程：1842.3.5—1912.5.17

国籍：德国

师承：哈塞 (Otto Hesse)

影响力：他曾与戴德金一道，编辑了《黎曼全集》。他在哥廷根的教授席位被希尔伯特接任。

人物小传：韦伯于 1842 年 3 月 5 日出生在德国海德堡。他的父亲是一位历史学家。韦伯对数学的喜爱始于他在海德堡的莱西姆学院学习期间，在那里，他遇见一位出色的教授——阿瑟·阿内斯 (Arthur Arneth，1802—1858)。1860 年，他中学毕业后进入海德堡大学学习数学和物理。3 年后，在 O. 哈塞 (Otto Hesse，1811—1874) 的指导下获得博士学位。其间他曾在莱比锡大学学习了一个学期。随后去了柯尼斯堡大学，在冯·诺依曼和里奇劳特的指导下研究数学。在接下来的时间里，韦伯辗转执教于海德堡大学、瑞士联邦理工学院等，1875 年，他回到柯尼斯堡大学接任里奇劳特的教授席位，在这里待了 8 年，1883 年去了夏洛特堡。在柯尼斯堡的这些日子里，他必然在他的数学课上遇见两位出色的学生——希尔伯特和闵可夫斯基。在柯尼斯堡他教过数论，教过椭圆函数，还有一个有关不变量的讨论班。1892 年，韦伯来到哥廷根，接任施瓦茨留下的教授席位。他在这里待了 3 年，于 1895 年去了斯特拉斯堡。他的教授席位被希尔伯特所接任。

韦伯在分析学、代数学和数论等方面做出了出色的贡献，比如他证明了阿贝尔积分理论中最一般形式的阿贝尔定理。在与戴德金合作的论文里，他们将单变量代数函数域的研究与数论联系起来。克罗内克定理的证明或是他最著名的工作。

另外值得一提的是，他曾与戴德金一道编辑了《黎曼全集》。

自狄利克雷和黎曼以来的这些延续高斯传统的数学家，或多或少都促进了哥廷根数学的蓬勃发展，却未能给它带来黄金岁月。伴随时间的步履，19 与 20 世纪之交的哥廷根，终于迎来了辉煌的克莱因 - 希尔伯特时代。

F. 克莱因　　希尔伯特

若以时间计，克莱因来到哥廷根开始执教生涯，早于韦伯。在韦伯来此的六年之前 (那是 1886 年)，克莱因即受聘为哥廷根数学的第二教授席位。当时，克莱因曾同时收到美国霍普金斯大学的聘书。因为向往高斯、狄利克雷和黎曼所形成的伟大数学传统，克莱因依然选择来到哥廷根大学，拟将这里建设成为欧洲数学的中心。

人物：C. F. 克莱因 (Christian Felix Klein)

生命的历程：1849.4.25—1925.6.22

国籍：德国

师承：J. 普吕克 (Julius Plücker)，R. 利普希茨 (Rudolf Lipschitz)

影响力：20 世纪最伟大的数学家之一。其《埃尔朗根纲领》(*Erlangen Program*) 闻名遐迩。

人物小传：克莱因于 1849 年 4 月 25 日出生在莱茵河畔的杜塞尔多夫 (Düsseldorf)。中学毕业后，克莱因在 1865 年进入波恩大学攻读数学与物理学。最初他想成为一名物理学家。以下的故事或多或少说明了这一点：之所以成为“数学家”，这与克莱布什的相识和指引有关。1868 年，在普吕克 (1801—1868) 的指导下，克莱因获得博士学位。同年，普吕克不幸离世，留下还未完成的关于直线几何的书，在完成普吕克的书的过程中，克莱因有幸与克莱布什相识。那时克莱布什正在哥廷根任教授。随后克莱因拜访了克莱布什，也访问了柏林和巴黎。在经过短暂的哥廷根执教生涯后，1872 年，23 岁的克莱因被任命为埃尔朗根大学的教授。他在那里只待了 3 年，随后又去慕尼黑工业大学执教。1880 年，克莱因被任命为莱比锡大学的教授。他在莱比锡待了 6 年，于 1886 年来到哥廷根。哥廷根学派的数学辉煌随之起步。

克莱因在代数、几何、自守函数论等方面都做出了极为重要的贡献。1872 年，他在埃尔朗根大学的著名演讲，第一次提出将形形色色的几何看作各种群的不变量的理论，揭示了看似大不相同的几何之间的统一形式，引起数学观念的深刻变革，这在数学的历史上有着里程碑的意义。他还与庞加莱各自独立地创立了自守函数理论。而他将群的概念应用于椭圆模函数、线性微分方程、阿贝尔函数上的尝试，开启了相关数学研究新的模式。除此之外，他还是数学教育的大师，《数学在 19 世纪的发展》《非欧几何学》和《高观点下的初等数学》等都给后来的数学人以不寻常的数学力量。

除却他在数学上的天才创造，克莱因还有着非比寻常的组织能力。这两者的完美结合，带给哥廷根以数学的童话。多年后，这个美丽的小城成为世界数学的圣地。这里我们还得再感谢另一位伟大的数学家，他的名字叫希尔伯特。

缘于克莱因的邀请，希尔伯特于 1895 年来到哥廷根。有趣的是，这一年距离高斯到哥廷根大学求学恰是一百年。之后，哥廷根七彩的数学往事，经由克莱因和希尔伯特而缓缓地展开。

人物：大卫·希尔伯特 (David Hilbert)

生命的历程：1862.1.23—1943.2.14

国籍：德国

师承：林德曼

影响力：20 世纪最伟大的数学家之一。他于 1900 年在巴黎第二届国际数学家大会上提出的 23 个数学问题，激发了整个数学界的想象力，对其后一百多年的现代数学具有如此深远的影响……他就像数学世界的亚历山大，在整个数学版图上留下了他巨大显赫的名字。

人物小传：希尔伯特于 1862 年出生在东普鲁士首府柯尼斯堡附近的韦劳 (Wehlau)。他来自一个 17 世纪起定居于萨克森弗赖贝格附近的中产家庭。他的父亲是一名法官，他的母亲不仅对哲学和天文学很有兴趣，而且对素数痴迷。而希尔伯特被认为继承了母亲家族那边的天赋。希尔伯特的成长深受康德名言的影响，每当这位哲学家的诞辰纪念日，小时候的他总是虔诚地陪伴着爱好哲学的母亲去康德的墓地瞻仰先哲。那里也是柯尼斯堡七桥问题的所在地。1870 年，他先是上了皇家腓特烈预科学校的初级部，学习进入预科学校所必备的知识。两年后，进入腓特烈预科学校读书。在这里他过得并不开心，不过数学课程带给他无穷的乐趣。在预科学校的最后一个学期，他转到了威廉预科学校。1880 年，希尔伯特来到柯尼斯堡大学攻读数学。在大学的第一学期，他听了积分学、行列式理论和曲面的曲率论三门课。按照惯例，第二学期可以转到另一所大学听讲，他选择了最富浪漫色彩的海德堡大学，听了富克斯的课。回到柯尼斯堡后，希尔伯特听了韦伯的数论课。1882 年对于希尔伯特来说，是值得回忆的一年。他与闵可夫斯基成为好友。那年春天，这位天才少年刚从柏林大学知识漫游回来。1883 年，林德曼来到柯尼斯堡大学接任韦伯的教授席位。随后的 1884 年，柯尼斯堡大学又迎来了一位天才数学家阿道夫・赫尔维茨，他从哥廷根到这里任副教授。由此，希尔伯特和闵可夫斯基开始了与新老师之间的数学散步三人行。在日复一日的散步里，他们将自己带向数学世界的远方。1885 年，希尔伯特在林德曼的指导下获得博士学位。他的论文选题是不变量理论。这是林德曼先生广泛数学兴趣的一部分。在经过莱比锡、巴黎、哥廷根、柏林的数学旅行后，他回到柯尼斯堡执教。1892 年升任为副教授。一年后又升任教授。1895 年，缘于克莱因的邀请，希尔伯特来到哥廷根，接任韦伯留下的教授席位。哥廷根的数学，因为希尔伯特的到来，终于迎来其最是辉煌的克莱因 - 希尔伯特时代。希尔伯特在哥廷根度过他的余生。1943 年在那里离世。

希尔伯特理所当然是 20 世纪最伟大的且有深刻影响的数学家之一。他的数学研究工作可以划分为几个不同的时期，相关内容有：代数不变量问题 (1885—1893 年)、代数数域理论 (1893—1898 年)、几何基础 (1898—

1902 年)、变分法与积分方程(1899—1912 年)、物理学(1912—1922 年)、数学基础(1917 年后),其间穿插的研究课题还有:狄利克雷原理、华林问题、特征值问题等。

在这些领域中,他都做出了重大的或者开创性的贡献。希尔伯特强调数学的统一性,他认为,科学在每个时代都有它自己的问题,而这些问题的解决对于科学发展具有深远意义。正如他在 1900 年关于《数学问题》的演讲中提到的:“只要一门科学分支能提出大量的问题,它就充满着生命力,而问题缺乏则预示着独立发展的衰亡和终止。”

希尔伯特,这一话剧的主角中的主角,在代数、几何、分析乃至元数学上的一连串无与伦比的数学成就,使他无可争辩地成为哥廷根数学学派的领袖人物。他于 1900 年在巴黎第二届国际数学家大会上提出的 23 个数学问题,激发了整个数学界的想象力,对其后一百多年的现代数学具有如此深远的影响……他就像数学世界的亚历山大,在整个数学版图上留下了他巨大显赫的名字。希尔伯特培育、提倡的哥廷根数学传统,希尔伯特精神已成为全世界数学家的共同财富。

“Wir muessen wissen. Wir werden wissen”(我们必须知道。我们必将知道)!

且让我们追寻希尔伯特的心声,漫步在数学的无限奇妙而广阔的世界里……

B. 师 与 友

希尔伯特的数学故事里绝对不会缺少一个人,一位天才数学家。他与他相识在柯尼斯堡的大学时代。犹记得,那些在苹果树下,数学三人行的散步时光,将他们带向数学与远方。这位天才数学家的名字叫做赫尔曼·闵可夫斯基。

闵可夫斯基

人物：赫尔曼·闵可夫斯基 (Hermann Minkowski)

生命的历程：1864.6.22—1909.1.12

国籍：德国

师承：林德曼

影响力：他是一位天才数学家，四维时空理论的创立者。他还是爱因斯坦的老师。

人物小传：闵可夫斯基于 1864 年 6 月 22 日出生在俄国的阿列克索塔斯 (今属立陶宛)。他的父亲是一位成功的商人。在他 8 岁那年，全家搬到普鲁士的柯尼斯堡 (今俄罗斯的加里宁格勒)，与希尔伯特家仅有一河之隔。

1873 年，闵可夫斯基进入阿尔斯塔特预科学校读书。他从小就表现出独特的数学天赋，有“极好的记忆力和敏捷的理解力”。少年闵可夫斯基还爱好文学，熟读莎士比亚、席勒和歌德的作品。他只用了五年半时间就学完了预科学校八年的课程，然后进入柯尼斯堡大学读书，而后又在柏林大学游学三个学期，最后回到柯尼斯堡大学。正是在柯尼斯堡的大学时光里，他和希尔伯特相遇，成为终生挚友。1884 年，伴随着年轻的赫尔维茨执教于柯尼斯堡大学，苹果树下三人行的数学散步成为数学上的一段佳话。

在大学期间，闵可夫斯基曾几次因出色的数学工作而获奖。特别是在 1882 年，年仅 18 岁的闵可夫斯基成功地解决了巴黎科学院悬奖的数学问题，与英国著名数学家亨利·史密斯共同获得科学院的大奖。1885 年，闵可夫斯基在林德曼的指导下，在柯尼斯堡大学获得博士学位。经过短暂的服兵役之后，他于 1886 年成为波恩大学的讲师，1891 年升为副教授。1895 年，希尔伯特转任哥廷根大学教授，闵可夫斯基回到柯尼斯堡大学任教，接替希尔伯特的教授席位。经年后，又转到瑞士苏黎世的联邦理工学院工作，直到 1902 年。同年，接受希尔伯特的邀请，来到哥廷根大学任教授。7 年后不幸离世。

闵可夫斯基的主要科学贡献在数论、代数和数学物理等方面。在数论领域，他对二次型进行了重要的研究，建立了完整的理论体系。此后相关的研究被称为“闵可夫斯基约化理论”。在数学物理方面，闵可夫斯基认识到可以用非欧空间来描述洛伦兹和爱因斯坦的工作，将过去被认为是独立的时间和空间结合到一个四维的时空结构中，即闵可夫斯基时空。闵可夫斯基时空为后来广义相对论的建立提供了框架。由数的几何，或可导引出著名的 Brunn-Minkowski 不等式。

谈到希尔伯特与闵可夫斯基的数学散步，自然会想到这三人行中的另外一位天才数学家——阿道夫·赫尔维茨。那时候赫尔维茨风华正茂，来到柯尼斯堡大学任副教授。

赫尔维茨

人物：阿道夫·赫尔维茨 (Adolf Hurwitz)

生命的历程：1859.3.26—1919.11.18

国籍：德国

师承：C. F. 克莱因

影响力：提出了黎曼曲面 - 代数曲线上的赫尔维茨公式。

人物小传：赫尔维茨于 1859 年 3 月 26 日出生在德国汉诺威王国的希尔德斯海姆 (Hildesheim)。1868 年，他进入当地的一所中学读书，在那里 H. 舒伯特 (Hermann Schubert) 教他数学，他的老师十分欣赏他的数学才能，所以常在星期天专门向赫尔维茨传授自己擅长的学问——后来人称它为“舒伯特演算”。正是在舒伯特的引荐下，赫尔维茨于 1877 年来到慕尼黑，跟随克莱因研究数学。1880 年，随着克莱因任教于莱比锡大学，赫尔维茨也成为这里的博士研究生，1881 年他在莱比锡大学获得博士学位。其后赫尔维茨曾到哥廷根大学执教两年。1884 年，缘于林德曼的邀请，赫尔维茨来到柯尼斯堡大学担任副教授，那时他还不到 25 岁。希尔伯特、闵可夫斯基和赫尔维茨在柯尼斯堡的相逢，注定是数学历史上的一段奇缘，正是从那时候起，他们开始了苹果树下数学散步的三人行。这段数学散步的时光之旅对三位年轻人有着无限的启迪，正如希尔伯特后来回忆说：

“日复一日的散步中，我们全都埋头讨论当前数学的实际问题；相互交换我们对问题新近获得的理解，交流彼此的想法和研究计划。就这样，我们之间结成了终身的友谊……”

1892 年，赫尔维茨离开柯尼斯堡，去苏黎世联邦理工学院接任弗罗贝尼乌斯留下的职位。在那里，他度过了他的余生。

赫尔维茨在数学方面的第一篇论文是和舒伯特合作发表的，那还是他在预科学校读书时的事。在哥廷根的日子里，他在函数论方面做出了令人印象深刻的工作。赫尔维茨最著名的工作或是其在代数曲线上的结果，比如赫尔维茨的同构定理和以他的名字命名的公式，这些工作导引着后来的许多理论。

谈到希尔伯特与闵可夫斯基的数学故事，我们还可以聊到另外一位数学家。他的名字——我想许多朋友都知道——叫做林德曼。在数学史上，林德曼因证明了“π是一个超越数”而闻名于世。除此之外，他还可以因为门下拥有出色的学生而骄傲。希尔伯特与闵可夫斯基都是林德曼的学生。

林德曼

人物：费迪南德·冯·林德曼 (Ferdinand von Lindemann)

生命的历程：1852.4.12—1939.3.6

国籍：德国

师承：F. 克莱因

影响力：他证明了π是一个超越数。

人物小传：林德曼于 1852 年 4 月 12 日出生在德国的汉诺威。他在两岁时随父母移居什未林 (Schwerin)，在那里度过了童年时代，并完成了中小学学习。中学毕业后，林德曼于 1870 年来到哥廷根大学攻读数学。在大学的日子里，对他影响最大的是克莱布什教授。可惜克莱布什在 1872 年离世。林德曼的大学时期也求学于埃尔朗根大学和慕尼黑大学。1873 年，他在 F. 克莱因的指导下，在埃尔朗根大学获得博士学位。他的博士论文是有关非欧几何的。

在获得博士学位后，林德曼博士前往英国和法国访学。在英国，他访问了牛津、剑桥和伦敦，而在法国巴黎的那段时间里，他受到若尔当 (Jordan)、C. 埃尔米特 (Charles Hermite，1822—1901) 等人的数学影响。回到德国后，他先后执教于维尔茨堡大学、弗赖堡大学。1883 年，林德曼被任命为柯尼斯堡大学的教授。

1893 年，林德曼接受了慕尼黑大学的一个教授席位，其后在那里度过余生。

林德曼的主要工作是几何和分析，其中最著名的数学贡献当然是，1882 年——那是他来到柯尼斯堡大学执教的前一年，证明了 π 是一个超越数。经由此解决了一个古老的数学难题，古希腊三大几何作图问题之“化圆为方”是不可解的。

终其一生，林德曼培养了约五十位博士研究生。这其中最出色的，除了希尔伯特与闵可夫斯基外，还有阿诺德 · 索末菲。他们都是林德曼在柯尼斯堡的学生。

索末菲

人物：阿诺德 · 索末菲 (Arnold Sommerfeld)

生命的历程：1868.12.5—1951.4.26

国籍：德国

师承：林德曼

影响力：他是德国物理学家，量子力学与原子物理学的开山鼻祖人物之一。他还是一位现代物理学的教父，在他后来的学生中，有多人获得了诺贝尔奖。

人物小传：索末菲于 1868 年 12 月 5 日出生在德国东普鲁士的柯尼斯堡，现今这个小城是俄罗斯的加里宁格勒。7 岁那年，索末菲进入柯尼斯堡的阿尔斯塔特预科学校读书。阿尔斯塔特预科学校是一所受人尊敬的学校，天才数学家赫尔曼 · 闵可夫斯基曾在此就读。1886 年，索末菲跟随闵可夫斯基的脚步，来到柯尼斯堡大学攻读数学。不过他对自然科学、哲学和政治经济学都很感兴趣。正是在这里，他遇见了希尔伯特、赫尔维茨和林德曼这些伟大的人物。柯尼斯堡的大学岁月无疑是他的求学之旅中最为重要的一段时期。1891 年，索末菲在林德曼的指导下获得博士学位。1893 年，在经过一年的军旅生活后，他选择来到哥廷根大学进行数学深造，不久后成为F. 克莱因的助教。哥廷根的四年学术生活让他收获颇多。1897年，索末菲接受了克劳斯塔尔矿业学校的数学教授席位。1900年任亚琛工业大学的教授。1906年起任慕尼黑大学理论物理学教授。

在慕尼黑，索末菲创立了现代理论物理学的第一个学派——慕尼黑学派。在这个被后人称作“理论物理学家摇篮”的地方，索末菲数十年如一日，培养了众多的年轻人才。在他的学生中，仅仅是诺贝尔奖获得者就至少有7人：海森伯、泡利、德拜、贝特、鲍林、拉比和冯·劳厄。

还记得在人类科学史上，20世纪是属于原子理论物理的时代。量子物理的出现，不但深刻地改变了人类对物质、自然和哲学的基本认识，而且也带来了一系列的技术革命，进而改变了人类的生活方式。在这场伟大的科学革命中，阿诺德·索末菲、普朗克、爱因斯坦和玻尔都是创立者和弄潮儿。索末菲在原子物理学上的贡献，为进一步研究关于物质结构的基础理论和应用开辟了道路。他留下了神秘的索末菲精细结构常数，与万有引力常数和普朗克常数等同列几个自然界基本常数。他曾八十多次获得诺贝尔奖提名，却因为种种原因未能获奖，这引发了一系列的猜想。

这位现代物理学教父级的人物，给我们留下了诸多想象的空间。而在我们的这一数学话剧里，当时的他还只是F. 克莱因的助手。

C. 话剧里人物篇

《往事》这一话剧以19世纪末至20世纪上半叶的“哥廷根学派的数学故事”为主题。可以想象，在哥廷根数学学派的这样一个鼎盛时期，出现在话剧中的人物可以有很多，比如这期间希尔伯特指导的博士研究生有75位之多；F. 克莱因的则至少有28位；即便闵可夫斯基在哥廷根只待了短短的不到6年时间，亦指导了博士研究生7名……加上朗道、卡尔·龙格和埃米·诺特等指导的学生，以及其他到访哥廷根的一些著名数学科学人物，简直是“数不胜数”。下面让我们只“认识”一些主要的话剧人物。

在此最先要介绍的这位天才数学家，我想你们肯定听说过他。在我们的学生时代，常听老师说，有一种行列式叫做“雅可比行列式”。这一有关函数的数学画片也出现在话剧希尔伯特教授的课堂里。那天，他给同学们讲到了这位天才数学家雅可比和以他命名的行列式故事。

雅可比

人物：卡尔·雅可比 (Carl Gustav Jacob Jacobi)

生命的历程：1804.12.10—1851.2.18

国籍：德国

师承：E. H. 德克森 (Enno Heeren Dirksen)

影响力：数学史上最伟大的，也是最勤奋的学者之一。在那个时代，他的名声仅次于高斯。

人物小传：雅可比于 1804 年 12 月 10 日出生在德国普鲁士的波茨坦——柏林科学院所在地。他的父亲是一位银行家。雅可比自幼聪慧，12 岁之前一直跟随他的舅舅学习古典文学和数学。1816 年进入波茨坦大学预科学校学习，一年后，他即有能力到大学读书。只是那时柏林大学不接受 16 岁以下的学生，因此雅可比不得不依旧留在中学读书，等待着 1821 年的那个春天。在中学读书的闲暇时刻，他自学了欧拉的名著《无穷小分析引论》，还试图经由根式来求解五次代数方程。

1821 年，16 岁的雅可比终于可以进入柏林大学读书。他对哲学、古典文学和数学都很有兴趣。像高斯一样，如果不是数学强烈地吸引着他，他很可能会是一位文学大师。不过雅可比最后还是选择了数学。1825 年，他在柏林大学获得理学博士学位，之后留校任教。1826 年，雅可比来到柯尼斯堡大学执教，在这所著名的学府待了 18 年，这或是雅可比数学职业生涯收获最多的一个时期。1842 年由于健康不佳雅可比回到柏林，1851 年离世。

雅可比在数学上的许多领域都有出色的贡献。比如在分析学上，经典的雅可比行列式这一概念，源自他的一篇著名论文——《论行列式的形成与性质》。在动力学上，他拓展了 W. R. 哈密顿 (William Rowan Hamilton，1805—1865) 的微分方程理论，其后的哈密顿 - 雅可比方程理论可用于量子力学的研究。在数论上，他曾在高斯二次互反律的基础上，呈现三次互反律的一些数学画片。尽管如此，他被人们铭记主要还是因为他在椭圆函数上所做的工作。诚如现在我们所知道的，他与阿贝尔一道被认为是椭圆函数论的奠基者。

除却雅可比留给我们的数学财富，他还是一位极其出色的教师。他简明而生动的讲课方式给听众留下了深刻的印象。他的创新教学法，还有由他开创的"纯数学讨论班"活动，都是这位天才数学家带给我们这些后来者的智慧园。

你知道吗，雅可比和狄利克雷可是好朋友呢？

在《往事》的第 2 幕　第二场　笛声初奏里，除了雅可比这样著名的课堂人物外，还有一些课上的著名学生值得了解。

布鲁门塔尔

人物：奥托 · 布鲁门塔尔 (Otto Blumenthal)

生命的历程：1876.7.20—1944.11.12

国籍：德国

师承：希尔伯特

影响力：Mathematische Annalen，执行主编，1906—1938

人物小传：奥托 · 布鲁门塔尔于 1876 年 7 月 20 日出生在法兰克福，他的父亲是一名医生。而母亲则来自奥芬巴赫 (Offenbach) 的一个显赫家庭。他中学就读于著名的歌德中学，在那里他擅长几乎所有的科目。

1894 年，布鲁门塔尔参加了大学入学考试，并进入哥廷根大学读书。跟随他父亲的足迹，他最初学的是医学。然而一个学期后，他转到了数学和科学。究其原因，或许是受到了诸多数学大师的影响，在慕尼黑大学他听过林德曼的数学讲座，在哥廷根大学，则有希尔伯特、克莱因等人的形形色色的数学课程。

尽管布鲁门塔尔被认为是希尔伯特的第一个博士研究生，他博士期间的工作很大程度上也来自阿诺德 · 索末菲的指导 (那时候，索末菲是 F. 克莱因的助教)。正如康斯坦丝 · 瑞德在她的《希尔伯特：数学世界的亚历山大》

一书中如是言道：

“布鲁门塔尔是一个有趣、有爱心、善于交际的年轻人，会说好几个国家的语言。除了数学和物理学以外，对文学、历史和神学也有浓厚的兴趣。”

这个有趣的、多才多艺的年轻人在1898年获得了博士学位。然后他留在哥廷根，进行了必要的资格考试，以便可以在中学任教。其后，在经过一年多的巴黎访学后，他重新回到哥廷根，成了哥廷根的编外讲师(privatdozent)，直到1905年他就任亚琛工业大学的数学教授。

除了在数学上的重要贡献外，布鲁门塔尔还曾是一本著名数学杂志《数学年鉴》(*Mathematischen Annalen*)的执行主编。他的这一角色开始于1906年，三十年如一日，他为数学的普及和传播付出了很多努力。多年后，其数学界朋友们组织了一个特别的生日礼物，感谢他对《数学年鉴》和数学传播上的贡献。

格雷丝·杨

人物：格雷丝 · C. 杨 (Grace Chisholm Young)

生命的历程：1868.3.15—1944.3.29

国籍：英国

师承：F. 克莱因

影响力：在分析学上有着重要的贡献。著名的杨不等式中有她的功劳。

人物小传：格雷丝 · 杨于1868年3月15日出生在英国的黑斯尔米尔(Haslemere)，她的父亲是一名高级公务员。格雷丝是家里四个孩子中最小的一个，在她出生那年，父亲已近60岁。格雷丝的小学和中学是在家里完成的，老师是父亲、母亲和家庭教师们，这或是当时欧洲的一则习俗。17岁那年，格雷丝通过了剑桥大学的入学考试。那时她的意愿是学医，但因为母亲的反对，转而准备攻读数学。5年后，格雷丝进入剑桥大学格顿学院继续攻读数学，她在格顿学院的导师是威廉姆 · 杨，后来他成为她的丈夫。

大学毕业后，格雷丝来到了哥廷根。那时候的哥廷根，或是世界上为数不多允许女性进一步进行数学学习与研究的地方。1895 年，格雷丝在 F. 克莱因的指导下获得博士学位。

由于家庭方面的原因，格雷丝在获得博士学位后回到了英国。1896 年她和威廉姆·杨结婚。经年后他们再到哥廷根，在克莱因的指导下研究数学，直到 1908 年离开哥廷根，去了日内瓦。

威廉姆·杨和格雷丝·杨共有六个孩子，其中五个出生在哥廷根。缘于这些孩子，夫妻俩写了不少有关孩子与数学科学教育方面的书籍。这些努力极具成效：他们的六个孩子中，有三个数学家、一个物理学家，还有一个是化学家。著名的“杨测度”这一概念，来自他们的第五个孩子——劳伦斯·C. 杨 (Laurence Chisholm Young，1905—2000)。他出生于哥廷根。

富特文格勒

人物：菲利普·富特文格勒 (Philipp Furtwängler)

生命的历程：1869.4.21—1940.5.19

国籍：德国

师承：F. 克莱因

影响力：在 F. 克莱因的指导下，富特文格勒于 1896 年获得博士学位。他的论文主题是有关三次型的。其后他学术生涯的大部分时间，是在奥地利的维也纳大学度过的。在 1912—1938 年的漫长岁月里，他培养了诸多出色的学生，其中，W. 格拉布纳 (Wolfgang Gröbner)、H. 曼恩 (Henry Mann)、O. T. 托德 (Olga Taussky-Todd) 都是著名的数学家。

20 世纪最伟大的数学家之一——K. 哥德尔 (Kurt Gödel，1906—1978)，也曾是富特文格勒的一名学生。哥德尔后来回忆说，富特文格勒的数论讲座是他听过的最好的数学讲座。或多或少因为这些讲座的影响力，哥德尔成为一位伟大的数学家。让我们在此感谢富特文格勒先生，原本哥德尔的意愿是成为一位物理学家！

在 20 世纪初的维也纳大学里，富特文格勒的数学讲座极受欢迎。200 多个座位的阶梯教室座无虚席，有许多学生不得不站着听课。让我们想象着隐约看见：讲台上，因为瘫痪，富特文格勒先生只能坐在轮椅上讲课，他的课没有笔记，由他的助手在黑板上写下他口述的方程式。这是多么让人感动的一幅数学景象啊。

在数学研究上，富特文格勒也有着出色的贡献。其中最大的成就是他对主理想定理的证明，这个定理回答了希尔伯特的一个猜想。23 页的数学论文或多或少说明了富特文格勒先生的大器晚成，那年他 61 岁。由此他在 1930 年获得恩斯特·阿尔伯奖。在此六年前，这一奖项曾授予著名数学家 F. 克莱因先生。

另外，值得一提的是，富特文格勒的表兄弟威廉·富特文格勒 (Wilhelm Furtwängler，1886—1954) 是一位著名的作曲家，被认为是 20 世纪最伟大的交响乐和歌剧指挥家之一。

随着时间的步履，《往事》漫步来到第 2 幕 第五场 桌子、椅子和啤酒杯。这一场涉及的是希尔伯特教授有关《几何基础》的系列讲座。课上听讲的学生又有所变化。让我们简单聊聊其中的两位：M. W. 德恩和恩斯特·策梅洛。他们在各自的数学领域都有不寻常贡献。

德恩

人物：M. W. 德恩 (Max Wilhelm Dehn)

生命的历程：1878.11.13—1952.6.27

国籍：德裔美籍

师承：希尔伯特

影响力：最先解决希尔伯特 23 个问题之一的人。

人物小传：德恩于 1878 年 11 月 13 日出生在德国汉堡。他的父亲是一名医生。德恩在中学毕业后，进入弗赖堡大学攻读数学。由于德国的大学传统，他同时也在哥廷根大学数学系学习。1900 年，德恩在希尔伯特的指导下获得博士学位。也正是在那一年，他解决了希尔伯特 23 个问题中的第 3 问题。他关于这一问题的答案是，No！经由现在我们称为“德恩不变量”的概念，他构造了一个绝妙的反例。由此他拥有了希尔伯特问题解决者的无上荣耀。

著名的“庞加莱猜想”随后成为德恩想攻克的目标。可以想象，最后他没能成功。尽管如此，他依然在低维拓扑的研究上做出了许多重要的贡献。

在其博士毕业后，德恩在许多地方工作过：明斯特 (1900—1911)，基尔 (1911—1913)，布雷斯劳 (1913—1921)，法兰克福 (1921—1937) 。

因为第二次世界大战的政治风云，德恩后来不得已移民去了美国。在那里度过了他的后半生。

策梅洛

人物：恩斯特・策梅洛 (Ernst Zermelo)

生命的历程：1871.7.27—1953.5.21

国籍：德国

师承：富克斯，施瓦茨

影响力：公理集合论的主要开创者之一。

人物小传：策梅洛于 1871 年 7 月 27 日出生在德国柏林。他的父亲是一位大学教授。策梅洛从小在柏林读书。1889 年，在柏林的一所中学毕业后，策梅洛进入大学学习数学、物理和哲学。策梅洛曾求学于柏林大学、哈雷大学和弗赖堡大学，最后在柏林大学获得博士学位。之后他成为普朗克的助手，在其指导下开始研究流体动力学。

1897 年，策梅洛来到哥廷根大学，不久后成为这里的一名讲师。1910 年，他离开哥廷根大学，去苏黎世大学就任数学系主任。1926 年被聘为弗赖堡大学的荣誉教授。

策梅洛对物理学和数学应用有着浓厚的兴趣，在变分法等方面都有一些研究结果。但他的主要贡献在集合论上，他首先提出了选择公理，并运用它解决了 G. 康托尔 (Georg Cantor，1845—1918) 的良序问题，证明了良序定理。他还是公理集合论的开创者之一。策梅洛在哥廷根大学任教期间，深受希尔伯特及其学派的影响，于是他将研究方向从数学物理和统计力学转向了数学基础。可以想象，康托尔的连续统假设是策梅洛研究工作关注的主旋律之一。由此他与希尔伯特间当有许多数学上的交流。

在经过希尔伯特关于“数学问题”的演讲后，《哥廷根数学往事》来到第 3 幕 第二场 众星云集里。这一场的话剧故事说的是，1900—1902 年的某一天，在哥廷根大学的一隅，三位出色的年轻人在热情洋溢地聊着有关柏林大学与哥廷根的数学往事。这三位话剧中的人物后来都是非常出色的数学家。

高木贞治

人物：高木贞治 (Teiji Takagi)

生命的历程：1875.4.21—1960.2.28

国籍：日本

师承：希尔伯特

影响力：在代数数论上有重要贡献。1920 年解决了著名的“克罗内克青春之梦”问题。

人物小传：高木贞治于 1875 年 4 月 21 日生在日本岐阜县。他小时候被誉为神童。5 岁起，高木贞治进入邻家野川杏平所办的私塾，接受《论语》《孟子》《十八史略》等初步的汉学教育。7 岁入小学，成绩超群，全为甲等。每年跳一级，3 年读完 6 年课程。在 1894 年高中毕业后，高木贞治进入东京大学攻读数学。那时候东京大学还是日本唯一的大学。在藤泽先生的课上和讨论班上，他学习了许多代数学和数论的知识。

高木贞治于 1897 年毕业于东京大学，次年被选为日本出国留学的十二名学生之一。他来到了德国，先是在柏林大学跟随福克斯、弗罗贝尼乌斯和施瓦茨学习数学。他阅读了希尔伯特的《数论报告》后，慕名来到了哥廷根。在他看来，“哥廷根也许是世界上唯一一个正在进行代数数论研究的地方”。

哥廷根的数学生活让高木贞治备受鼓舞。只是有点失望的是，那个时候希尔伯特的数学兴趣已不是代数数论。希尔伯特或许曾建议他可以研究几何学的基础，或者积分方程。但高木贞治还是一如既往，偏爱原先的数论。他所关注的话题正是一个被希尔伯特认为是最重要的话题，它在 1900 年巴黎讲座中成为希尔伯特第 12 问题的一个特例。在哥廷根，高木贞治取得了数学生涯的第一项研究成果：部分地解决了克罗内克的猜想。

1901 年，26 岁的高木贞治留学三年之后回到日本，被任命为东京大学数学系代数助理教授，三年后又被提升为东京大学的正教授，他在那里工作，直到 1936 年退休。

高木贞治在 1903 年发表了学位论文之后，大约沉寂了 10 年，这段时间里他大都用于平静的教学。1914 年开始，高木贞治进行了新的关于类域的研究。到 1920 年，他把 1915 年以来发表的数篇短文汇总起来，写出了关于相对阿贝尔域的理论的著名论文，并由此开创了类域论。他的工作其后被 E. 阿廷 和 H. 哈塞继承和发展。

除了出色的数学研究工作外，高木贞治还写了许多大学教材、专著、中小学教科书及各种普及读物。他的直接教学活动，培养了一代具有国际声誉的日本数学家，大大推动了日本数学的发展。比如著名数学家，1990 年的菲尔兹奖获得者森重文 (Shigefumi Mori，1951—)。

施密特

人物：艾哈德 · 施密特 (Erhard Schmidt)

生命的历程：1876.1.13—1959.12.6

国籍：德国

师承：希尔伯特

影响力：他的工作在 20 世纪对数学方向产生了重大影响，特别是泛函分析方面。

人物小传：施密特于 1876 年 1 月 13 日出生在爱沙尼亚的多帕特 (Dorpat)。他来到哥廷根大学读书之前，曾在柏林大学跟随施瓦茨研究数学。1905 年，施密特在希尔伯特的指导下获得博士学位，其后去了波恩大学教书。

1917 年，缘于施瓦茨的退休，施密特接任其在柏林大学的教授席位。在此之前，他还在苏黎世、埃尔朗根、布雷斯劳等多个地方教过书。

在他众多的学生中，有许多著名的数学家，比如 S. 博赫纳 (Salomon Bochner)、R. 布饶尔 (Richard Brauer)、霍普夫等。而我们在大学时代所相识的格拉姆 - 施密特正交化过程，其中就有他的名字，这多少源自他 1907 年的一篇数学论文。另外，艾哈德·施密特关于若尔当闭曲线定理的一个新证明已成为一个经典。还值得一提的是，卡拉泰奥多理曾和施密特在柏林有过一段时间的共事。

卡拉泰奥多里

人物：康斯坦丁·卡拉泰奥多里 (Constantin Carathéodory)

生命的历程：1873.9.13—1950.2.2

国籍：希腊

师承：闵可夫斯基

影响力：他对实变函数理论、变分法和测度理论做出了重大贡献。

人物小传：卡拉泰奥多里于 1873 年 9 月 13 日出生于柏林，其后跟随希腊国籍的父母在布鲁塞尔长大。他的父亲是一名律师，曾担任奥斯曼帝国驻柏林大使。他的母亲来自希俄斯岛。卡拉泰奥多里所在的家族非常富有，其成员还担任过许多重要的政府职位。

在26岁时，卡拉泰奥多里放弃了很有前途的工程师职位而回到大学来攻读纯数学。他的家人们都认为他的计划是一种愚蠢的罗曼蒂克：一般没有人会到26岁才开始他的数学生涯。“但通过不受束缚的、专心致志的数学研究，我的生活会变得更有意义，我无法抗拒这样的诱惑。”卡拉泰奥多里如是说。

1900年，卡拉泰奥多里进入柏林大学，跟随弗罗贝尼乌斯和施瓦茨学习数学。其间他听说哥廷根的数学是如此热情洋溢，于是在1902年夏，转而来到哥廷根大学攻读数学。哥廷根的数学生活确实让他印象深刻。受希尔伯特和克莱因的影响，卡拉泰奥多里的数学研究主题是变分法。两年后，他在哥廷根获得博士学位，导师却是闵可夫斯基。博士毕业后，卡拉泰奥多里曾在哥廷根大学教过书，也到访过许多地方，比如布鲁塞尔、波恩、柏林，都留下了他的数学足迹。其间他还曾回到哥廷根大学任教授。如果你追寻他在这里的数学故事，当可遇见，那些在哥廷根大学的日子里，他至少曾指导过两位博士研究生：Hans Rademacher 和 Paul Finsler，前者是一位解析数论方面的大师，而后者，则是当下比较流行的芬斯勒几何的“拥有者”。

《哥廷根数学往事》的第3幕 第六场 希尔伯特的课堂舞步，在我们的设想里，会迎来一个小小的高潮。希尔伯特教授的课堂主题是超越数的故事。在这样一个跨越时空的课堂里，有许多天才人物闪亮登场。且让我们先简单地介绍其中的几位年轻人……他们后来都成为大师级的数学家或者科学家。

劳厄

人物：马克斯·冯·劳厄 (Max von Laue)

生命的历程：1879.10.9—1960.4.24

国籍：德国

师承： M. 普朗克 (Max Planck)，索末菲

影响力： 因为发现了晶体的 X 射线衍射现象而获得 1914 年的诺贝尔物理学奖。

人物小传： 冯 · 劳厄于 1879 年 10 月 9 日出生在德国普鲁士王国的普法芬多夫 (Pfaffendorf)。中学毕业后，他先后在斯特拉斯堡大学、哥廷根大学和慕尼黑大学学习数学、物理和化学。在哥廷根读书期间，其在物理学上的影响，来自沃耳德玛 · 沃伊特 (Woldemar Voigt，1850—1919)，而其在数学上的影响，则来自希尔伯特。1902 年，他去了柏林大学，在普朗克的指导下研究物理学，两年后获得博士学位。

1905 年，冯 · 劳厄在普朗克的讨论班上得悉爱因斯坦的工作，深为其关于时空的这个新思想所吸引。后来他还专程去伯尔尼拜访了爱因斯坦，他们从此成为终生的挚友。自 1912 年起，冯 · 劳厄先后在苏黎世大学、法兰克福大学和柏林大学任教。

自从 1895 年 W. 伦琴 (Wilhelm Röntgen，1845—1923) 发现 X 射线以来，关于 X 射线的本质，科学家们提出了各自的看法。冯 · 劳厄认为，X 射线是电磁波。只要 X 射线的波长和晶体中原子的间距具有相同的数量级，那么当用 X 射线照射晶体时就应能观察到干涉现象。1912 年，在冯 · 劳厄的指导下，弗里德里奇和克尼平以一项实验证明这一设想。由此初步揭示了晶体的微观结构。这一实验曾被爱因斯坦誉为“物理学最美的实验”。

玻恩

人物： 马克斯 · 玻恩 (Max Born)

生命的历程： 1882.12.11—1970.1.5

国籍： 德国

师承： 卡尔 · 龙格 (Carl Runge)

影响力： 量子力学奠基人之一，因对量子力学的基础性研究尤其是对波函数的统计学诠释而获得 1954 年的诺贝尔物理学奖。

人物小传：玻恩于 1882 年 12 月 11 日出生于德国普鲁士的布雷斯劳，这个地方现在属于波兰。1901 年中学毕业后，玻恩进入布雷斯劳大学读书。随后求学于海德堡大学和苏黎世大学。在 O. 特普利茨 (Otto Toeplitz) 和赫林格的引导下，玻恩于 1904 年慕名来到哥廷根大学读书。两年后获得博士学位。他的导师是卡尔・龙格 (1856—1927)。

在哥廷根求学的日子里，许多数学和物理学的大师对他影响至深，这其中有希尔伯特、闵可夫斯基、克莱因、龙格和普朗特 (1875—1953)。1909 年，玻恩获得大学任教资格，他先是在哥廷根大学受聘为无薪讲师，而后于 1912 年接受迈克尔逊的邀请前往芝加哥讲授相对论，并与迈克尔逊合作完成了一些光栅光谱实验。

在 1921 年再回到哥廷根任教授之前，玻恩先后在柏林大学和法兰克福大学任教。自 1921 年起，他又在哥廷根待了 11 年，在这段时间里，他在物理学的领域里做出了许多重要的贡献，尤其是对量子力学的基础性研究和对波函数的统计学诠释。这也是他多年后获得诺贝尔物理学奖的理由所在。1933 年，因为他的犹太血统，玻恩不得不离开德国，到了英国并在那里从事教育和研究。在生命的最后岁月，他回到了德国，1970 年在哥廷根去世。

为了纪念马克斯・玻恩的贡献，德国物理学会与英国物理学会于 1973 年设立"马克斯・玻恩奖"，以激励那些在物理学领域做出特别有价值的科学贡献的德英两国的科学家。

在哥廷根的漫长日子里，玻恩培养出许多出色的学生，其中著名的有费米、J. R. 奥本海默 (Julius Robert Oppenheimer，1904—1967) 等。

所有的这些，都勾画出他人生的无限精彩。

赫林格

人物：E. D. 赫林格 (Ernst David Hellinger)

生命的历程：1883.9.30—1950.3.28

国籍：德国

师承：希尔伯特

影响力：the Hellinger distance，the Hilbert–Hellinger theory

人物小传：恩斯特· 赫林格于 1883 年 9 月 30 日出生在上西里西亚的小镇斯特高 (Striegau)，现在波兰境内，但当时属于德国。他在布雷斯劳长大，并在那里读完中小学。1902 年，赫林格中学毕业后，进入海德堡大学攻读数学，除此之外，他还在布雷斯劳大学读过书，1904 年，赫林格来到哥廷根大学，继续学习数学。1907 年，赫林格在这里获得博士学位。他的导师是希尔伯特。

博士毕业后他在哥廷根做了两年助教。随后又去了马尔堡大学。1914 年，赫林格获得法兰克福大学的一个教职，在这里一待就是二十年。不久后，因为那个时代的政治风云，赫林格于 1939 年移民到了美国，在西北大学度过了他的余生。

冯·卡门

人物：西奥多·冯·卡门 (Theodore von Kármán)

生命的历程：1881.5.11—1963.5.6

国籍：匈牙利 - 美国

师承：路德维希·普朗特 (Ludwig Prandtl)

影响力：20 世纪最伟大的航天工程学家，开创了数学和基础科学在航空航天和其他技术领域的应用，被誉为"航空航天时代的科学奇才"。

人物小传：冯·卡门于 1881 年 5 月 11 日出生在匈牙利的布达佩斯。在他的教授父亲的影响下，儿童时代的冯·卡门不单显露出数学天赋，还有着探索自然奥秘的浓浓的好奇心。中学毕业后，冯·卡门进入约瑟夫皇家工艺大学 (现在叫做布达佩斯皇家理工综合大学) 读书。大学毕业以后，冯·卡门在军队中服役一年。其后又在约瑟夫皇家工艺大学做了三年的助教。

1906 年，25 岁的冯·卡门获得了匈牙利科学院的奖学金，求学来到了当时的数学圣地——哥廷根。在路德维希·普朗特的指导下，冯·卡门在 1908 年获得博士学位。同年他接受了普朗特的邀请，成为后者在哥廷根大学的助手，从此开始了他的科学生涯。

那个时期的哥廷根，可谓是群星璀璨。在克莱因主持的一系列讨论会里，经常可以看到爱因斯坦、希尔伯特、闵可夫斯基、洛伦兹等诸多科学大师的身影。这里有最新科学思想的传送，多彩的思维、丰富的想象以及创造激情，吸引了众多年轻科学家。冯·卡门置身其间，眼界大开。这为他以后走入航天技术的广阔天地打下了广泛的基础。值得一提的是，其间他与玻恩在物理学上的合作是一段有趣的插曲。

1913 年，在克莱因的推荐下，冯·卡门来到了亚琛工业大学任教。一年后，第一次世界大战爆发。他被奥匈帝国的炮兵召回服役四年。战后又回到了亚琛教书。冯·卡门于 1930 年移居美国，任加州理工学院的教授。其后为美国乃至世界的航天事业做出了出色的贡献。1963 年，在去亚琛的路上，这位有着传奇色彩的人物，结束了他那富有传奇色彩的一生。

冯·卡门终身未婚，他那宽敞的住宅，是学术交流的场所。每逢周末，宾客满堂，有教授，也有助手和学生。在这里，人们可以听到不同国家的语言，随着时光的流逝，富有启发的讨论在进行着，而一盘盘糖果和点心，一杯杯饮料和美酒，也被随之享尽。

他，无疑是桃李满天下。我国著名科学家钱伟长、钱学森、郭永怀都是他的亲传弟子。

施坦豪斯

人物：胡戈·施坦豪斯 (Hugo Steinhaus)

生命的历程：1887.1.14—1972.2.25

国籍：波兰

师承：希尔伯特

影响力：在数学的诸多方面都做出了重要贡献，尤其在泛函分析上。

人物小传：施坦豪斯于 1887 年 1 月 14 日出生在波兰加利西亚的小城亚斯沃 (Jaslo)，并在这里度过了他的中学时代。尽管他的家人希望他成为一名工程师，但施坦豪斯被数学所吸引，独自研究一些著名数学家的作品。1905年，施坦豪斯中学毕业后，先是在利沃夫大学学习哲学和数学。1906年他转到了哥廷根大学。5年后，在希尔伯特的指导下，施坦豪斯获得博士学位。

施坦豪斯有一个著名的学生叫斯蒂芬·巴拿赫(Stefan Banach，1892—1945)。师生间的结识堪称数学上的一段传奇。1916年的一个夏夜，施坦豪斯在克拉科夫旧城中心附近的花园里散步，无意中听到有两人在谈论勒贝格积分，于是他走上前去和两位谈话者见面，其中之一就是后来大名鼎鼎的巴拿赫。

巴拿赫和施坦豪斯在那个夏夜的结识，开始了两人在数学上的紧密合作。1917年，他们联名写了一篇论文，这是巴拿赫的第一篇论文。正是这篇论文导引巴拿赫步入数学的殿堂。再后来，他们开创了著名的利沃夫学派。据说这个学派的许多数学定理是在利沃夫的一家咖啡馆数学聊天得到的。还记得在我们大学时代的泛函分析课里，三大经典定理之一的共鸣定理吗？这个定理也叫做巴拿赫-施坦豪斯定理。这个著名的定理是由巴拿赫和施坦豪斯于1927年证明的。

谈到施坦豪斯，我们还可提到一本非常著名的书——*Mathematical Snapshots*，这本书有中译本，叫做《数学万花镜》。这是一本非常独特的介绍数学知识的书。著者以图形、图片和模型等为主，辅以必要的初等数学说明，生动地讲述了数学各个领域里的事实和问题。这本书将一些抽象而难以理解的数学理论，通过具体的可以捉摸的实物使数学具体化，从而易于被读者接受，引起大家对数学的兴趣和思考。

当《哥廷根数学往事》的舞步漫步来到 当庞加莱遇见克莱因 这一场时，且让我们为巴黎的数学、哥廷根的数学，乃至整个世界的数学干杯！庞加莱到访哥廷根大学的那些天，必定会有许多精彩的数学故事。因为J. H. 庞加莱，也是20世纪最伟大的数学天才人物。

庞加莱

人物：J. H. 庞加莱(Jules Henri Poincaré)

生命的历程：1854.4.29 —1912.7.17

国籍：法国

师承：埃尔米特

影响力：20世纪最伟大的数学家之一。他在数论、代数、几何学、拓扑学、天体力学、数学物理等许多领域做出了极为重要的贡献。他的工作对20世纪乃至当今的数学有深远的影响。在天体力学上，他的研究是牛顿之后的一座里程碑。他还是相对论的理论先驱。

人物小传：庞加莱于1854年4月29日出生在法国南锡。他的父亲是南锡大学的医学教授。在童年时代，庞加莱和他的妹妹主要由他们的母亲进行教育。天才的他不仅接受知识极为迅速，而且口才也很流利。但不幸的是，他在五岁时，因为生了一场病而近一年无法开口说话。这使得他的健康受损，并且远离了的童年嬉戏。1862年，庞加莱进入南锡中学读书，因为视力极差，他在音乐和体育课上表现一般，除此之外，庞加莱在各方面都称得上是成绩优异。庞加莱的数学才华在那时已经彰显无遗。他的数学老师形容他是一只"数学怪兽"，这只怪兽席卷了包括法国高中学科竞赛第一名在内的几乎所有荣誉。1873年中学毕业后，庞加莱进入巴黎综合理工学院攻读数学，在那里得到著名数学家查尔斯·埃尔米特的指导。两年后，庞加莱大学毕业，去了矿业学院 (École des Mines)。在获得采矿工程师的同时，继续跟随埃尔米特撰写有关微分方程的博士学位论文。1879年，庞加莱在巴黎大学获得博士学位，然后执教于卡昂大学理学院。正是在这段时间里，他获得了数学上的第一个重大发现：自守函数理论中闪烁有非欧几何的映像，由此开始了他与F. 克莱因的数学竞赛。其中的数学故事精彩几何，不妨去听听西尔维斯特 (Sylvester) 先生怎么说。伴随时间的旅程，庞加莱于1881年来到巴黎大学执教，在这里度过了富有数学传奇的一生。

庞加莱无可争议地成为20世纪最伟大的数学家之一。他的研究涉及数论、代数学、几何学、拓扑学、天体力学、数学物理、科学哲学等许多领域。或许最重要的工作是在函数论方面。他关于自守函数理论的研究，开启了他的数学传奇。1883年，庞加莱提出了一般的单值化定理。他关于三体问题的研究，开创了天体力学历史上的一个新纪元。他关于动力系统和混沌理论的研究在20世纪数学的发展中，影响深远。庞加莱创立的代数拓扑学，为现代数学中的众多成果：欧拉 - 庞加莱公式、庞加莱对偶定理、庞加莱 - 伯克霍夫 - 维特定理、德·拉姆定理和霍奇理论的发现奠定了基础。还有那著名的庞加莱猜想，赋予如此众多的年轻数学家以数学的七彩传奇。

期待着在你我的闲暇时间，来读一读庞加莱的数学与哲学著作。或许可以从他的《天体力学新方法》《科学与假设》《最后的沉思》等代表作里，我们不单可以读到他天才的哲思对当今数学的深远影响，还隐约可以看到那里有相对论与数学哲学之直觉主义的镜像。

接下来且让我们来聊聊两位大师级的数学家——朗道和赫克，他们的数学故事依然闪烁在当下。

朗道

人物：E. G. H. 朗道 (Edmund Georg Hermann Landau)

生命的历程：1877.2.14—1938.2.19

国籍：德国

师承：G. 弗罗贝尼乌斯 (Georg Frobenius)，富克斯

影响力：解析数论和复分析领域的大师

人物小传：朗道于 1877 年 2 月 14 日出生在德国柏林。他在小时候就显露出非凡的天分。16 岁中学毕业后，朗道进入柏林大学读书。在弗罗贝尼乌斯的指导下，朗道于 1899 年获得博士学位。据说他的论文只有 14 页。有一则故事说的是，朗道对数学难题非常感兴趣，以至于他在获得博士学位之前，就出版了两本关于数学问题的书。

博士毕业后，朗道留在柏林大学，教了 10 年书。在这段时间里，他在数学研究上做出了很多成果。1909 年，朗道来到哥廷根大学，继任闵可夫斯基留下的教授席位。同是那一年，朗道出版了一部数学经典——《素数分布理论手册》(上、下卷)。正是这部数论名著第一次系统地整理了解析数论的相关知识，从而为其后的诸多年轻数学家打开了现代数论的大门。哈代和 J. E. 李特尔伍德 (John Edensor Littlewood，1885—1977) 关于黎曼猜想的传奇故事由此开篇。

哥廷根的数学往事，因为朗道的到来，增添了许多传奇的色彩。这位严谨的数学先生，和这里的其他两位数学大家——希尔伯特和克莱因之间，又会演绎多少精彩的数学故事呢？这些都给我们留下太多想象的空间。往事依稀，遥想当年，他曾用一种简单的方法证明了高斯的素数定理，经由此，他得到了代数数域上素理想分布的一些结果。不知这些有趣的结果最后将朗道的哲思带往何方？

赫克

人物：恩里希・赫克 (Erich Hecke)

生命的历程：1887.9.20—1947.2.13

国籍：德国

师承：希尔伯特

影响力：赫克对应，赫克 L-函数，赫克算子

人物小传：赫克于 1887 年 9 月 20 日出生在布克 (Buk)，这是波森的一个小镇，现在属于波兰，但当时属于德国。他的父亲是一个建筑师。在布克读完小学后，赫克在波森继续他的中学时代。1905 年，中学毕业后，赫克进入布雷斯劳大学读书。

缘于那个时代德国大学读书的传统，他可以在多所大学辗转读书。因此除了布雷斯劳大学，他还先后就读于柏林大学和哥廷根大学。1910 年，在希尔伯特的指导下，赫克在哥廷根大学取得博士学位，随后成为希尔伯特和克莱因的助手。1915 年，赫克受聘为瑞士巴塞尔大学的教授。3 年后，他又回到了哥廷根大学任教。然而在仅仅工作一年后，赫克于 1919 年接受了汉堡大学的一个教授席位。这是一个让人惊讶的决定，或许在他看来，新成立的汉堡大学会带给他在数学的新气象与想象的空间。不管如何，多年后的汉堡大学数学系将会迎来一批年轻有为的中国数学家。其中有数学大师陈省身。

赫克在解析数论和相关领域上做出了许多重要的贡献。比如他经由 ϑ 函数证明了关于戴德金 $\zeta(z)$ 函数的函数方程以及在赫克 L- 函数和模形式上的研究工作，这些都或多或少揭示了素数和解析函数的新联系。他的这些工作在现代数论的发展上独具其风采。

于学生时代的我们来说，乔治·波利亚的名字或许如雷贯耳。因为有多部著名的数学读物，比如《怎样解题》、《数学的发现》和《数学与猜想》等都与他有关。而波利亚的名字，曾经亦出现在《哥廷根数学往事》里。

波利亚

人物： 乔治·波利亚 (George Polya)

生命的历程： 1887.12.13—1985.9.7

国籍： 匈牙利 - 美国

师承： L. 费耶 (Lipót Fejér)

影响力： 还记得在我们的中学时代，遇见过他的诸多书籍，比如《怎样解题》、《数学的发现》和《数学与猜想》等。

人物小传： 波利亚于 1887 年 12 月 13 日出生在匈牙利的布达佩斯。在中学时代，波利亚对数学并不十分感兴趣，倒是对文学特别感兴趣，尤其喜欢德国大诗人 H. 海涅的作品，因为这位文学大师与他有着相同的生日。1905 年，在中学毕业后，波利亚进入布达佩斯大学读书。最初他读的是法学，后来又转到语言学与文学。最后勉为其难地选择了数学。那时布达佩斯大学里最出名的数学家是费耶 (1880—1959)。这位在傅里叶级数方面有着重要贡献的老师经常与他的学生们坐在布达佩斯的咖啡馆里讨论解决一些重要的数学问题，并且讲述他所知道的数学家的故事，这吸引了相当一部分天才学生进入他的数学圈。在这些学生中，除波利亚外，还有许多后来成为著名的数学家，如 P. 爱尔特什 (Paul Erdös)，G. 赛格 (Szegö) 等。

1912 年在布达佩斯大学获得博士学位后，波利亚来到了哥廷根大学。在接下来的两年时间里，他听了许多有趣的数学课程，也结识了 F. 克莱因、希尔伯特、朗道等大数学家。1914 年，波利亚去了巴黎。在那里他见到了 E. 皮卡和 J. 阿达马等法国数学家。这些数学家对波利亚后来的研究工作都产生了很大影响。

1914 年秋，波利亚接受了德国数学家赫尔维茨的邀请，来到苏黎世联邦理工学院任教，从此开始了他的教学生涯。1928 年破格晋升为教授。1940 年，波利亚移居美国，先后在布朗大学和斯坦福大学任教。

波利亚的数学研究兴趣极为广泛，他在概率论、组合数学、图论、几何、代数、数论、函数论、微分方程、数学物理等领域都有建树。另外，他还是一位数学教育大师，先后出版了著名的数学著作：《怎样解题》、《数学的发现》和《数学与猜想》等。有一位数学家曾如是说："波利亚是对我的数学活动影响最大的数学家。他的所有研究都体现出使人愉快的个性、令人惊奇的鉴赏力、水晶般清晰的方法论、简捷的手段、有力的结果。如果有人问我，想成为什么样的数学家，我会毫不迟疑地回答：波利亚。"

在这里，我想给你们介绍一位女性数学家。她容貌并不出众，但却富有智慧。经由她天才的笔触，纯粹数学成了逻辑思想的诗篇。她被誉为抽象代数之母。她是埃米・诺特。

埃米・诺特

人物：埃米・诺特 (Amalie Emmy Noether)

生命的历程：1882.3.23—1935.4.14

国籍：德国

师承：P. A. 戈丹 (Paul Albert Gordan)

影响力：20 世纪最伟大的数学家之一，被誉为抽象代数之母。

人物小传：埃米・诺特于 1882 年 3 月 23 日生于德国大学城埃尔朗根的一个数学家家庭。他的父亲马克斯・诺特 (Max Noether，1844—1921) 是一位颇有名气的数学家，在经典代数几何的研究上影响深远。埃米・诺特小时候并没有显示出特别的数学天赋。在埃尔朗根市立高级女子学校就读的 3 年中，也许她的语言才能占有优势。不过由于数学家父亲的影响，她最终还是选择研究数学作为终身事业。

1900 年，埃米・诺特决定进入大学学习。遗憾的是，那时候德国的高等学府只允许女子参加旁听。于是埃米・诺特从 1902 年起在埃尔朗根大学旁听数学。1903 年，她有幸前往哥廷根大学就读，听到了克莱因、希尔伯特、闵可夫斯基等人的课，这让她受益匪浅。回到埃尔朗根大学的埃米·诺特在戈丹的指导下，从事不变量的研究，并于 1907 年获得博士学位。

1916 年，在 F. 克莱因和希尔伯特的邀请下，埃米·诺特第二次来到哥廷根，从此她的数学研究进入了一个崭新的境界。在哥廷根时期的工作开篇，埃米·诺特因她特有的数学思维方式以及丰富的有关不变量知识同克莱因及希尔伯特进行了成功的合作。经由一系列深刻的结果，埃米·诺特逐渐为数学界和数学物理界所瞩目。

让埃米·诺特走入 20 世纪最伟大的数学家行列的，是她在代数数论和环论上的工作。自 20 世纪 20 年代起，埃米·诺特从不同领域的相似现象出发，把不同的对象加以抽象化、公理化，然后用统一的方法加以处理，完成了《环中的理想论》这篇重要论文。这一了不起的数学创造，是代数学现代化的开端。埃米·诺特由此获得了极大的声誉，被誉为是“现代数学代数化的伟大先行者”“抽象代数之母”。

学术上的闪耀并没有给埃米·诺特带来生活上的一帆风顺，在来到哥廷根的最初日子里， 她不得不以希尔伯特教授的名义，在哥廷根大学讲授数学课程。尽管希尔伯特十分欣赏这位年轻女性数学家的才能，想帮她在哥廷根大学找一份正式的工作，但希尔伯特的鼎鼎大名，也没能帮她敲开哥廷根大学的校门。即便如此，埃米·诺特却以她在代数学上的出色工作，吸引着众多的年轻人。在她的学生里，著名者如范德瓦尔登、阿廷、H. 哈塞等。

1933 年，因为那个时代的政治风云，埃米·诺特不得不移居美国，任教于布林茅尔 (Bryn Mawr) 女子学院。那里离普林斯顿高等研究院很近。1934 年起，埃米·诺特每个星期会去研究院讲一次课。那一时期，她最热衷于领着学生们散步。然而这段充满童真的岁月并没有维持多久，1935 年的某一天，因为手术的失误，这位最伟大的女数学家黯然离世。她留给后人的是，独特的富有创造性的科学思维方式、丰硕的研究成果和影响力、宽广的胸怀与伟大的合作精神……

埃米·诺特以其非凡的智慧，让“纯粹数学成了逻辑思想的诗篇”。让我们记住她!

追寻《哥廷根数学往事》的时间舞步，接下来的这些数学家多少与朗道或者埃米·诺特有关，且让我们看一看这两位传奇数学家的背后，有哪些天才人物在绽放他们数学人生的精彩。

范德瓦尔登

人物：B. L. 范德瓦尔登 (Bartel Leendert van der Waerden)

生命的历程：1903.2.2—1996.1.12

国籍：荷兰

师承：亨德利克 (Hendrick de Vries)

影响力：有一本数学名著，叫做《代数学》！

人物小传：范德瓦尔登于 1903 年 2 月 2 日出生在荷兰的阿姆斯特丹。很小的时候，他就迷上了数学。1919 年，只有 16 岁的他进入阿姆斯特丹大学攻读数学，并于 1926 年获得博士学位。其间他曾去哥廷根大学待了 7 个月，在埃米·诺特的指导下学习和研究数学。

在取得博士学位后，范德瓦尔登曾先后在格罗宁根 (Groningen)、莱比锡、阿姆斯特丹、苏黎世等地的许多所大学任教。在他指导的诸多学生中，有一位中国学生——他的名字叫周炜良。

范德瓦尔登在代数和代数几何上有着重要的数学贡献。在此我们还特别提到他的一部数学名著《代数学》。这部书分上、下两册，写于 1930—1931 年，对代数学的发展起了重要影响，它的出版，标志着抽象代数的初创时期已经结束。这部著作从某种程度上确定了后来代数研究的特点和方向。

阿廷

人物：埃米尔·阿廷 (Emil Artin)

生命的历程：1898.3.3—1962.12.20

国籍：奥地利

师承：G. 赫格洛兹 (Gustav Herglotz)，O. L. 赫尔德 (Otto Ludwig Hölder)

影响力：20 世纪最伟大的数学家之一。在代数数论上有着重要的贡献。

人物小传：阿廷于 1898 年 3 月 3 日出生在维也纳。中学时代他并没有表现出对数学有什么兴趣和才华，倒是对化学非常喜爱。据说他对数学产生兴趣是十六岁以后的事。

1916 年中学毕业后，阿廷进入维也纳大学学习。但他只上了一学期课，就应征入伍。幸运的是，他没有上前线，只是当法语翻译。第一次世界大战后他进入德国莱比锡大学继续学习。1921 年，他在赫格洛兹 (1881—1953) 的指导下获得博士学位。其后，阿廷在哥廷根做了一年博士后研究。在那段时间里，他的数学研究最接近于埃米·诺特。其后他执教于汉堡大学，1923 年成为这所大学的讲师。1925 年又成为副教授，仅仅一年之后，他就转为正教授席位。那时他才 28 岁。由于阿廷等人的加盟，汉堡大学很快成为德国数学的中心之一。 由于那个时代的政治风云，阿廷于 1937 年移居美国，先后执教于圣母大学 (1937—1938)、印第安纳大学 (1938—1946)、普林斯顿大学 (1946—1958)。1958 年，阿廷回到汉堡，四年后在那里离世。

阿廷在数学上最主要的贡献是在代数数论上，其顶峰则是类域论的完成，并由此给出了希尔伯特第 9 问题和第 12 问题的部分解。阿廷的又一个伟大工作是完全解决了希尔伯特第 17 问题。这一漂亮的数学成果，可谓是理性方法的一大胜利。除此之外，著名的阿廷猜想，当是他留给年轻一代数学家的巨大财富。

另外，值得一提的是，阿廷还培养了许多出色的学生，其中有著名的 Bernard Dwork，Serge Lang， John Tate 等。

西格尔

人物：C. L. 西格尔 (Carl Ludwig Siegel)

生命的历程：1896.12.31—1981.4.4

国籍：德国

师承：朗道

影响力：20 世纪最伟大的数学家之一。以数论和天体力学著称于科学界。

人物小传：西格尔于 1896 年出生在柏林。1915 年他中学毕业后，进入柏林大学读书。由于对战争很反感，西格尔选择了天文学作为自己的专业。可是阴差阳错地，由于天文学课程的延误，他去旁听了弗罗贝尼乌斯的数论课。这一数学的邂逅，将他带入数论的殿堂。1919 年，西格尔慕名来到哥廷根大学，在朗道的指导下攻读数学，在 1920 年 6 月取得博士学位。

其后，西格尔在哥廷根大学教过一段时间的书。1922 年秋，他被聘为法兰克福大学正教授。一直到 1933 年被解职。在这 10 多的时间里，他和 M. W. 德恩、赫林格等共同举办数学讨论班，开创了法兰克福大学的数学黄金时代。这也是他一生最愉快的时期。

因为第二次世界大战的政治风云，西格尔于 1940 年移居美国，在普林斯顿高级研究院工作。战后西格尔曾回哥廷根大学任教授，后在 1959 年退休，不过其一直讲课到 1967 年。缘于其在数学上的极其出色的贡献，西格尔于 1978 年荣获首届沃尔夫奖。

冯·诺依曼

人物：约翰·冯·诺依曼 (John von Neumann)

生命的历程：1903.12.28—1957.2.8

国籍：匈牙利

师承：费耶

影响力：20 世纪最伟大的数学家之一。以其在计算机科学和博弈论上的贡献著称于世。被誉为“计算机之父”和“博弈论之父”。

人物小传：冯·诺依曼于 1903 年 12 月 28 日出生在匈牙利的布达佩斯。

从孩提时起，他就显示出数学和记忆方面的才能，据说六岁时就能心算八位数除法，八岁就掌握了微积分。1921 年中学毕业后，冯·诺依曼在布达佩斯大学注册成为一名数学系大学生，但并不在那里听课，大学四年的大部分时间里，他辗转于柏林大学与苏黎世联邦工业大学读书。他在布达佩斯大学拿到了数学博士学位，同时也在苏黎世联邦工业大学拿到了化学工程学士学位。在联邦工业大学期间，他曾跟随波利亚学习，他的天赋给波利亚留下了深刻的印象。那些日子里，他还曾代外尔上过课。冯·诺依曼会讲多国语言，学生时期，就出版了原创作品。

1926 年，冯·诺依曼访学哥廷根大学，深深打动了希尔伯特。1927 年，他成了柏林大学的编外讲师，在那里待了 3 年后，去了汉堡大学执教。1930 年，冯·诺依曼访学美国，不久后被普林斯顿大学聘为客座教授。他于 1933 年被任命为普林斯顿高等研究院的教授。当时高级研究院聘有六名教授，其中就有爱因斯坦，而年仅 30 岁的冯·诺依曼是他们当中最年轻的一位。

作为 20 世纪最伟大的数学家之一，冯·诺依曼在纯粹数学和应用数学上都有着杰出的贡献，包括在数理逻辑上提出的简单而明确的序数理论，集合论中的公理新篇，他对算子代数方面的开创性工作，体现了冯·诺依曼代数是有限维空间中矩阵代数的自然推广。希尔伯特的第 5 问题里，有他的名字。另外，冯·诺依曼还在计算机科学和博弈论中，做出了开拓性的工作。在他的多部科学名著里，《量子力学的数学基础》一书在现代物理学上具有里程碑的意义，其中的数学思想可追溯到 1926 年他在哥廷根的短暂时光。

哈代

人物：G. H. 哈代 (Godfrey Harold Hardy)

生命的历程：1877.2.7—1947.12.1

国籍：英国

师承：A. E. H. 拉弗 (Augustus Edward Hough Love)，惠特克 (E. T. Whittaker)

影响力：20 世纪分析学的大师，在解析数论、调和分析、函数论等诸多方面做出了重要的贡献。他在 20 世纪上半叶建立了具有世界水平的英国分析学派。他与李特尔伍德的数学合作堪称科学史上的典范。哈代说，对拉马努金的发现是他一生中一段浪漫的插曲。

人物小传：哈代于 1877 年 2 月 7 日出生于伦敦东南部萨里郡的克兰利小镇。他从小就展示了在数学方面的才能与兴趣。当被带去教堂时，哈代总是以因子分解赞美诗中的数来打发时间，这后来成了他终生的习惯。1896 年，哈代进入剑桥大学三一学院，他的数学生涯从此与剑桥紧密联系起来。最初哈代想从数学系换到历史系。然而，有一位老师让他改变了主意，这位老师就是他后来的导师之一——拉弗教授。诚如他在回忆录《一位数学家的自白》中所说：

“拉弗教授首次打开了我的眼界，他教过我几个学期的课，并向我介绍了分析学的概念。但最使我感激的是，他建议我阅读若尔当的名著《分析学教程》。我永远不会忘记在阅读那份伟大作品时的震撼，对我这一代的很多数学家来说这是一种启蒙，让我第一次认识到数学的真正意义。自那以后，我怀着坚定的数学信念和不懈的热情踏上了数学家之路。”

若尔当的书让哈代留在了数学界，尽管他依然讨厌剑桥大学的荣誉学位考试。1898 年，哈代在荣誉学位考试的第一部分成绩位列第四，不过两年后，他在荣誉学位的第二部分考试时终于如愿以偿，得到第一；同年获得研究员资格，他的研究生涯由此开篇。

在接下来的 10 年间，哈代以极大的热情投入到纯数学的研究里，创作了数篇论文，进而也在分析学上名声初显。1908 年出版的《纯粹数学教程》给英国的数学分析奠定了基础，形成了 20 世纪英国数学分析的面貌。这部书后来成为数学著作的一大经典。1911 年，他开始了同李特尔伍德的长期合作。1913 年，他发现了印度的天才数学家拉马努金 (Srinivasa Ramanujan)。这其中的数学故事，一如哈代先生的人生传奇说不完。

哈代 20 世纪所创导的英国分析学派，培养了许多出色的学生，比如 E. C. T. 蒂奇马什 (Edward Charles Titchmarsh，1899—1963)、H. 达文波特 (Harold Davenport，1907—1969) 等。我国老一辈数学家华罗庚先生曾于 20 世纪 30 年代赴剑桥大学进修，惜才的哈代对华罗庚极为赏识。华先生在解析数论，尤其是圆法与三角和估计方面的研究成果是与他在剑桥大学的学习和研究分不开的。

尽管哈代不经常旅行，但他必然多次到访过哥廷根。《哥廷根数学往事》的话剧新篇或许可以增添哈代先生的一些数学故事画片。

维纳

人物：诺伯特·维纳 (Norbert Wiener)

生命的历程：1894.11.26—1964.3.18

国籍：美国

师承：K. 施密特 (Karl Schmidt)

影响力：昔日神童。美国应用数学家，被认为是控制论的创始人。

人物小传：维纳于1894年11月26日出生在美国密苏里州的哥伦比亚市。维纳是一个神童，小时候一边在学校接受教育，一边在家里由父亲教导。在父亲的指导下，维纳在11岁那年进入塔夫茨学院读书，4年后顺利毕业，其后又在康奈尔大学和哈佛大学学习哲学与数学，1912年获得哲学博士学位。在他博士毕业后，维纳曾游学各地，其后在麻省理工学院获得一个教职，在那里他一直工作到退休。

还记得在哈佛的最后一年，维纳向学校申请了旅行奖学金并获得了批准。他先后留学于英国剑桥大学和德国哥廷根大学，在罗素、哈代、希尔伯特等著名数学家指导下研究逻辑和数学。经由此他认识到科学的力量，昔日的神童开始成长为青年数学家。

霍普夫

人物：H. 霍普夫 (Heinz Hopf)

生命的历程：1894.11.19—1971.6.3

国籍：德国

师承：艾哈德·施密特，L. 比伯巴赫 (Luduing Bieberbach)

影响力：20世纪最伟大的数学家之一，在代数拓扑学和整体微分几何上有重要的贡献。

人物小传：霍普夫于 1894 年 11 月 19 日生于布雷斯劳。在中学时代，霍普夫即显露了他在数学上的才能，尤其在代数学的方向上。1913 年中学毕业后，霍普夫进入布雷斯劳大学攻读数学。然而一年后，他的学习因“第一次世界大战”而中断。战后霍普夫回到布雷斯劳大学继续他的学习，其后在海德堡大学待了一段时间后，于 1920 年来到柏林大学攻读博士学位。在那里他参加了 I. 舒尔 (Issai Schur) 的数学课程。1925 年，霍普夫在艾哈德・施密特和比伯巴赫的指导下获得博士学位。也是在那一年，霍普夫来到哥廷根，在那里他遇到了埃米・诺特。她的数学思想将深刻地影响着他。不过也许更重要的是，他在哥廷根遇见了亚历山德罗夫。霍普夫曾如是写道：

“我在哥廷根最重要的经历是遇见了帕维尔・亚历山德罗夫。不久后我们成为好朋友。除了拓扑学，我们还讨论其他的数学。这是一段幸运的，也是非常快乐的时光，不仅限于哥廷根，还延续到了其他许多的数学旅程。”

是的，这是数学的幸运。这两位数学的天才人物之间的合作，不单单在哥廷根的这段时间里，至少还可以在法国和普林斯顿找到。1927—1928 年期间，他们在美国普林斯顿大学引领着拓扑学的重要进展，也是在这段时间里，他们计划联合进行多卷《拓扑学》的工作，不过第一卷在 1935 年才出版。1931 年，随着外尔的离开，霍普夫接任他在瑞士苏黎世联邦理工学院 (ETH in Zürich) 的教授席位。他还曾任国际数学联合会主席 (1955—1958)。

在数学的许多方面，特别是在代数拓扑学和整体微分几何学上，霍普夫做出了极为重要的贡献。比如在代数拓扑学上，他证明了映射度是同维球之间映射的唯一的同伦不变量 (1926)，其名下的霍普夫不变量被认为是同伦论的开端 (1931)。他与亚历山德罗夫合著的《拓扑学 I 》现已成为拓扑学的经典名作，极大地推动了这一数学学科的发展。比如在整体微分几何上，有一个重要的定理叫做庞加莱 - 霍普夫定理。

可以想象，《哥廷根数学往事》当有霍普夫的数学印记，这一数学故事里，还收藏着另一位大师级数学家——帕维尔・亚历山德罗夫的故事。

亚历山德罗夫

人物：帕维尔·谢尔盖耶维奇·亚历山德罗夫 (Pavel Sergeyevich Alexandrov)

生命的历程：1896.5.7—1982.11.16

国籍：苏联

师承：德米特里·叶戈罗夫 (Dmitri Fyodorovich Egorov)，尼古拉·卢津 (Nikolai Nikolaevich Luzin)

影响力：20 世纪最伟大的数学家之一，在代数拓扑学和一般拓扑学上有重要的贡献。

人物小传：亚历山德罗夫于 1896 年 5 月 7 日出生在俄国的博戈罗茨克。在经过早期的家庭教育之后，亚历山德罗夫进入斯摩棱斯克公立中学读书。这里几乎所有的教师都非常出色。在数学老师艾格斯和校长的鼓励下，亚历山德罗夫在中学毕业后进入莫斯科大学读书。那时候，莫斯科大学的数学研究还远远落后于欧洲。大学的数学课程令人失望，但在年轻数学家卢津 (1883—1950) 的课上，亚历山德罗夫还是深受启发的。后来他这样回忆说：

“卢津的课没有外露的才华和雄辩的策略，他用创造的激情来吸引听众。他拥有非凡的技巧去展示一个数学结论，能让他的听众不由自主地被他带入数学定理的证明过程里，从而使课堂变成了一种思想的实验室。”

卢津后来成为他的博士导师之一。 在卢津的指导下，亚历山德罗夫在大学期间就开始了科学研究，并取得出色的成果。1920—1921 年，亚历山德罗夫在斯摩棱斯克大学任教，并定期到莫斯科大学参加学术活动。在此期间，他结识了卢津教授的年轻助教 P. 乌雷松 (Pavel Urysohn，1898—1924)，他们很快成为最亲密的朋友。1921 年，亚历山德罗夫调到莫斯科大学工作。最初他以编外教授的资格任教，1929 年晋升为教授。

亚历山德罗夫和乌雷松的数学合作自 1922 年起，由此他们一起开始了在拓扑学领域的创造性工作。在 1922—1924 年，他们还一起出国留学，到访过哥廷根和巴黎。在哥廷根，他们受到了克莱因、希尔伯特、朗道、柯朗和埃米·诺特热情的欢迎。在此期间，他们参加了希尔伯特、朗道的数学课程，但令他们印象最为深刻的还是埃米·诺特关于理想论的课程。

1924 年的某一天，亚历山德罗夫和乌雷松在巴黎短暂逗留之后，来到布里塔尼半岛，在一个小渔村住下，他们准备在这里研究一些新课题。不幸的是，年仅 26 岁的乌雷松在海水浴中葬身大西洋。失去挚友的亚历山德罗夫失魂落魄地回到莫斯科，在工作中也失去了自我。经年后，他终于走出悲伤，在布劳威尔的帮助下，整理乌雷松的科学手稿，并安排了付印计划。由此乌雷松的许多贡献才没有被埋没。亚历山德罗夫和乌雷松在 20 世纪 20 年代初的研究是苏联数学家在拓扑学领域工作的开端，他们的工作奠定了莫斯科拓扑学派的基础。由此迎来了莫斯科学派的卓越和辉煌。

从 1925 年到 1932 年间，亚历山德罗夫每年大约有四分之三的时间在国外度过，通常是夏末去国外，来年春天才返回。他定期到哥廷根大学进行学术交流，如开设拓扑学讲座、参加埃米·诺特的研究班、与霍普夫共同举办拓扑学讨论班等。亚历山德罗夫在 1926 年与霍普夫相识，并结为好友。他们在拓扑学方面的合作是极富成效的。

亚历山德罗夫不仅是出色的数学家，而且还是一位杰出的教育家。他热情而开朗，充满激情，富有感召力。他的教育方式也很独特。他经常带领他的讨论班上的年轻人进行所谓“拓扑学旅行”：有时是远距离的、持续数日的水上旅行，有时带领他们滑雪或者徒步郊游。在旅途中，自由谈论沿途的建筑、名胜古迹及民族风俗和数学 - 拓扑学的研究课题。亚历山德罗夫这种生动活泼的教育方式，吸引了一批又一批的年轻人从事比较抽象的拓扑学研究。在他的诸多学生中，最优秀的有 A. N. 吉洪诺夫 (Andrey Nikolayevich Tikhonov，1906—1993) 和 L. 庞特里亚金 (Lev Pontryagin，1908—1988)。在亚历山德罗夫看来，大学不仅要使学生获取科学知识，而且要把他们培养成为具有高度文化修养的人。“任何科学天赋都由三部分组成——智力、意志和激情，它们形成一种能完全被激情所支配的力量，这种力量是科学创造必不可少的，甚至是决定性的条件。”亚历山德罗夫如是说。

在希尔伯特数学生命的尾声，数学基础或是他最为关注的主题。在他的形式主义计划推进的历程里，当可至少包含如下两位数学家的身影。

布劳威尔

人物：L. E. J. 鲁伊兹·布劳威尔 (Luitzen Egbertus Jan Brouwer)

生命的历程：1881.2.27—1966.12.2

国籍：荷兰

师承：D. 柯特维格 (Diederik Korteweg)

影响力：布劳威尔不动点定理，直觉主义的创导者之一。

人物小传：布劳威尔于 1881 年 2 月 27 日生于荷兰北部的港口城市鹿特丹附近的小镇奥弗希。随着家庭的搬迁，他先在梅淡布里克的小学上学，其后就读在霍纳的高级中学。1897 年，布劳威尔考入阿姆斯特丹大学攻读数学。十年后，他在柯特维格的指导下获得博士学位。随后他执教于阿姆斯特丹大学，1912 年被任命为数学教授，直到 1952 年退休。

布劳威尔在拓扑学上做出了极为重要的贡献。著名的布劳威尔不动点定理即为其中一例。这个定理表明，在二维圆盘上，任意映到自身的连续映射，必有一个不动点。他把这一定理推广到高维。在定理证明的过程中，他第一次处理一个流形上的向量场的奇点问题。 这些结果大都是他获得博士学位后，1907 年至 1913 年取得的。有趣的是，他的博士论文是关于数学基础的。

布劳威尔被视为直觉主义的创始人和代表人物，和希尔伯特为代表的形式主义，以及罗素为代表的逻辑主义分属不同的数学哲学阵营。直觉主义强调数学直觉，坚持数学对象必须可以构造，在布劳威尔们看来，数学起源于这样的一种哲学：基本的直觉是按时间顺序出现的感觉，把时间进程抽象出来，就产生了数学。

在我们的数学话剧里，设想有一场有关数学哲学的精彩辩论赛，出现在 20 世纪 20 年代，布劳威尔到访哥廷根期间。可以期待，经由这样的一回辩论，年轻的同学们会更多地认识到数学基础来自何方。

贝尔奈斯

人物：保罗 · 贝尔奈斯 (Paul Isaac Bernays)

生命的历程：1888.10.17—1977.9.18

国籍：瑞士

师承：朗道

影响力：von Neumann-Bernays-Gödel 集理论， Hilbert-Bernays 悖论

人物小传：贝尔奈斯于 1888 年 10 月 17 日出生在英国伦敦。他的童年时代则是在柏林度过的。1907 年，他进入柏林大学读书。1910—1912 年，他则在哥廷根大学求学。1912 年，在朗道的指导下，贝尔奈斯获得博士学位。

他所学很杂，在柏林大学期间，曾随舒尔、朗道、弗罗贝尼乌斯学习数学，随 A. 里尔 (Alois Riehl)、C. 斯图姆夫 (Carl Stumpf) 等学习哲学，又随普朗克学习物理学。而在哥廷根大学的日子里，贝尔奈斯则追随希尔伯特、朗道、外尔和克莱因学习数学，随沃伊特和玻恩学习物理学，随 L. 纳尔逊 (Leonard Nelson) 学习哲学。

获得博士学位后，他在苏黎世大学教了 5 年书，1917 年，因为希尔伯特的邀请，贝尔奈斯再回哥廷根大学，和希尔伯特一起进行数学基础的研究。1933 年，因为那个时代的政治风云，贝尔奈斯不得不离开哥廷根大学。其后辗转访学于世界各地。

贝尔奈斯关于数学基础方面的工作，其后由哥德尔延续着。

曾几何时，群星云集的哥廷根学派，因为那个时代的政治风雨，如云散去。但让人欣慰的是，在当今世界各地，希尔伯特的精神依然在闪烁光芒！在世界各地，到处都是希尔伯特的学生，和其学生的学生。《哥廷根数学往事》这一话剧再现了昔日哥廷根学派的辉煌以及它最后的落寞。

在希尔伯特众多的学生中，有两人最具有希尔伯特精神。这两人的名字，在当今数学界，依然如雷贯耳。他们是赫尔曼 · 外尔和理查德 · 柯朗。

外尔

人物：赫尔曼 · 外尔 (Hermann Klaus Hugo Weyl)

生命的历程：1885.9.9—1955.12.8

国籍：德国

师承：希尔伯特

影响力：20 世纪最伟大的数学家之一，在数学的许多领域都有着重大贡献。在数学家眼中，他是一位数学大师；在物理学家眼中，他是一位量子理论和相对论的先驱。他还是当今最重要的粒子物理学理论——规范场理论的发明者。

人物小传：外尔于 1885 年 11 月 9 日出生在德国汉堡附近，一个名叫埃尔姆斯霍恩 (Elmshorn) 的小镇上。他的父亲路德维希是一位银行家，母亲安娜则来自一户富裕人家。在他很小的时候，外尔即在数学和科学上表露出极大的天赋。1904 年，缘于中学校长的引荐，外尔来到哥廷根大学。当时的哥廷根被誉为数学的圣地。在这里，外尔学习了许多新颖的数学课程，新世界的门向他打开了。正如多年后，他如此回忆道：

“因为那时全然的天真和无知，我冒昧地修读了希尔伯特在那个学期开设的关于数的概念和化圆为方的课程。虽说课程的大部分内容我都无法理解，但是，通往新世界的大门向我打开，此后不久，我年轻的心中便有了一个决定——我必须尽一切办法阅读并研习希尔伯特先生所写的东西。”

接下来的那个夏天，外尔带着希尔伯特的巨著《数论报告》回家。然后整个暑假他在没有数论和伽罗瓦理论等准备知识的情况下，独自啃着这本高深的书，由此度过了他称之为“一生中最快乐最幸福的几个月”。

后来他成了希尔伯特的学生。在希尔伯特的指导下，外尔于 1908 年获得博士学位，并作为编外讲师于两年之后留在哥廷根大学。1913 年，他与海伦妮·约瑟夫 (Helene Joseph) 结婚，她是一位医师的女儿，来自梅克伦堡附近的小镇里布尼茨。两人在哲学和文学上有着共同的爱好。也正是在那一年，外尔被聘为苏黎世联邦理工学院的教授。1915 年，因为第一次世界大战，外尔曾在德国陆军短暂服役。1916 年重返苏黎世。此后的十余年，或是外尔数学创造的全盛时期。1930 年，缘于希尔伯特的退休，外尔回到哥廷根大学接任了希尔伯特的这一教授职位。然而三年后，因为险恶的政治形势他不得已离开这一曾为之心往的数学圣地，在美国普林斯顿高等研究院谋得一个职位。二十多年后的 1955 年，外尔在苏黎世离世。数学的世界因此而失去了一位卓越的数学家、一位当代物理学的奠基人和一位最优秀的诠释者。哥廷根数学往事离我们渐渐远去。

外尔被认为是 20 世纪最伟大的数学家之一。尽管他的大部分工作生活是在瑞士的苏黎世和美国普林斯顿高等研究院度过的，但在众人的眼里，他的身上依然延续着哥廷根伟大的数学传统。

和希尔伯特一样，外尔的科学兴趣同样广泛，他在数学、物理学的许多领域都有着重要的贡献。在拓扑学上，外尔第一次给黎曼曲面奠定了严格的拓扑基础。从此，黎曼曲面的理论成为分析学的一颗灿烂的明珠。

他的这一理论进而促进了流形概念的发展，促使拓扑学成为当代数学的天使。在数学物理上，他试图统一引力场和电磁场，并寻求其适当的数学表达形式。他的工作对以后发展起来的各种场论和广义微分几何学有深远影响。而他最重要的工作融合在如下的画片中：统一场论与仿射联络几何学、李群表示论与量子力、数学及自然科学的哲学。对于诸多年轻的学者来说，读读外尔先生的系列著作总是会大有裨益的，这些书籍包括《空间，时间，物质》《群论与量子力学》《典型群》《对称》和《数学哲学和自然科学》等。

“希尔伯特就像一个穿着杂色衣服的风笛手，他那甜蜜的笛声诱惑了如此众多“老鼠”，跟着他跳入了数学的深河”，外尔曾如是说。

这众多出色的数学“老鼠”中，除了外尔，理查德·柯朗也必然会是其中的一个。

柯朗

人物：理查德·柯朗 (Richard Courant)

生命的历程：1888.1.8—1972.1.27

国籍：德裔美籍

师承：希尔伯特

影响力：20 世纪最伟大的应用数学家之一。他在数学分析、函数论、数学物理、变分法等领域都做出了重要贡献。

人物小传：柯朗于 1888 年 1 月 8 日出生在德国上西里西亚区的小镇卢布利尼茨 (Lublinitz)。在他 7 岁那年，全家搬到了省城布雷斯劳。在这里，未来的数学家进入当地的文理中学。据说从 14 岁起他就开始了独立生活——以做私人教师的方式挣钱谋生。

在学长特普利茨和赫林格的介绍下，柯朗于 1907 年 10 月来到哥廷根大学攻读数学。尽管在最初的日子他依然有点失望，但当参加了希尔伯特和闵可夫斯基的数学物理讨论班后，他迷上了数学。和两位大师级的数学家相伴的日子，在他看来，是他人生中最大的幸运。1910 年，柯朗在希尔伯特的指导下获得数学博士学位。毕业后柯朗留在哥廷根从事教学。1918 年 12 月，经历第一次世界大战后的柯朗重新回到哥廷根。

1919 年 1 月 22 日，柯朗与内里娜·龙格 (Nerina Runge) 结婚。内里娜是他的第二任妻子，她的父亲是哥廷根大学的第一位应用数学教授，著名的卡尔·龙格。1920 年，32 岁的柯朗被克莱因和希尔伯特举荐为明斯特大学的教授，但不到一学期又回哥廷根接替恩里希·赫克留下的——这是当初 F. 克莱因在哥廷根的——教授席位。

当 1913 年克莱因退休之时，他的教授席位最初由卡拉泰奥多里所接任，然后才是赫克，当赫克在 1919 年去了汉堡大学后，在希尔伯特和克莱因的努力下，柯朗于 1920 年接任了这一教授席位。在这期间柯朗发表了一系列论文讨论微分方程的特征值分布和渐近规律。一个以柯朗为中心的学术研究圈在哥廷根开始形成。

像 F. 克莱因一样，柯朗不单是一位出色的数学家，还是一位优秀的组织者和管理家。在美国洛克菲勒基金会的资助下，哥廷根数学研究所于 1929 年 12 月 2 日正式举行落成典礼。柯朗谦虚地将这一切归功于 F. 克莱因和希尔伯特，但这里的人们都清楚，没有柯朗，这一切都不可能发生。在这以后，外尔、埃米·诺特、施密特、阿廷、特普利茨、西格尔等数学名家纷至沓来，可谓盛极一时。

由于那个时代的政治风云，柯朗在 1933 年不得不离开深爱的哥廷根，在剑桥大学作短暂讲学后，侨居美国，任纽约大学教授，开始了他的后半生。现如今，纽约大学已是一所人才辈出的学府，而在那时，却如柯朗所描述的那样：“与我在德国所习惯的方式迥然不同，纽约大学没有一点科学的味道。”

柯朗在数学分析、函数论、数学物理、变分法等领域做出了重要的贡献。尤其是他发展了狄利克雷原理，并把它应用于数学物理方程的边值问题，还对相关问题中的特征值和特征函数作了出色的研究。柯朗的研究成果为有限元方法奠定了坚实的数学基础。这种方法现在仍是一种最经典的解决偏微分方程的数值方法。柯朗的名字还出现在柯朗极小原则里。还有一部数学名著——《数学物理方法》(第一卷)，这是柯朗与希尔伯特合著的。时至今日，这部书依然享誉全球，被众多名校采纳为理工科必修教材。

多年前，柯朗在纽约大学领导一个应用数学小组。这个小组后来成为纽约大学数学科学研究所——现在以“柯朗数学科学研究所”而闻名全世界。遥想当年，当哥廷根数学研究所落成时，希尔伯特曾如是说过：“没有一个研究所像这个一样！如果要有另一个研究所的话，就要有另一个柯朗！”

20 世纪最伟大的应用数学家之一，与柯朗这个名字紧紧连在一起。

若我们再来谱写一部《哥廷根数学往事》的话剧新篇，则或可以以希尔伯特精神最出彩的两大传人——赫尔曼·外尔和理查德·柯朗的遇见为主题。

D. 遥望克莱因

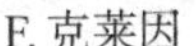

F. 克莱因　　M. 克莱因

遥望数学历史的江湖，有两位名叫“克莱因”的大侠。其中的一位，来自欧洲大陆的德国，他是 20 世纪最伟大的数学家之一、数学教育的大师——F. 克莱因。而另一位则来自大洋彼岸的美国，他是著名数学教育家、20 世纪最著名的数学史家之一——莫尔斯·克莱因 (M. 克莱因，Morris Kline，1908—1992)。

尽管他们有着相同的中文名字——克莱因 (因而常被一些人认为是同一个人)，却是不同的两个人。若非得在这两位“大侠”之间架起一座桥，我们还是可以找到许多关联：比如在 20 世纪的历史长河里，他们同在尘世近 20 年之久；在 M. 克莱因出生的那一年 (1908 年)，F. 克莱因先生在罗马召开的第四届国际数学家大会上被选为第一届国际数学教育委员会 (ICMI) 的主席；若不是在大学时代遇见数学的伯乐，则他们或许都是那个时代最出色的物理学家；M. 克莱因博士毕业后回到纽约大学工作，在柯朗的指导下研究应用数学，而多年前，柯朗却是 F. 克莱因在哥廷根大学的接班人……当然，他们都是“数学教育上的大师级人物”！

若你还是一位数学文化或者数学普及读物的爱好者，则或可以在不经意间发现，在十多年前由复旦大学出版社出版的“西方数学文化理念传播译丛”

的系列丛书中，其中有《高观点下的初等数学》《什么是数学》《西方文化中的数学》这三卷书，而这三卷名著的著者分别是F. 克莱因，R. 柯朗(与H. 罗宾合著)和M. 克莱因。

除了《西方文化中的数学》之外，M. 克莱因还有一大代表作流传在数学的江湖。这部书追寻数学的历史发展，论述了数学思想的古往今来。洋洋洒洒四大卷，这里或收藏有我们现有数学史的最全面描述。M. 克莱因的这一巨著，其名叫做《古今数学思想》。

阅读M. 克莱因的这一大作，当可以让我们在知晓诸多数学思想和方法的古往今来的同时，还可以从中寻觅和获得众多著名数学家的生平与数学故事，其中当包含“那些年，F. 克莱因先生的几多数学往事”。

F. 克莱因，无疑是20世纪最伟大的数学家之一。其在非欧几何、群论和函数论上都有如此出色的贡献。在那个时代，他以其著名的《埃尔朗根纲领》闻名于数学的江湖，经由变换群的观点，把当时已有的各种几何学加以分类和研究，这一理念造就现代几何学研究的改革和创新。若说在20世纪最初的那些日子里，哥廷根之所以成为世界数学和科学的中心，离不开克莱因先生的导引。他在数学教育上的赫赫名声，或可以由他的名著《高观点下的初等数学》阅读到。当今国际数学教育界的最高奖项之一的克莱因奖就以他的名字命名。

克莱因于 1849 年 4 月 25 日生于德国的杜塞尔多夫。他的祖父是位铁匠，父亲是州长的私人秘书，而母亲则出身于亚琛工业资本家的家庭。他的出生多少有些传奇，因为，25/4/1849——$25 = 5^2$，$4 = 2^2$，$1849 = 43^2$，其每个都是素数的平方呢！

• 学生时代：1865 年秋，克莱因进入波恩大学读书。由于中学时期未受到系统的文科教育，第一年他听数学、物理学的课不多，即便是听利普希茨 (1832—1903) 的初等数学课程，也因为贫乏的基础知识而不太理解数学，引不起对数学的兴趣。可是数学历史的旋律是如此具有戏剧性，一年后克莱因有幸成为大数学家 J. 普吕克的助手，正是这位普吕克先生使他对数学和物理学产生了兴趣。在协助先生研究几何学的同时，克莱因逐步充实自己的数学知识，且在普吕克的指导下，完成了博士论文，并于 1868 年 12 月 12 日获得了博士学位。

• 崭露头角：1869 年初，克莱因离开波恩前往哥廷根，协助克莱布什整理普吕克的遗著，出版了《新空间几何学》第二卷。正是从克莱布什那里，克莱因学到不变式理论，并完成了他的一篇重要论文。其后在柏林，克莱因遇见和结识了挪威来的索菲斯·李 (Marius Sophus Lie)，两人成为终生密友。克莱因还结识了从奥地利来的 O. 施托尔茨 (O. Stolz)，从他那里知道 Н. И. 罗巴切夫斯基的非欧几何学。其后在巴黎和哥廷根的游学岁月里，在同一些数学友人的多次讨论中，他或懂得非欧几何学是射影几何学的一部分，后发表《论所谓非欧几何学》的第一篇论文。在克莱布什有力的推荐下，1872 年 10 月他到埃尔朗根大学就任教授，这是当时乃至当今数学世界的一个传奇，那年他才 23 岁。

• 风华正茂：在克莱布什过世后，克莱因成了克莱布什的学术研究及组织工作的继承人，接替他的《数学年鉴》的编辑工作，协助编辑克莱布什的讲义。他关于几何学的新观察——著名的《埃尔朗根纲领》让他逐渐具有数学的国际影响力。1873—1875 年，在英国、意大利等国的数学交流，让他结识了许多数学和科学界的朋友，这其中有著名数学家 A. 凯莱和 J. J. 西尔维斯特，R. 鲍尔 (Ball) 和 W. K. 克利福德 (Clifford)，E. 贝尔特拉米 (Beltrami) 和 E. 贝蒂 (Betti)……在埃尔朗根的最后一个学期，他还收获了爱情，他同安妮·黑格尔 (Anne Hegel) 喜结连理。她是哲学家黑格尔的孙女，那时她的父亲是埃尔朗根大学历史学教授。

1880 年秋，克莱因来到莱比锡大学任教。在这里他开设了系统的几何学课程，并把大学数学教学系统化，还创办了莱比锡大学第一个数学讨论班。在课上他报告了黎曼关于代数函数的理论，用几何观点来整理黎曼的工作，开创了几何函数论的方向……还是在这里，他同庞加莱关于自守函数研究的数学竞赛，亦是数学历史的一曲传奇。在埃尔朗根、慕尼黑和莱比锡的数学岁月，不单是他最快乐，或也是其数学上最富创造性的时期。而且他还培养出一些他最好的学生，这其中有著名的林德曼、赫尔维茨、N. 柯尔等。

● 哥廷根的无冕之王：1886 年初，克莱因来到哥廷根大学任教授，从此开始一个新时期。特别是在 1895 年初因为希尔伯特的到来，哥廷根逐步成为世界数学及物理学的中心，而这个中心的无冕之王就是克莱因。1892 年后在克莱因领导下，哥廷根开始对大学教育制度及教学计划进行巨大的改革，在这个过程中大大加强了应用数学的分量，陆续设立了应用数学的教授、副教授席位。

1890 年，在康托尔的倡议下，德国数学家联合会正式成立。克莱因作为创始者之一，积极参加其活动，并于 1897 年、1904 年、1908 年三年任大会主席。1895 年他积极参与德国《数学百科全书》的筹划工作，被授予枢密顾问官职务。在克莱因的指导下，负责编辑高斯的全集，这使得高斯生前许多没有发表的手稿得以重见天日，例如，高斯关于椭圆函数和阿贝尔函数的工作的研究。

在克莱因诸多的数学工作里，且让我们简单地列出其中的一些。

(1) 库默尔面上曲线的渐近线的基本性质 (in collaboration with Sophus Lie，1870)；

(2) 著名的《埃尔朗根纲领》的提出，经由群的理念来统一几何学 (Erlangen，1872)；

(3) 神奇的克莱因瓶之发现 (Leipzig，1882)；

(4) 以二十面体群的哲思来研究高次代数方程 (Leipzig，1880—1886)；

(5) 经由几何的观点整理黎曼曲面理论、自守函数的相关研究 (Leipzig，1880—1886)；

(6) 克莱因先生的数学教育漫步 (Erlangen，Leipzig， Goettingen)， 经典名著《高观点下的初等数学》第一卷的出版 (1908)。

《哥廷根数学往事》的话剧之声，或也可以以两位克莱因先生的“遇见”为旋律。

当我们打开数学历史的画卷，来到 19 世纪至 20 世纪上半叶的欧洲，德国的美丽小城——哥廷根，在这里，数学的众星璀璨——他们造就数学上最为著名的哥廷根数学学派。这一学派曾在 20 世纪世界数学科学的发展中长期占主导的地位，对其后 100 多年的现代数学有如此深远的影响……那时的哥廷根，曾留下许多伟大的数学与物理学家的足迹。或许我们可以借助于他们的口吻，来讲述“那些年，哥廷根的数学往事”。这些大人物包括：

J. H. 庞加莱 (Jules Henri Poincaré，1854—1912)，

A. 爱因斯坦 (Albert Einstein，1879—1955)，

尼尔斯·玻尔 (Niels Henrik David Bohr，1885—1962)，

恩里科·费米 (Enrico Fermi，1901—1954)，

安德烈·柯尔莫哥洛夫 (Andrey Nikolaevich Kolmogorov，1903—1987)。

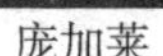
庞加莱　爱因斯坦　玻尔　费米　柯尔莫哥洛夫

《数学往事》的话剧之声，或亦可以经由一些女性数学家的口吻来展开。哥廷根大学或是欧洲最开明的大学之一，那个时期校园里最亮丽的一道风景线是诸多女性数学家的身影。其中有格雷丝·杨、安妮·波茨沃斯 (Anne Bosworth)、埃米莉·马丁 (Emilie N. Martin)、维吉尼亚·拉格斯代尔 (Virginia Ragsdale) 和塔季扬娜·阿法纳西耶娃 (Tatyana Afanasyeva)。

在她们的笔下，“那些年，哥廷根的数学往事”或许有着不一样的传奇。

E. 话剧相约——希尔伯特的数学问题

在希尔伯特的数学生涯里，1900 年是独特的一年。那一年的夏天，他在巴黎第二届国际数学家大会上提出的 23 个数学问题，激发了整个数学界的想象力，对其后 100 多年的现代数学具有深远的影响……经由此，希尔伯特在整个数学版图上留下了他的名字。在《哥廷根数学往事》的话剧之声里，有一场呈现的正是希尔伯特教授的这一数学演讲。

数学问题

1900 年的希尔伯特

且听 1900 年 8 月 8 日希尔伯特在法国巴黎关于“数学问题”的演讲如此开篇：

我们当中有谁不想揭开未来的帷幕，看看在今后的世纪里我们这门科学发展的前景和奥秘呢？我们下一代的主要数学思潮将追求什么样的特殊目标？在广阔而丰富的数学思想领域，新世纪 (20 世纪) 将会带来什么样的新方法和新成果？

历史教导我们，科学的发展具有连续性，我们知道，每个时代都有自己的问题，这些问题或者后来得以解决，或者因为无所裨益而被抛到一边并代之以新的问题。当此世纪更迭之际，我认为正适于对问题进行这样一番检视。因为，一个伟大时代的结束，不仅促使我们追溯过去，而且把我们的思想引向未知的将来。

在这一演讲里，希尔伯特提出了 23 个数学问题。他希望经由这些问题的讨论，以期待数学科学的进步。且让我们看一看，其后的百年里，这些数学问题的解答境况。

1. 连续统假设：

There is no set whose cardinality is strictly between that of the integers and that of the real numbers.

1878 年，集合论创始人康托尔在他的一篇论文中猜测，在自然数集基数 $\aleph_0$ 与实数集基数 $c = 2^{\aleph_0}$ 之间没有任何中间基数，这就是著名的连续统假设。其等价的说法是

$$\aleph_1 = 2^{\aleph_0}。$$

它后来被推广为下述更一般的形式：对于任意无穷基数 $\aleph_\alpha$，有

$$\aleph_\alpha+1 = 2^{\aleph_\alpha}$$ （此即广义连续统假设）。

经由哥德尔 (1940) 和科恩 (Paul Joseph Cohen，1963，1964) 的工作可知，连续统假设与集合论的 ZF 公理系统是相互独立的。这里所说的 ZF 公理系统，即策梅洛和弗伦克尔 (Fraenkel) 公理系统的简称。

某种意义上，这已给出希尔伯特第 1 问题的回答。其中值得一提的是，科恩证明中采用的一种称之为“力迫法”的新方法，已在集合论中得到广泛应用。而他的师承则可追溯到法国学派。

2. 算术公理的相容性：

Prove that the axioms of arithmetic are consistent.

贝尔特拉米 (1868) 和 F. 克莱因 (1873) 曾给出非欧几何的模型，将非欧几何的相容性归约为欧氏几何的相容性。1899 年，希尔伯特在他的《几何基础》一书中则将欧氏几何的相容性归约为实数算术的相容性。其后的 1900 年，希尔伯特最先明确地将算术公理的相容性作为希尔伯特 23 个问题的第 2 问题提出。他的这一设想，后来发展成系统的形式主义计划 (或曰元数学——metamathematica)。

1931 年，哥德尔以他的“不完备定理”宣告，希尔伯特的计划是可望而不可即的：任一个包含实数算术的形式系统，必定存在着一个不可判定的命题 S。

1936 年，G. 根岑 (Gerhard Gentzen，1909—1945) 则进而证明，若在希尔伯特元数学限制之外 (比如允许使用超限归纳法) 的情况下，算术公理的相容性是可行的。尽管希尔伯特的第 2 问题并没有最后被解决，但这一问题大大推动了数学基础的研究，且在现代计算机理论方面有着意想不到的应用。

这里值得一提的是，根岑是德国数学家和逻辑学家，他在数学上的贡献是有关数学基础研究的。他是贝尔奈斯的博士研究生，在哥廷根期间还当过希尔伯特的助教。

3. 两等底等高四面体的体积相等：

Given any two polyhedra of equal volume，is it always possible to cut the first into finitely many polyhedral pieces that can be reassembled to yield the second?

这个问题源自其二维的情形：问任意给定两个具有相同面积的多边形 P，Q，能否经过有限次的分割和重组，使得将多边形 P 变成 Q？

二维情形的答案是肯定的。这就是著名的 Wallace-Bolyai-Gerwien 定理。

在此基础上，希尔伯特提出他的第 3 问题：

任意给定两个具有相同体积的多面体 P, Q，可否经过有限次的分割和重组，将多面体 P 变成 Q？

希尔伯特的这一问题在 1900 年即被他的学生德恩所解决。其答案如希尔伯特所猜测的，是否定的。经由“德恩不变量”的概念，德恩构造了一组反例。

这一问题连接阿基米德 (Archimedes，公元前 287—前 212) 的数学故事和古代中国数学的祖暅原理。其数学故事的延伸会是一个绝妙的大学乃至中学生的科研话题。

4. 直线是最短连接：

Construct all metrics where lines are geodesics.

希尔伯特的这一问题与那些在其中通常的直线是最短曲线 (或者在数学上称为测地线) 的几何有关。原本希尔伯特教授的期待是，构造并研究所有这样的几何。他当时并不知道这样的几何数量之多，因而问题提得过于一般。问题提出后，数学家已经建立起多种特殊的与欧氏几何相仿的距离几何。其中德国数学家 G. 哈默尔 (Georg Hamel) 或是第一个尝试解决这个问题的人。这位哈默尔先生是希尔伯特的博士研究生，1901 年在哥廷根大学获得博士学位。

5. 连续群的解析性：

Are continuous groups automatically differential groups?

希尔伯特的这一问题涉及现代数学称之为李群的这一极其重要的概念。这一话题可追溯到 1870 年，在研究微分方程的过程中，挪威数学家索菲斯 · 李提出了连续变换群这样一个新概念。后来这成为现代数学研究的一个有力的武器。

在索菲斯 · 李的定义中，要求定义群的函数满足适当的可微性条件。希尔伯特问：这一要求是否必要？或者更确切地说：是否每个局部欧氏群都是李群？这就是希尔伯特的第 5 问题。

这一问题的解决经历了一段比较漫长的历史：第一个相关的结果是冯·诺依曼 (1933) 给出的，他证明对于紧致群，希尔伯特第 5 问题的回答是肯定的。随后庞特里亚金 (1939) 解决了阿贝尔群的情形；1952 年，A. 格利森 (Andrew Gleason)、D. 蒙哥马利 (Deane Montgomery)、L. 齐平 (Leo Zippin) 共同解决了一般情形，即证明了每个局部欧氏群皆为李群。

6. 物理学的公理化：

Mathematical treatment of the axioms of physics.

缘于对几何基础的研究，希尔伯特希望用公理化方法来研究那些数学在其中起重要作用的物理科学，首先是概率论与力学。

在他提出这一问题之后，希尔伯特自己对此做了许多研究：20 世纪 10 年代，他和埃米·诺特与爱因斯坦就此理论的形成进行了广泛的对话。20 世纪 20 年代，希尔伯特在冯·诺依曼等人的协助下，研究了量子力学的公理基础。其后概率论的公理化由苏联数学家柯尔莫哥洛夫 (1933) 等人解决。20 世纪 60 年代后，公理化方法在量子力学、量子场论等领域取得很大成功，但一般的物理学公理化意味着什么，还需要时间等待。

7. 某些数的无理性与超越性：

Is a^b transcendental，for algebraic $a \neq 0$，1 and irrational algebraic b？

$2^{\sqrt{2}}$是一个超越数吗？或者更一般地，若

设 $a(\neq 0, 1)$，b 都是代数数，且 b 是一无理数，问 a^b 是否是超越数？

1873 年，埃尔米特证明了 e 的超越性。1882 年，林德曼在埃尔米特的工作基础上证明了 π 的超越性，从而使古希腊三大数学难题之一——化圆为方问题获得解决，其回答是否定的。由此希尔伯特在这里提出了更一般的超越数判定问题：

设 $a(\neq 0, 1)$ 是代数数，b 是代数的无理数，问 a^b 是否是超越数？

多年后，这一问题被苏联数学家 A.O. 盖尔丰德 (Alexander Ospovich Gelfond，1934) 和德国数学家 T. 施奈德 (Theodor Schneider，1935) 各自独立地解决。其答案是肯定的。他们的这一结果现以盖尔丰德 - 施奈德定理著称。与此相关的，$2^{\sqrt{2}}$被称为盖尔丰德 - 施奈德常数。而 e^{π} 被称为盖尔丰德常数。

他们的结果在 1966 年又被英国数学家 A. 贝克 (Alan Baker，1939—2018) 推广为更一般的情形。贝克因此而获得 1970 年的菲尔兹奖。

值得一提的是，盖尔丰德和施奈德都曾经逗留哥廷根，他们与希尔伯特、朗道、西格尔有过许多数学交流。其中施奈德还是西格尔的学生。

8. 素数问题：

The Riemann hypothesis and other prime number problems，among them Goldbach's conjecture and the twin prime conjecture.

希尔伯特在此列出了著名的黎曼猜想、哥德巴赫猜想及孪生素数等问题。这些问题或多或少都连接着神秘的素数分布。

黎曼的著名猜想源自黎曼 1859 年那篇精致的数学论文，说的是，黎曼 ζ 函数

$$\zeta(s) = 1 + \frac{1}{2^s} + \frac{1}{3^s} + \cdots, \qquad \mathrm{Re}(s) > 1$$

的非平凡零点 (此即除了负偶整数 −2，−4，−6，⋯) 都落在直线 Re(s) = 1/2 上。经过众多数学家漫长的征程，已知至少有五分之二的零点落在黎曼的临界线

上。但黎曼猜想至今还等待时间的步履。

至于哥德巴赫猜想和孪生素数问题，目前前者的最佳结果属于陈景润。2013 年，张益唐在孪生素数猜想上获得重大突破。

9. 任意数域中最一般的互反律的证明：

Find the most general law of the reciprocity theorem in any algebraic number field.

古典的二次互反律说的是

$$\left(\frac{p}{q}\right)\cdot\left(\frac{q}{p}\right)=(-1)^{\frac{(p-1)}{2}\cdot\frac{(q-1)}{2}},$$

其中 p，q 为奇素数，$\left(\frac{p}{q}\right)$为勒让德符号。

这一经典的结论在古典数论中有着极其重要的地位。它由欧拉和勒让德所猜想，而第一个给出证明的，是高斯。高斯对这一定理是如此偏爱，因此他一生中曾至少给出六种证明方法。

希尔伯特的这一问题期待将古典的二次互反律推广到任意代数数域。在高木贞治、哈塞和阿廷等人的努力下，此问题已被解决，推动了类域理论的发展。此问题关联希尔伯特第 12 问题。

高木贞治、哈塞和阿廷这三位数学家都曾求学于哥廷根大学，和这一著名学派的传承有着极深的渊源。

10. 丢番图 (Diophantus) 方程的可解性：

Find an algorithm to determine whether a given polynomial Diophantine equation with integer coefficients has an integer solution.

整系数的不定方程，被称为丢番图方程。这类方程的研究，源自遥远的古希腊时代。数学家丢番图曾研究过这样的方程。希尔伯特第 10 问题是要寻求判定任一给定的丢番图方程有无整数解的一般方法。1950 年前后，美国数学家 M. 戴维斯 (Martin Davis)、H. 普特南 (Hilary Putnam)、J. 鲁宾逊 (Julia Robinson) 等在这一问题的研究上取得重大进展。1970 年，Y. V. 马蒂雅舍维奇 (Yuri Vladimirovich Matiyasevich) 最终给出了此问题的否定回答：他证明了，希尔伯特所期望的一般方法是不存在的。尽管如此，由于现代计算机与数学的联姻，近年来丢番图分析已成为十分活跃的领域。许多数学问题都可归约为特定的丢番图方程有无整数解的问题。

值得一提的是，在这一问题的解答之旅中，隐藏着中国剩余定理和斐波那契数列的身影。

11. 系数为任意代数数的二次型：

Solving quadratic forms with algebraic numerical coefficients.

这一问题已被部分解决。哈塞和西格尔在这一问题的研究上获得了重要结果。在这一问题的研究之旅中，哈塞提出和呈现有著名的局部 - 整体性原理 (local-global principle)，这一原理连接中国剩余定理。

12. 阿贝尔域上的克罗内克 - 韦伯定理在任意代数有理域上的推广：

Extend the Kronecker-Weber theorem on Abelian extensions of the rational numbers to any base number field.

如何刻画代数数域是现代数论的基本问题之一。而由伽罗瓦理论可知，域的扩张是由其伽罗瓦群所掌控的。最简单的情形是伽罗瓦群是阿贝尔群的情形，这其中有两类经典：一类是有理数域 Q(或也可以是一般的代数数域) 上的二次扩张，相关的研究可追溯到高斯时代；另一类常见的阿贝尔扩张则是有理数域 Q 上的分圆域。高斯曾证明，每一个二次域都可以包含在某一个分圆域中。克罗内克 - 韦伯定理则更进一步断言，Q 上的任何有限阿贝尔扩张都可以包含在某一分圆域中。希尔伯特在此基础上问曰，对于一般的代数数域 F，可否找到一些解析函数 f，使得其在某些点的值生成 F 的极大阿贝尔扩张 F^{ab}？

围绕这一问题已有许多工作。当 $F=Q(\sqrt{-d})$ (或者更一般的 CM 域) 时，这一问题已被解决，如上所言，连接着类域论，高木贞治、哈塞和阿廷等人的工作。对于一般的情形，则距离其最后的解决依然遥远。值得一提的是，希尔伯特第 12 问题竟然也连接着两位传奇数学家的名字——志村五郎和谷山丰 (Shimura and Taniyama)，由此连接当下数学最为流行的主题之一——朗兰兹 (Robert Langlands) 纲领。

13. 不可能用仅有两个变量的函数解一般的七次方程：

Solve 7-th degree equation using algebraic (variant：continuous) functions of two parameters.

1957 年，V. I. 阿诺德 (Vladimir Igorevich Arnold) 在柯尔莫哥洛夫工作的基础上解决了连续函数的情形，那时他才十九岁。如要求函数是解析函数，则问题仍未获得解决。

14. 相对整函数系的有限性：

Is the ring of invariants of an algebraic group acting on a polynomial ring always finitely generated?

这是一个有关代数不变量的问题。1958 年，日本数学家永田雅宜 (Masayoshi Nagata) 证明这一问题的答案是否定的，他给出了一个反例。

15. 舒伯特计数演算的严格基础：

Rigorous foundation of Schubert's enumerative calculus.

在 19 世纪，德国数学家舒伯特引入现在称为舒伯特演算的数学武器，可以解决代数几何中的一些计算问题。作为枚举几何的一部分，这一问题促进了代数几何学的发展。或多或少，它已经成为当下热门的弦理论不可或缺的元素之一。

16. 代数曲线和曲面的拓扑：

Describe relative positions of ovals originating from a real algebraic curve and as limit cycles of a polynomial vector field on the plane.

这一问题的第一部分涉及实代数几何，而第二部分则涉及动力系统。这两部分都还没有得到最后的解决。

17. 正定形式的平方表示：

Express a nonnegative rational function as quotient of sums of squares.

这一问题的最简单的情形已被希尔伯特于 1900 年前解决。经由此，他提出了这样一个比较一般的问题。经过 20 多年的等待，这一问题已被阿廷解决。在此可以稍加注释的是，有兴趣的同学可以来关注此问题的拓展情形。且问，阿廷解决这一问题的时间是，1926 年还是 1927 年？

18. 由全等多面体构造空间：

(1) Is there a polyhedron that admits only an anisohedral tiling in three dimensions?

(2) What is the densest sphere packing?

这一问题的第一部分——欧氏空间中带基本域的运动群个数的有限性，已在 1910 年被 L. 比伯巴赫 (Ludwig Bieberbach) 所证明。对于问题的第二部分——是否存在非运动群的基本域但经适当毗连仍可充满全空间的多面体，K. 赖因哈特 (Karl Reinhardt，1928) 和赫许 (Heesch，1935) 已先后给出三维和二维的例子。而问题中涉及的球体填充问题，则涉及著名的开普勒猜想，对此有兴趣的同学，不妨去探寻一下其中的数学宝藏。

19. 正则变分问题的解是否一定解析：

Are the solutions of regular problems in the calculus of variations always necessarily analytic?

这问题涉及变分学和椭圆型偏微分方程理论。在 S. N. 伯恩斯坦 (Sergei Natanovich Bernstein)、E. 德乔治 (Ennio De Giorgi) 和 J. F. 纳什 (John Forbes Nash Jr.) 等人的努力下，这一问题的回答被证明是肯定的。

20. 一般边值问题：

Do all variational problems with certain boundary conditions have solutions?

这是在整个20世纪数学研究中的一个重要话题，现已发展为现代数学中的一大研究领域，其在数学的其他领域，以及其他科学、工程等领域上都有着重要应用。自希尔伯特以来，有关偏微分方程边值问题的故事出现在数学的许多角落。

21. 具有给定单值群的线性微分方程的存在性：

Proof of the existence of linear differential equations having a prescribed monodromic group.

这一问题或只是部分被解决。或者说，它的解决与否很大程度上取决于问题的提法。从现代数学的观点来看，这一问题连接着所谓的黎曼 - 希尔伯特对应 (the Riemann-Hilbert correspondence)。由此，你可以看到一些著名数学家，比如P. 德利涅 (Pierre Deligne，1944—) 的身影。

22. 单值化：

Uniformization of analytic relations by means of automorphic functions.

这是解析函数论的一个基本课题。1907年，德国数学家P. 克贝 (Paul Koebe) 解决了用自守函数使两个变量间的任意解析关系单值化的问题。三个以上变数的情形则尚未解决。

23. 变分法的进一步发展：

Further development of the calculus of variations.

或许这并不是一个问题，而是有关数学未来的展望。在这里，希尔伯特没有提确定的、特殊的问题，而是对变分法研究的重要性和进一步发展谈了一般性的看法。随着研究的深入，变分法的应用或将越来越广泛，比如莫尔斯理论、最佳控制理论和动态规划等诸多领域都用到了变分法。

《往事》这一话剧里收藏着希尔伯特先生的一堂迷人的数学课。这一数学课的相关知识与故事的拓展可描绘这样一个主题：数学的世界是一个有机的统一体！

从希尔伯特的一堂课说起

希尔伯特是个杰出的范例，在他身上显露出真正科学天才的无限创造力……我记得，我在这所大学听的第一堂数学课简直太迷人了……那正是希尔伯特讲的关于e和π的超越性的著名课程……

康斯坦丝·瑞德在她的《希尔伯特：数学世界的亚历山大》一书中如是

写道。说上面这段话的是20世纪最有影响力的数学家之一——赫尔曼·外尔，他被誉为是“希尔伯特的数学儿子”。

外尔是一位德国数学家。尽管他的大部分工作时间是在苏黎世和美国普林斯顿高等研究院度过的，但仍被认为传承了以大卫·希尔伯特为代表的哥廷根大学学派的数学传统。他的研究足迹遍及纯数学和理论物理的诸多领域。当代最伟大的数学家之一，迈克尔·阿蒂亚爵士曾评价道，“在他开始研究一个数学题目的时候，经常发现外尔已经在他之前有所贡献……”。

外尔所描绘的第一堂数学课正是他在1903—1904年间初到哥廷根大学时，听希尔伯特讲授的关于两个经典数学常数e和π的超越性的课程。

那是一个特别的年代。哥廷根的伟大数学传统自高斯、狄利克雷、黎曼、克莱布什……以来，由F. 克莱因和希尔伯特所继承。1900年的国际数学家大会上那一场题为《数学问题》的著名演讲，让希尔伯特的声望如日中天。世界各地的年轻人云集，来到这座美丽的小城。二十多年前由两位前辈数学家所给出的关于e和π的超越性的证明，在希尔伯特教授的课程里，又会得到怎样的演绎呢？

不管怎么样，这堂迷人的课背后的数学故事，当可回溯到很久很久以前。

I. 追古溯源

当将数学历史的画卷翻到遥远的古希腊时代，我们不得不惊叹，古希腊人所提出的三大古典几何作图问题，在数学上有着如此经久不衰的魅力。这三个问题从提出到最后的被证明不可解，走过2300多年的漫漫长路，其中有如此众多的数学家为之魂牵梦萦，孜孜以求……

这三个古老而著名的问题说的是：（只用直尺和圆规求出下列问题的解）

(1) 三等分角问题：求一角，使其角度是已知角度的三分之一；

(2) 化圆为方问题：求一个正方形的边长，使其面积与已知圆的面积相等；

(3) 倍立方问题：求一立方体的棱长，使其体积是已知立方体体积的二倍。

尺规作图的规定来自古希腊的柏拉图学派。他们相信经由直线和圆可构绘出其他有趣的几何图形。这里的“直尺”是一种没有刻度的工具，由它只可以让笔摹下这个直线的全部或一部分。而通过圆规，我们只可作出圆或者圆的一部分——圆弧。所谓尺规作图，则是通过下面5种步骤的有限回合的重复，实现所预定的几何图形的作图。

- 通过两个已知点，可作一直线。

- 已知圆心和半径，可作一个圆。
- 若两已知直线相交，则可确定其交点。
- 若已知直线和一已知圆相交，可确定其交点。
- 若两已知圆相交，可确定其交点。

在古希腊三大几何作图问题中，化圆为方是最具魅力的，它很早就出现在数学的历史长河中，在公元前 5 世纪后半叶的雅典，其已是广为流传，众人皆知了。

与这一问题相关的第一人是古希腊数学家安纳萨哥拉斯 (Anaxagoras，公元前 500—前 428 年）。他是古希腊哲学爱奥尼亚学派的代表人物之一，正是他首先把哲学带到雅典，影响了苏格拉底的思想。在这位科学家的故事传奇里，记载着他为献身科学而放弃财产，因天体学说而身陷囹圄，但在监牢里依然醉心于这一问题的研究。“人生的意义在于研究日、月、天”，安纳萨哥拉斯曾如是说。

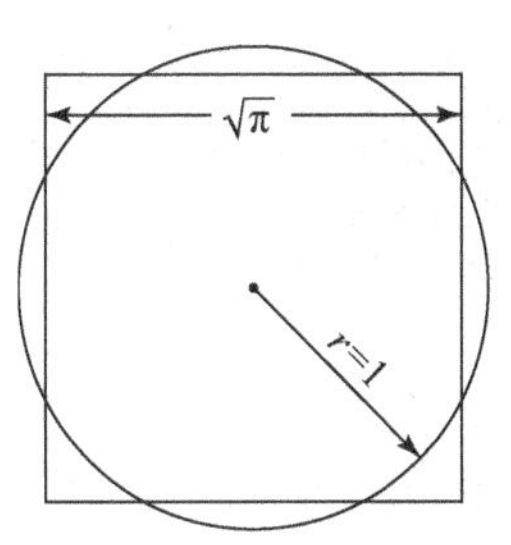

化圆为方问题与安纳萨哥拉斯

与安纳萨哥拉斯同时代的数学家希波克拉底 (Hippocrates of Chios，公元前 470—前 410) 为此开始了弓月形问题的研究，希望由此实现“化圆为方”。虽然他的这一数学梦想未能成真，却收获了诸多与弓月形相关的数学“惊喜”，比如其中有一个著名定理如下图所示：

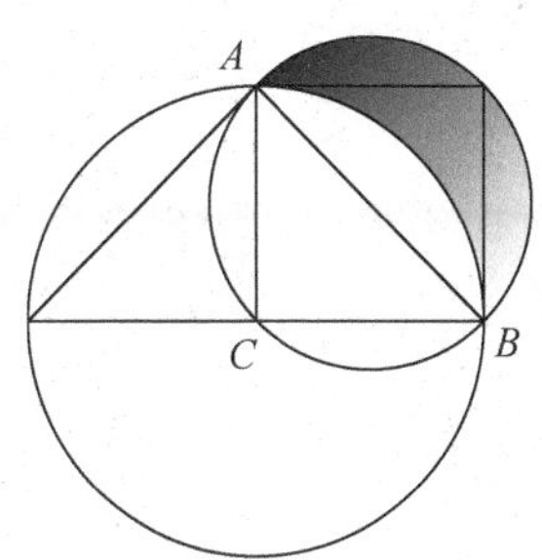

图中阴影部分弓月形的面积等于直角△ *ABC* 的面积

在化圆为方的历史之旅上，留下了众多数学家的足迹。这其中的著名人物包括安蒂丰 (Antiphon，苏格拉底时代的数学家)、阿基米德、阿波罗尼奥斯 (Apollonius，约公元前 262—前 190)……

“数学之神”阿基米德

阿波罗尼奥斯

他的著作《圆锥曲线论》是一大数学经典

在文艺复兴时期，意大利著名艺术大师列奥纳多・达・芬奇 (Leonardo da Vinci，1452—1519) 曾为化圆为方问题所吸引，并获奇妙方法。他以半径为 R 的圆为底，作高为 $R/2$ 的圆柱，然后将圆柱在平面上滚动一周，得一矩形，再将矩形化方，即完成“化圆为方”。当然这并不是希腊人约束下的“化圆为方”问题真正的解。

关于化圆为方的故事，我们不可不提一个人，苏格兰数学家詹姆斯・格雷戈里 (James Gregory，1638—1675) 。在 1667 年的一篇论文 *Vera circuli et Hyperbolae Quadratura* 中，他尝试用阿基米德的方法来证明“化圆为方”问题是不可能的。尽管他的证明后来被证明是错的，但他的这一努力在数学史上依然意义非凡：正是上面的这一论文第一次开启了借助于圆周率 π 的代数性质来解决“化圆为方”问题的“诗篇”……

达·芬奇《自画像》

詹姆斯·格雷戈里

II. 代数几何

三大数学难题的魅力并没有随希腊文明的衰落而消失。从希腊以后，特别是欧洲文艺复兴以来到 20 世纪的四百多年间，数学家对它们的研究从未停止过。

当历史的鸿篇翻到 17 世纪的欧洲，因为解析几何的发明，尺规作图问题从原来的几何问题被转化成了代数问题。且让我们看看这些问题新的脸谱……

我们知道，经由尺规约束的一切作图，归根到底都取决于下面的三点：

(1) 求两圆的交点；

(2) 求一直线与一个圆的交点；

(3) 求两直线的交点。

直尺和圆规究竟可以走多远呢？

若在平面上设定一个单位长 1，那么长为 a，b(其中最初的 a，b 为整数) 的两条线段，经过有限次的四则运算和开平方，都是可以用直尺和圆规作出的。不妨看一看下面的图 (图 2.1—图 2.3)。

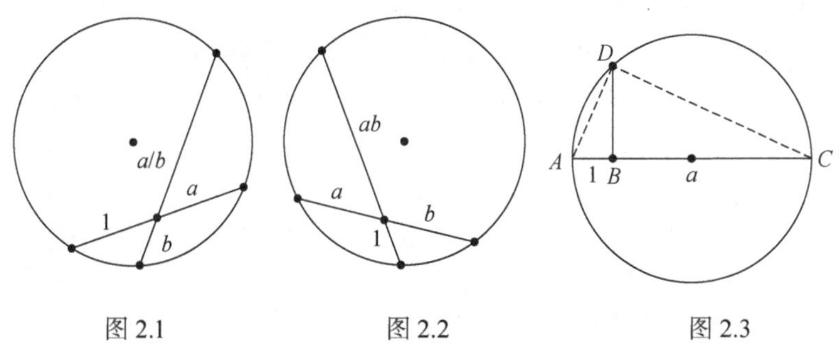

图 2.1　　图 2.2　　图 2.3

由相交弦定理，图 2.1 和图 2.2 告诉我们经由最初的整数开篇，尺规作图在有限回合的四则运算下都是可以的。因而所有的有理数 (长度) 都可由尺规作出。而图 2.3 则告诉我们，形如 $\sqrt{a}$ (其中 a 是正整数，这是图中的 $BD=\sqrt{a}$) 可尺规作出。

注意到在笛卡儿的坐标平面上，直线和圆方程分别可表示为

$$ax+by+c=0 \text{ 和 } x^2+y^2+dx+ey+f=0。$$

于是若某线段可以用直尺和圆规作出来，那么这条线段的两端势必是直线与直线，或者是直线与圆，或者是圆与圆的交点。这就是说，它的坐标由如下的三类方程组来确定：

$$\begin{cases} a_1x+b_1y+c_1=0, \\ a_2x+b_2y+c_2=0。\end{cases} \quad （直线与直线的交）$$

$$\begin{cases} ax+by+c=0, \\ x^2+y^2+dx+ey+f=0。\end{cases} \quad （直线与圆的交）$$

$$\begin{cases} x^2+y^2+d_1x+e_1y+f_1=0, \\ x^2+y^2+d_2x+e_2y+f_2=0。\end{cases} \quad （圆与圆的交）$$

代数学的相关知识告诉我们：上面这些方程组的解，都可以由系数经过有限次的加、减、乘、除和开平方求得。于是，若最初的这些系数都是有理数，我们得到的交点坐标都将是形如$\sqrt{a+b\sqrt{c}}$和$\sqrt{d\sqrt{e}+f\sqrt{c}}$（其中$a$，$b$，$c\in\mathbb{Q}$）的数。归纳地，有限回合的尺规作图后的交点坐标将是这类经过开平方后得到的式子的有限层根式重叠。

于是借助于代数学的力量，尺规作图的问题可转化为：一个线段（或相应的端点）可用尺规作出，则其是已知线段的有限层根式重叠。反之，如果一条线段（或者其相应的端点）能表示为已知线段的有限层根式重叠，则其可以经由直尺和圆规作出。

用现代数学的语言，对如上的任何一个可用尺规作出的交点$A(a,\ b)$，我们可将之对应于一个复数$z_0=a+\mathrm{i}b$，进而当我们考察其相应的域扩张$\mathbb{Q}(z_0)$的阶数时，则有

$$[\mathbb{Q}(z_0):\ \mathbb{Q}]=2^m,$$

这就是说，存在一个有理数系数的（次数为2^m）多项式$f(z)\in\mathbb{Q}[z]$，使得$f(z_0)=0$。

这样的数被叫做代数数。

回眸处，让我们设想“化圆为方”问题中最初的圆的半径是单位1，那么化圆为方后那个正方形的边长即是$\sqrt{\pi}$。伴随时间的脚步，当德国数学家林德曼在1882年成功地证明圆周率π不是一个代数数，而是一个超越数的时刻，古希腊三大几何问题之“化圆为方”被画上了休止符。经过2000多年的等待，人类终于揭开了这一古老问题的谜底：以尺规作图的模式解决“化圆为方”问题，是可望而不可即的。

III. 传奇星点

超越数故事的开篇当比1882那一年还早上二百年。

“超越的”(transcendental)一词最早出现在德国数学家莱布尼茨1682年

的一篇论文中，在那篇论文里他第一次证明了 $\sin x$ 不是 x 的代数函数。而欧拉 (1707—1783) 则可能是在现代意义上给出什么样的数是超越数定义的第一人。

莱布尼茨

欧拉

在数学上，一个 (复) 数 z_0 被称作代数数，如果它是一个有理整数系数代数方程的根，即存在一多项式 $f(z) = c_0z^m + c_1z^{m-1} + \cdots + c_m \in \mathbb{Z}[z]$，使得 $f(z_0) = 0$。

代数数理论可看作无理数理论的续篇。

我们知道，无理数源自公元前 5 世纪的毕达哥拉斯学派，经由毕达哥拉斯定理，可知 $\sqrt{2}$ 是一个无理数，这就是说，它不是任何一个整系数的一次方程 $mx + n = 0$ 的根。

但 $\sqrt{2}$ 是一个代数数，因为存在有整系数的多项式 $f_1(x) = x^2-2$，使得 $f_1(\sqrt{2}) = 0$。某种意义上，f_1(这是 $\sqrt{2}$ 所满足的最小次数的方程) 的次数 2 刻画了 $\sqrt{2}$ 的无理性。

类似地，$\sqrt[3]{3}$ 亦是一个代数数，只是它的“无理性”看似比 $\sqrt{2}$ 来得高：因为存在一个三次多项式 $f_2(x) = x^3-3$ 使得 $f_2(\sqrt[3]{3}) = 0$，但它不是任何一个整系数的二次多项式的根。

……

一个 (复) 数若不是代数数，则称它为超越数。也就是说，若 z_1 是一个超越数，则意味着对任何整系数的多项式 $g(z) \in \mathbb{Z}[z]$，都有 $g(z_1) \neq 0$。

$$\sum_{k=1}^{\infty} 10^{-k!} = 0.110001000000000000000001000000\cdots\cdots$$

刘维尔常数

1844 年，在超越数的传奇史上或是非比寻常的一年。正是这一年法国数学家 J. 刘维尔 (Joseph Liouville，1809—1882) 第一次成功地证明了超越数的存在性。随后 (那是 1851 年) 他构造了第一个超越数的例证：这就是上面提到的这一数学上赫赫有名的刘维尔常数。

数学家当然并不满足于此，因为这些超越数毕竟只是刘维尔先生的人造数，远不如 e 和 π 这两个数来得自然。而关于这两个经典常数是超越数的猜想早已出现在一些数学家，比如 J. H. 兰伯特 (Johann Heinrich Lambert，1728—1777) 和 A. -M. 勒让德 (Adrien-Marie Legendre，1752—1833) 的文章中。

刘维尔

兰伯特

早在 1737 年，欧拉借助于如下的 e 的连分数展开式证明了 e 是一个无理数：

$$e = 2+\cfrac{1}{1+\cfrac{1}{2+\cfrac{1}{1+\cfrac{1}{1+\cfrac{1}{4+\cfrac{1}{1+\cfrac{1}{1+\cfrac{1}{6+\ddots}}}}}}}}$$

经由欧拉的哲思，德国数学家兰伯特于 1761 年证明了 π 也是无理数。

只是他的证明并不是很完整，后来由法国数学家勒让德所补正。

差不多在兰伯特和勒让德关于 e 和 π 是超越数的猜想一百年后，超越数的传奇被法国数学家埃尔米特所续篇，他于 1873 年证明了 e 是一个超越数。他的证明是通过巧妙地运用函数论得到的。

在其后的那些日子里，有人打算借助埃尔米特的方法，再加上著名的欧拉公式：$e^{i\pi}+1=0$ 来证明 π 是一个超越数。埃尔米特对此表示质疑，他在给他的朋友波尔沙特 (Borchart) 的信中如是说，“我将不再冒险去尝试证明 π 的超越性。假如别人打算这么做，我会比别人更高兴看到他们取得成功；但是，相信我，我亲爱的朋友，取得成功绝不是轻而易举的事”。然而，在 1882 年，林德曼在运用埃尔米特的哲思的基础上，证明了 π 是一个超越数。在解决这个伟大的猜想后，他很自豪地用下面的话开始叙述他的工作：“鉴于无数人尝试用尺规解决化圆为方的问题遭到失败之后，一般认为解决这个问题是不可能的。现在只知道 π 和 π^2 的无理性，假如能够证出 π 不是一个代数数，那么就可以证明化圆为方是不可能的。本文的主题正是给出这个证明。”

林德曼在取得这个划时代的成果后，用他的余生去钻研费马大定理，但没有获得成功。

超越数传奇之旅中的两位大家：埃尔米特和林德曼

希尔伯特在 1893 年的一篇论文里给出了 e 和 π 是超越数的一个非常简洁的证明。短短的 4 个页面，见证了其在数学上的非凡功力。

接下来让我们欣赏一下这位数学大师是如何呈现 e 是一个超越数的简单证明的。

希尔伯特的证明画片：若不然，设 e 是一个代数数，于是存在一 n 次多

项式

$$f(z)=c_nz^n+c_{n-1}z^{n-1}+\cdots+c_1z+c_0\in\mathbb{Z}[z],\ c_0,\ c_n\neq 0,\text{使得}f(\mathrm{e})=0。$$

此即

$$c_0+c_1\mathrm{e}+\cdots+c_n\mathrm{e}^n=0。\tag{1}$$

为得到矛盾，他构造了如下的辅助函数：

$$g_k(x)=x^k[(x-1)(x-2)\cdots(x-n)]^{k+1}。$$

再将积分$\int_0^\infty g_k\mathrm{e}^{-x}\mathrm{d}x$ 作用于等式 (1) 得

$$c_0\cdot\left(\int_0^\infty g_k\mathrm{e}^{-x}\mathrm{d}x\right)+c_1\mathrm{e}\cdot\left(\int_0^\infty g_k\mathrm{e}^{-x}\mathrm{d}x\right)+\cdots+c_n\mathrm{e}^n\cdot\left(\int_0^\infty g_k\mathrm{e}^{-x}\mathrm{d}x\right)=0。$$

上面的等式左边的表达式分解为两部分：

$$c_0\cdot\left(\int_0^\infty g_k\mathrm{e}^{-x}\mathrm{d}x\right)+c_1\mathrm{e}\cdot\left(\int_0^\infty g_k\mathrm{e}^{-x}\mathrm{d}x\right)+\cdots+c_n\mathrm{e}^n\cdot\left(\int_0^\infty g_k\mathrm{e}^{-x}\mathrm{d}x\right)=P+Q,$$

其中

$$P:=c_0\cdot\left(\int_0^\infty g_k\mathrm{e}^{-x}\mathrm{d}x\right)+c_1\mathrm{e}\cdot\left(\int_1^\infty g_k\mathrm{e}^{-x}\mathrm{d}x\right)+\cdots+c_n\mathrm{e}^n\cdot\left(\int_n^\infty g_k\mathrm{e}^{-x}\mathrm{d}x\right),$$

$$Q:=c_1\mathrm{e}\cdot\left(\int_0^1 g_k\mathrm{e}^{-x}\mathrm{d}x\right)+\cdots+c_n\mathrm{e}^n\cdot\left(\int_0^n g_k\mathrm{e}^{-x}\mathrm{d}x\right)。$$

借助 Γ 函数的相关性质，希尔伯特告诉我们：

(I) 可适当选择某些大的素数 $p\in\mathbb{N}$，使得$\dfrac{P}{(p-1)!}$是非零的整数；

(II) 对充分大的正整数 k，都有 $\left|\dfrac{Q}{k!}\right|<1$ 。

矛盾经由此诞生！

证明 (I) 经由 Γ 函数的相关性质：$\int_0^\infty x^k\mathrm{e}^{-x}\mathrm{d}x=k!$，有

$$c_i\mathrm{e}^j\cdot\int_j^\infty g_k\mathrm{e}^{-x}\mathrm{d}x=c_j\int_j^\infty g_k\mathrm{e}^{-(x-j)}\mathrm{d}x=c_j\int_0^\infty g_k\mathrm{e}^{-x}\mathrm{d}x,\qquad i=1,2,\cdots,n。$$

而

$$\begin{aligned}\int_0^\infty g_k\mathrm{e}^{-x}\mathrm{d}x&=\int_0^\infty([(-1)^n(n!)]^{k+1}\mathrm{e}^{-x}x^k+\cdots)\mathrm{e}^{-x}\mathrm{d}x\\&\equiv[(-1)^n(n!)]^{k+1}\cdot k!\ (\mathrm{mod}(k+1)!)。\end{aligned}$$

于是若取

$$p>n+|c_0|+\cdots+|c_n|+1\text{ 且 }p\text{ 是一个素数},$$

则可知$\dfrac{P}{(p-1)!}$是一个 mod p 不是 0 的整数，因此其非零。

(II) 对任意 $x \in [0, n]$，都有

$$|g_k e^{-x}| = |([x(x-1)\cdots(x-n)]^k)((x-1)\cdots(x-n)e^{-x})| \leqslant H \cdot C^k$$

(这里 H，C 是两个与 k 无关的常数)，进而有

$$|Q| \leqslant H \cdot C^k(|c_1|e + \cdots + |c_n|e^n),$$

于是

$$\lim_{k\to\infty} \frac{Q}{k!} = 0 \qquad \left(\text{因} \lim_{k\to\infty} \frac{C^k}{k!} = 0\right),$$

于是对充分大的正整数 k，都有 $\left|\dfrac{Q}{k!}\right| < 1$。

这里关于 e 是一个超越数的证明简单如斯，其秘密或在于辅助函数 $g_k(x)$ 的选取和 Γ 函数的巧妙运用！这样的证明你能想到吗？

IV. 柳暗花明

当上帝为我们关上一扇门的时刻，也会为我们打开一扇窗。

每当读到这段文字的时刻，都会有一丝莫名的触动。是的，当林德曼证明了 π 是一个超越数的那一时刻，上帝为我们关上了化圆为方问题的门；但同时他给我们打开了超越数理论的一扇窗，经由此我们可看到一个无比辽阔的星空。

今天在超越数的画壁上已镶嵌有许多有趣的数的画片：

(I) $\sum\limits_{k=1}^{\infty} 10^{-k!} = \dfrac{1}{10} + \dfrac{1}{10^{2!}} + \dfrac{1}{10^{3!}} + \cdots$

$= 0.110001000000000000000001000000\cdots\cdots$, e 和 π 都是超越数；

(II) 若 a 是一个非零的代数数，则 e^a，$\sin a$，$\cos a$ 都是超越数；

(III) 若 a 是一个代数数 $(a \neq 0, 1)$，则 $\ln a$ 是超越数；

(IV) e^π 和 $2^{\sqrt{2}}$ 是超越数；

(V) 若 a 是一个代数数 $(a \neq 0, 1)$，b 是非有理的代数数，则 a^b 是超越数；

(VI) $1+\cfrac{1}{2+\cfrac{1}{3+\cfrac{1}{4+\cfrac{1}{5+\cfrac{1}{6+\ddots}}}}}$ 和 0.12345678910111213141516……。

还是让我们读一读这些超越数例证后的画外音：

就在刘维尔告诉我们他的那些超越数例证二十多年后，伴随着埃尔米特证明 e 是一个超越数，德国数学家康托尔以其独特的思维、丰富的想象力和新颖的方法绘制了一幅超越数星空的蓝图：在 1874 年的一篇文章中，他证明了代数数集是可数的，而实数集却是不可数的。这蕴涵着一个让人惊讶的结论：超越数不仅存在，且比代数数多得多。还是 E. T. 贝尔说得好："点缀在实数集 $\mathbb{R}$ 上的代数数犹如夜空中的繁星，而沉沉的夜空则由超越数构成……"

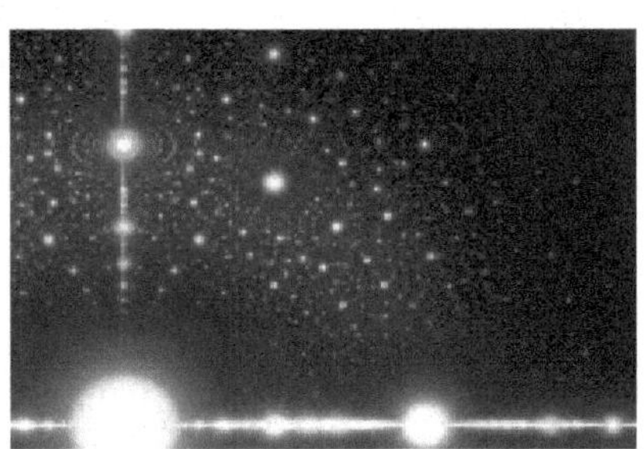

康托尔和他绘出的超越数的星空

原来超越数是如此之多而我们关于超越数的所知又是如此之少。

除了刘维尔所构造的那些超越数 e 和 π 之外，还有多少超越数的其他例证呢？

19 世纪超越数理论的最高成就，是著名的林德曼 - 魏尔斯特拉斯定理：

若 $\alpha_1, \alpha_2, \cdots, \alpha_n$ 是在 $\mathbb{Q}$ 上线性无关的代数数，则 $e^{\alpha_1}, e^{\alpha_2}, \cdots, e^{\alpha_n}$ 在代数数域上是线性无关的。

分析学的大师：魏尔斯特拉斯

被誉为"现代分析学之父"的德国数学家魏尔斯特拉斯一生富有传奇色彩，他是在一所偏僻的乡村中学当了 15 年的数学教师后，才一跃成为大学教授的。在 19 世纪建立微积分的基础上，在完成"分析的算术化"之旅中，他的数学贡献举足轻重。"…… 分析学能达到这样和谐可靠和完美的程度，本质上应归功于魏尔斯特拉斯的科学活动”，希尔伯特曾如是说。

经由林德曼 - 魏尔斯特拉斯定理，我们可推得这样的一些超越数画片：

(i) 若 a 是一个非零的代数数，则 e^a 是超越数。特别地，e 和 π (因为有 $e^{i\pi}=-1$) 是超越数。

(ii) 若 a 是一个非零的代数数，则 $\sin a, \cos a$ 是超越数。

(iii) 若 a 是一个代数数 ($a \neq 0, 1$)，则 $\ln a$ 是超越数。

想想都有点心情不一样，原来因为这一定理我们可知晓这么多超越数！

伴随 20 世纪到来的钟声，希尔伯特在第二届国际数学家大会上以题为《数学问题》的著名演说，揭开了 20 世纪数学发展的帷幕。在他所列举的 23 个著名的数学问题中，第 7 问题说的是：“若 α 是一个代数数 ($\alpha \neq 0, 1$)，β 是非有理的代数数，问 α^{β} 是否是超越数？”

这其中的特例是$2^{\sqrt{2}}$和 e^{π} 是否是超越数？这是希尔伯特最有兴趣的例证。

希尔伯特的这一问题多少掩映着欧拉的非凡洞察力：早在 150 多年前，欧拉在他的名著《无穷分析引论》中曾提出类似的猜想。

谢谢时间老人神奇的推手，这一曾被希尔伯特认为是如此困难的第 7 问题，却只让我们等待了 30 多年即完美收官：关于这一问题的第一个重要贡献是在 1929 年由苏联数学家盖尔丰德给出的，他证明了 e^{π} 是超越数，并指出其方法可以解决 β 在任意虚二次域中的希尔伯特问题。然后在 1930 年，俄国数学家库兹明 (R. O. Kuzmin，1891—1949) 和德国数学家西格尔将盖尔丰德的方法推广到 β 在实二次域的情形，特别证明了$2^{\sqrt{2}}$是超越数。这一问题最后在 1934 年被盖尔丰德和施奈德独立地完全解决。他们的定理给出了希尔伯特第 7 问题的肯定回答：

若 α 是一个代数数 ($\alpha \neq 0, 1$)，β 是非有理的代数数，则 α^{β} 是超越数。

这个结果后来 (那是 1966 年) 被英国数学家贝克推广到更一般的情形。因为这一出色的工作他获得 1970 年的菲尔兹奖。

盖尔丰德

施奈德

天才数学家贝克

……

超越数的传奇在继续！其最新的发展用到来自交换代数、代数几何、多复变函数论，乃至上同调理论的方法……一些著名的猜想，比如沙努依尔猜想 (Schanuel’s conjecture)， 4- 指数律猜想 (four exponentials conjecture)，至今还未解决。

这谜样的世界里依然有许多有趣的问题在等待我们来回答：比如下面这些著名的数学常数有多少是超越数呢？

(1) $e+\pi$，$e\pi$，π^e，e^e，π^π；

(2) 黎曼 ζ 函数在奇数点的取值：$\zeta(3)$，$\zeta(5)$，$\zeta(7)$，…；

(3) 著名的欧拉 - 马歇罗尼常数：$\gamma=\lim\limits_{n\to\infty}\left[\left(\sum\limits_{k=1}^{n}\frac{1}{k}\right)-\ln n\right]$。

康托尔笔下的“超越数的沉沉夜空”，等待着年轻一代的数学家去探寻！

V. 引证曲段

让我们在这里稍加驻足，看一看在超越数的传奇之旅上，几个重要定理背后的哲思吧！

曲段一：林德曼 - 魏尔斯特拉斯定理的证明画片。这一定理说的是：

若 $\alpha_1, \alpha_2, \cdots, \alpha_n$ 是在 $\mathbb{Q}$ 上线性无关的代数数，则 $e^{\alpha_1}, e^{\alpha_2}, \cdots, e^{\alpha_n}$ 在代数数域上线性无关。

其实在林德曼证明 π 是一个超越数的那一篇数学经典中，已包含着这一定理的描述，后来魏尔斯特拉斯严格地证明了它。其证明还得从埃尔米特恒等式说起。

埃尔米特恒等式：设 $f(x)=\sum\limits_{k=0}^{n}c_kx^k\in\mathbb{C}[x]$是一多项式，则有

$$F(0)e^x-F(x)=\int_0^\infty e^{x-t}f(t)dt, \text{其中 } F(x)=\sum_{k=0}^{n}f^{(k)}(x)。$$

这一结论只需简单地运用分部积分公式即可证明。

假设存在不全为 0 的代数数 $a_1, \cdots, a_n$ 使得

$$a_1e^{\alpha_1}+a_2e^{\alpha_2}+\cdots+a_ne^{\alpha_n}=0。$$

往证这将导致矛盾。

经由代数数理论的相关知识，由上式可导出 (可充分运用 $a_1, \cdots, a_n$ 的代数共轭数)：

存在有理整数 $b_0, b_1, \cdots, b_m$，使得 $b_0+b_1e^{\beta_1}+b_2e^{\beta_2}+\cdots+b_me^{\beta_m}=0$，其中 $b_0\neq 0$(因为 α 在 $\mathbb{C}$ 上是线性无关的)，β 是 α 的 (代数) 函数。

证明的关键点或在于构造如下的辅助函数：

$$f(x)=\frac{(b_0x)^{p-1}\prod\limits_{h=1}^{m}(b_0x-b_0\beta_h)^p}{(p-1)!}=\sum_{k=0}^{n}c_kx^k,$$

其中 p 是一充分大的素数，比如 $\max\left(m, b_0, \prod\limits_{h=1}^{m}(b_0|\beta_h|)\right)$。

接下来一方面，经由埃尔米特恒等式，我们有

$$\begin{aligned}\left|b_0F(0)+\sum_{h=1}^{m}b_hF(\beta_h)\right| &= \left|b_0F(0)+\sum_{h=1}^{m}b_hF(\beta_h)-\left(F(0)\left(b_0+\sum_{h=1}^{m}b_he^{\beta_h}\right)\right)\right| \\ &= \left|\sum_{h=1}^{m}\int_0^{\beta_h}e^{\beta_h-t}f(t)\mathrm{d}t\right| \\ &\leqslant \frac{c^p}{(p-1)!}\xrightarrow{p\to+\infty}0。\end{aligned}$$

另一方面，注意到

$$\sum_{h=0}^{m}b_hF(h)=b_0\sum_{k=0}^{n}f^{(k)}(0)+\sum_{h=1}^{m}\sum_{k=0}^{n}f^{(k)}(h)=b_0((m!)^p+pA_p+\cdots)+\sum_{h=1}^{m}b_h(pB_{p,h}+\cdots),$$

这是一有理整数，且由于其右边第一项不被 p 整除，而其余各项皆为 p 的倍数，因而

$$\left|b_0F(0)+\sum_{h=1}^{m}b_hF(\beta_h)\right|>1。$$

经由上引出矛盾。

曲段二：盖尔丰德 - 施奈德定理的证明画片。这一定理说的是：

若 α 是一个代数数 ($\alpha\neq 0, 1$)，β 是非有理的代数数，则 α^β 是超越数。

话说希尔伯特第 7 问题在 1929—1930 年获得部分解答后，在 1934 年被盖尔丰德和施奈德独立地完全解决。他们的方法虽有所不同，却都建立在同样的基础上：一是抽屉原理；二是波利亚关于在整数点取整值的解析函数的增长性的结果。加上刘维尔和图厄 (Thue) 关于丢番图逼近的思想，正是这些工作产生超越数理论的基本技巧。在证明之旅中还有柯西积分公式的巧妙运用。他们的方法创造了代数与分析完美结合的典范。

这一定理的证明画片或可是这样展开的：

假设 α^β 是一代数数，设 α，β，α^β 都在一 h 次的代数数域 K 中。

记 $m=2h+2$，选取充分大的整数 q 使得 $n=\dfrac{q^2}{2m}\in\mathbb{N}$。

再记 $\gamma_{ij} = (i+j\beta)\ln\alpha, i, j = 1, 2, \cdots, q$。

和林德曼 - 魏尔斯特拉斯 (Lindemann-Weierstrass) 定理的证明相仿，其证明的一大关键点亦在于辅助函数 $f(x)$ 的构造：

$$f(x) = \sum_{i,j=1}^{q} \eta_{ij} e^{\gamma_{ij}x}。$$

这将是一个整函数，其中的待定系数 η_{ij} 来自如下的 mn 个线性方程的组合：

$$(\ln\alpha)^{-k} f^{(k)}(l) = 0, \quad 0 \leqslant k \leqslant n-1, \quad 1 \leqslant l \leqslant m。$$

注意到此方程组的系数在 K 中，且其系数有一个有效的控制。于是借助于西格尔的关于有理系数 (代数整数) 线性方程组的整数解的引理，可知存在一组不全为零的 K 中之整数解 η_{ij}：

$$\left|\eta_{ij}\right| \leqslant c^n n^{\frac{n+1}{2}}, \quad i, j = 1, 2, \cdots, q。$$

经由函数 $f(x)$ 的构造，可知存在有一自然数 $r \in \mathbb{N}$(这样的 $r \geqslant n$)，使得

$$f^{(k)}(l) = 0, \quad 0 \leqslant k \leqslant r-1, \quad 1 \leqslant l \leqslant m。$$

但对某个 $l_0(1 \leqslant l_0 \leqslant m)$，有 $f^{(r)}(l_0) \neq 0$。

然后通过关注数 $\rho = (\ln\alpha)^{-r} f^{(r)}(l_0)$ 可得到相关的矛盾。

因为一方面可证：$|N(\rho)| > c_1^{-r}$，其中 c_1 是一与 r 无关的常数。

另一方面，若将柯西积分公式用于下面的整函数

$$h(z) = \frac{r!f(z)}{(z-l_0)r} \prod_{k=1,k\neq l_0}^{m} \left(\frac{l_0-k}{z-k}\right)^r,$$

则可证得

$$\left|N(\rho)\right| \leqslant c_2^r \cdot r^{-\frac{1}{2}r+\frac{3}{2}h}，其中 c_2 是一与 r 无关的常数。$$

当 $n \to \infty$ 时，相应的有 $r \to \infty$，两方面的不等式都成立这是不可能的。

画外音：盖尔丰德 - 施奈德定理后来 (那是 1966 年) 被英国数学家贝克推广到更一般的情形。若你具有数学上的挑战精神，或可去品读他的证明，其中的辅助函数 $\Phi(z_1,\cdots, z_{n-1})$，还有那更为精细的数学技巧，相得益彰，甚是神奇。

VI. 哲思当今

从化圆为方的古典问题到超越数理论的当今传奇，这期间掩映着诸多数学的邂逅：化圆为方，原本是个几何问题，然而正是借助于其代数学语言的

转化，我们隐约可看到解决这一千古难题的希望。而在超越数的传奇之旅中：埃尔米特关于 e 的超越性和林德曼 π 的超越性证明，希尔伯特第 7 问题的解决，乃至贝克定理的证明……让我们或多或少都见证代数与分析学完美结合的力量。

“数学的本质在于自由”，康托尔曾如是说。

正是一代又一代数学家们自由的想象力，造就了数学世界里诸多的七彩童话。

这里有这样一段故事值得我们来分享，这是有关一类丢番图方程的。

欧拉曾证明：不定方程$x^2-y^3=1$的正整数解只有$x=3, y=2$。一个世纪后，比利时数学家 E. C. 卡塔兰 (Eugène Charles Catalan) 于 1844 年在给《克莱尔杂志》编者的一封信中猜想了比这强得多的结果，此即

不定方程 $x^p-y^q=1$(其中 p，q 是大于 1 的整数) 的正整数解只有 $x=3$，$y=2$。

卡塔兰的这一著名猜想，经过一百多年的漫长等待，终于在 2002 年被罗马尼亚数学家普雷达·米哈伊列斯库 (Preda Mihăilescu，1955—) 所证明。不过在这一猜想的故事之旅中，我们依然可记得，年轻的荷兰数学家 R. 泰德门 (Robert Tijdeman，1943—) 曾应用贝克的方法证明了卡塔兰方程只有有限多个 (正整数) 解。

这样的一个算术问题可以借助于超越方法来解答或许让人意外，表面上相距遥远的两个数学理论碰到一起蕴藏着许多有创见的和深刻的思想。有意思的是，正如贝克所谈到的，卡塔兰宣布他的猜想的那年正巧就是刘维尔迈出超越数论的第一步的那年——1844 年。这样的一则巧合，是否亦如数学王国里：代数、几何和分析学的邂逅，让我们惊异不止呢？

话剧篇中曲

在话剧《哥廷根数学往事》中有一场是独立成篇的，说的是在20世纪20年代时，当布劳威尔到访哥廷根作演讲后，设想在形式主义和直觉主义学派之间有一场特别的数学哲学辩论赛。这里呈现和提供的是一个相关主题可以选取的参考版。

第4幕　第四场　数学哲学上的对话

时间：1927—1929年的某一天
地点：哥廷根大学一隅
人物：希尔伯特，布劳威尔，外尔，两组参与辩论的同学，其他的老师和学生

（灯亮处，舞台上。参与辩论的两组学生坐在两旁，希尔伯特和布劳威尔则分别作为数学顾问在各自的组员一边……其他人自由列席，或者可以是旁观的听众。）

（外尔走上预设的讲台——他的身份是，主持人）

外尔：“数学是什么”，这是一个古老的问题……话说自19世纪下半叶以来，数学家们发现，从自然数与康托尔的天才创造——集合论出发，可建立起整个数学大厦。集合论于是成为现代数学的基石。可是，伴随新世纪的到来，一个震惊数学界的消息传出：集合论是有漏洞的！那是1903年，英国数学家罗素的著名悖论使得数学基础问题第一次如此迫切地摆到数学家面前，而其进一步发展又极其深刻地影响了整个数学界，围绕着数学基础之争，形成了当今数学上的三大数学流派。

外尔（稍停了停）：今天参与辩论的双方，正是以希尔伯特教授为代表的形式主义队和以布劳威尔教授为代表的直觉主义队。

（两位教授和两组学生起身微笑与示意，此处有掌声）

外尔：下面有请辩论双方的代表陈述各自的观点，时间各是2分钟。

布劳威尔队：我方认为，数学是人类心智固有的一种创造活动，其独立于语言和经验。直觉是数学的基础。数学真理的真与假只可用人类的直觉来判断。在我们看来，数学的基石和出发点是自然数，而不是集合论。逻辑并不是发现真理的可靠工具，在真正的数学证明中不能使用排中律或者反证法，因为这些都是从有穷集抽象出来的规律，不能无限制地使用到无穷集上去……一言以概之，“存在即被构造”！（说完坐下，此处有掌声）

希尔伯特队：经典数学，包括建立在集合论上的数学，都是人类最有价值的精神财富。为了捍卫经典数学的成果，在数学中避免出现悖论，我们既需要数学的概念和公理，也需要逻辑的法则。为了让数学建立在严格的基础上，我们认为在集合论的基础上，可将数学形式化，构成各个形式公理系统，然后用有限的方法来证明这些形式系统的相容性，从而导出全部数学的无矛盾性。（说完坐下，此处有掌声）

外尔：下面是自由辩论时间，双方各有 3 分钟。

希尔伯特队 1：刚才对方辩友说，数学定理的真伪，只能用人的直觉来判断，又说数学开始于“自然数”，而不是集合论。请问我们当如何理解这些观点？

布劳威尔队 1：“最本原的直觉是按时间顺序出现的感觉”。比如说由于无限反复，我们的头脑中形成了一个接一个的自然数的概念，一个接一个，无限下去，这是可以接受的。伟大的哲学家康德曾如是说，“自然数是可从时间的直觉推演出来的”。因为我们都知道时间不是有限的，可以一直持续下去，但永远达不到无限。

希尔伯特队 1：如此说来，“全体实数的集合”不是一个在数学上可接受的概念？

布劳威尔队 2：当然，这只是人的创造。在人类历史上，有不少哲学家或者数学家并不认同“这样的无限”，比如亚里士多德、克罗内克、庞加莱等都持有这样的观点。克罗内克先生有这样的一句名言：上帝创造了自然数，其他的都是人的创造。他这话的意思是，只有自然数是人们可以感觉到的真实存在，其他的都只是人类造出来的一些文字符号而已。

希尔伯特队 2：这好像是他在一次午餐会上说的，并没有正式发表。

布劳威尔队 3：那又如何，在他看来，一个定理的证明，或者一个方程的解只有用有限的方法来构造性地证明或者解出，才是一个真的数学存在。而这正是直觉主义观点的核心所在，“存在即被构造”。（说完坐下，此处有掌声）

希尔伯特队 3：那……请问对方辩友为何在数学证明中不承认排中律，

或者反证法呢?

布劳威尔队1：我方辩友刚才提到，逻辑并不是发现真理的可靠工具。因为逻辑只是语言的一部分，逻辑只不过是一座宏伟的语言大厦。而排中律，这一逻辑的原理在历史上起源于推理在有限集合上的应用，并由此抽象而来。它并不见得适合无限的集合。

布劳威尔队2：忘记了这一有限的起源，人们就会错误地把逻辑看作高于或先于数学的某种东西，从而最终不加证明地将其应用到无限集合的数学中去。这是集合论的堕落和原罪，而数学悖论的出现就是其应受的惩罚……（说完坐下，此处有掌声）

希尔伯特队2：啊，不准数学家使用排中律……那不就和不准天文学家使用望远镜，不准一个拳师使用拳头一样吗？（说完坐下，此处有掌声）

布劳威尔队2：嘿…… 排中律可能对上帝来说是有效的，他能够一下子检查完某一无穷序列，而对人类的逻辑，却是做不到的……

希尔伯特队3：在数学中若没有集合论，若在数学证明中不可使用反证法……如果真是这样，那么现代数学的大部分成果都要被抛弃，但对于我们来说，重要的不是抛弃，而是要获得更多的成果！（此处有热烈的掌声）

布劳威尔队2：经由直觉主义“存在即被构造”的理念，我们可以重建经典数学的很大一部分。数学中依然有许多定理可以被构造性地得到证明……只是其进展缓慢，需要时间。

希尔伯特队1：是否正如一位诗人所说？

一点一点地，我们从事实中，
抽去谬误，也抽去信念，
仅靠残留的真实的幻影，
我们忍饥挨饿，勉强为生。

（此处有掌声）

希尔伯特队2：就我们所知，布劳威尔教授在数学上有许多重要的工作，比如他关于点集的论文，被许多人认为是自康托尔以来最深刻的工作，比如著名的布劳威尔不动点定理说的是：对于每一个从圆盘到圆盘上的连续映射，都存在有一个不动点！但对于这样的一不动点，我们往往只知道它的存在性，却无法构造地得到……因为这样的函数是千变万化的！这些是不是与布劳威尔教授的直觉主义理念相悖呢？（此处有掌声）

（布劳威尔教授组的同学们望向他们的教授）

布劳威尔：哈哈，这确实是一个颇有难度的问题，对此我只能说，“尽管建立在集合论的经典分析是有用的，但其中的数学真理却是比较少的”……

若你们非得让我给出一个确定的答案，哈，我想我可以放弃我在数学上的……这些贡献，以此来捍卫自身的哲学。

（在众人的笑声中）

布劳威尔队 2：还是让我们说说希尔伯特教授的形式主义吧！对于在哪里能找到数学严密性的问题，我们提供了不同的回答，我方说“数学真理在人类的理智中”，而贵方则认为“可以用逻辑的无矛盾性来为数学的真理性作辩护”。

希尔伯特队 1：为了奠定数学的基础，我们不需要克罗内克先生的上帝，也不需要布劳威尔教授的基本直觉，因为这些概念和公理是切实的、基本的命题，不需要通过相容性来证明。我们要做的，是在此基础上，将经典数学形式化，构成形式公理系统……

布劳威尔队 2：在贵方看来，数学思维的对象是符号本身，公理也只是一行行符号，无所谓真假，只要证明这一形式公理系统的相容性，是不是便可从中获得一种真理？这样的数学是不是只是用无意义的符号进行的无意义的文字游戏？

希尔伯特队 3：若形式主义是一种符号的纸上游戏，则这一游戏中所出现的公理和可以证明的定理，乃是形成通常数学对象的那些概念的映像。

布劳威尔队 2：尽管公理化、形式化的处理可以避免数学上的矛盾，但因此不会得到有数学价值的东西。因为一种不正确的理论，即使没有能被任何反驳它的矛盾所驳倒，它仍是不正确的；这就像一种犯罪行为不管是否有法庭阻止它，它都是犯罪一样的。

希尔伯特队 3：形式主义的思想或多或少有别与此，让我们想象在经过千百年的等待，当非欧几何得到数学家们的认同的时候，我们可以这么说，因为平行公理的不同，只要从中不会推演出矛盾，我们当欢迎不同于欧氏几何的另外一种几何学的到来……

布劳威尔队 1：要知道这世界上并没有绝对的真理……这世界上没有绝对，或许这世界上唯一的绝对，就是这世界上没有绝对。（此处有掌声）

外尔：现在有请双方总结性发言。时间各是一分钟。

布劳威尔队 1：数学是人类心智固有的一种创造活动。无论是语言还是逻辑，都不是数学的前提，只有直觉是数学的基础。数学真理的基石和出发点是自然数，而不是集合论，在真正的数学证明中不能使用排中律。数学上的存在必须被构造。

希尔伯特队 1：让我们相信，在集合论的基础上，我们可将经典数学形式化，构成各个形式公理系统，然后用有限的方法来证明这些形式系统的相容性，从而导出全部数学的无矛盾性。我们必须知道，我们必将知道！

外尔： 不管是希尔伯特教授的形式主义，还是布劳威尔先生的直觉主义，都各有自身的创见，也各有自身的局限……但他们都在一定程度上促进了现代数学的进展……让我们相信，数学因为争鸣与辩论而更精彩！

写在《哥廷根数学往事》之后

距离话剧《哥廷根数学往事》的首演已近两年，再次看到这幅演出后的大合照时，不由得思绪万千，一则莫名的感动浮上心间。时光仿佛又回到话剧演出的那一天晚上。

《哥廷根数学往事》，是继 2012 年的《无以复“伽”》，2013 年的《物竞天“哲”》，2014 年的《竹里馆 · 听书声》和《大哉言数》后，我们的第 5 部原创数学话剧。期待在以话剧的方式传递一点点数学文化馨香的时刻，亦可演绎和告诉同学们：

爱数学，你会拥有精彩人生！恰如我们喜爱我们非常美丽的校园！

2012 年的话剧《无以复“伽”》说的是 19 世纪天才数学家伽罗瓦的故事，2013 年的《物竞天“哲”》呈现的是 17 世纪至 18 世纪科学的两大巨人——牛顿与莱布尼茨“微积分优先权之争”的数学画片，2014 年我们则以两部原创数学话剧《竹里馆 · 听书声》和《大哉言数》来纪念约翰 · 纳皮尔 (John Napier，1550 —1617) 发明对数 (人类历史上最伟大的发明之一) 400 周年。

2015 年的《哥廷根数学往事》以 20 世纪的数学巨匠——希尔伯特的数学和生平故事为主线来奏响话剧之声。这一话剧再现了昔日哥廷根学派的辉煌以及它最后的落寞。

这是我们这几年推出的数学味最浓的一部话剧。在同学们近一个月的努力下，那晚的演出还是非常成功的。所谓“团结就是力量”，这一点在我们的话剧故事里也同理可证：《哥廷根数学往事》的完美呈现，有赖于我们话剧组——老师和同学们的群策群力。台前幕后，不管是宣传策划、服装道具，还是话剧中视频与 PPT 制作，一个多月来同学们都很辛苦，那段时间里大家都特别努力！特别是我们的导演组和话剧的两位主演——朱玥炜和卢昊宇同学，他们那些天失眠的时间肯定比我们多很多！

2015 年 10 月 25 日那一晚的话剧演出，参与演出的演职人员近百人。犹记得那天晚上话剧演出后会有很多同学“难以入眠”，恰如刘欣雨同学在其话剧感想篇中如此写道：

与话剧的这一场缘分，一开始便是四年，并注定会继续长久下去。

转眼间，已在这曾经的闵大荒生活了四年，历经了荒野的开拓，旁观了校园的修葺，见证了数学文化的成长，这一切皆是我幸。

最开始接触数学文化的我是万万没有想到今日之景的。还记得初入校园，加入了文艺部，才开始知道有一种话剧叫数学话剧，开始怀有一丝期待，开始觉得数学也是可以践行的，开始慢慢地感受，深深地投入。但当时的我只觉得这是众多活动中的一个，仅此而已。然而一切是从参与《无以复“伽”》《物竞天“哲”》两部话剧开始的，但却从《大哉言数》开始发生了改变，直至今年的《哥廷根数学往事》。开始的两年我更多的作为一名参与者，感受着团队一起工作的快乐，分享着话剧成功的喜悦……拍大合照时的我内心无比激动，就如同这一晚，这一幅作品得到了最美好的呈现，这一晚难以入睡的我写下了 5000 多字的信，送给一路与我并肩的伙伴们。我问老师和同学们话剧成功结束后，心中是否会有一种感动？其实在问出问题时话剧结束已经很多天了，但我还是在那一刻湿了眼眶，或许很多人都不能理解我为何会如此动容，但至少有人同我一样，在为之倾注太多心血后，在那个演出成功的夜晚里因为一份感动久久不能入眠……

从最初的群演，到演员，再到导演和监制……数学话剧见证着刘欣雨同学的成长，刘欣雨同学也见证着数学话剧的成长！因为遇见，所以美好！数学话剧为我们打开了一扇神奇的大门。

和刘欣雨同学一样，卢昊宇同学也是数学话剧的见证人。他曾在我们第一部原创数学话剧《无以复“伽”》中饰演“伽罗瓦”一角。今年则是话剧《哥廷根数学往事》的两位主角之一——希尔伯特下半场的扮演者。且听他在这一话剧演出后的心声：

我的“话剧时光”

话剧《无以复“伽”》已经是三年前，如今回想，好像只剩下依稀闪回支离模糊的记忆片段，和伴我三年“伽罗瓦”的绰号。

如今作为一个大四学长，老骥伏枥重返舞台，回想这次几乎是我大学里也很可能是这辈子里最后的话剧排演，心中自是百感交集。

受邀参加话剧《哥廷根数学往事》饰演希尔伯特一角的时刻，我嘴上虽然含糊其辞以表矜持，但却心中暗喜。一方面当然是庆幸自己宝刀未老，没有被老师们忘记；另一方面则是对这次话剧主题的惊讶。早在大二准备去德国读书交流时曾和同学说，等我到了德国一定会去哥廷根朝圣！而让我没想到的是，回到华东师范大学还有这样的惊喜等着我。哥廷根这座诞生过无数伟大灵魂的安静小城，在数学文化的星光下，仿佛冥冥之中联系着我和我的华东师范大学数学系，还有这灿烂星光下我们共同的浪漫梦想。

……并非每个伟大的数学家都有着跌宕起伏的一生，传奇和浪漫也不必一定轰轰烈烈。相反，数学世界的浪漫更多的是存在于点点滴滴不经意间。数学话剧与传统话剧的差异也在于此，它把这种春风化雨的情怀用最基本的人的角度传达给观众，而并非一定要大加渲染到惊天动地，脱节于“人”。

演出时刻历历在目，团队上下六七十人都迸发了最大的才华和热情。看到同心协力的学弟学妹们，我这个“过来人”不觉有种莫名的感动。我仿佛看到了曾经的自己：入学不久的大一新生的新鲜和活力，初次排练的忐忑和羞涩，抓住每个间隙捧着数学分析、高等代数的焦头烂额，临场演出时的激动和紧张……数学话剧排演的苦乐对我来说都再熟悉不过。回想这三年令我欢喜令我忧的数学系生活，无论是重重题海的数学分析、高等代数，还是艰深晦涩的近世代数、泛函分析，想到我曾与历史上这么多伟大的数学家有过“零距离接触”，我总能力挽狂澜，勇往直前。这些值得我珍惜一生的记忆已经融入我的心底，幻化成为我前进的动力。我也常常想象自己回到三年前看到曾经自己和数学话剧的“元老们”会作何感慨，有一点可以肯定，数学话剧改变了我，而且我相信，它将来还会改变更多。

伽罗瓦从来没有远去，希尔伯特也不会，他们的星光将一直照耀着我们。

像刘欣雨与卢昊宇那样不经意间走入数学话剧，进而喜爱和关注数学话剧的同学不在少数。比如参与《哥廷根数学往事》演出的朱玥炜、杜星波和季伟聪等同学亦曾在年前参加过其他数学话剧的演出。在繁重的数学专业学习里，能抽出时间来参与数学演出可见他们对数学话剧的热爱！

参与演出的大多数同学还只是大一新生，他们初来话剧的舞台，不过是好奇罢了。可是在话剧圆满落幕的那一刻，还是会有惊喜与感动同在！《哥廷根数学往事》中一位不知名角色的饰演者林玉容同学在她的话剧感言篇中如是说：

作为刚刚入学的新生，对一切还是懵懵懂懂满怀期待的时候，听了话剧宣传的我不禁有点心动，想要跑个小龙套，体验一下舞台上的感觉。可是后来我发现，龙套也不是那么好当的，为了几句台词我们需要一遍又一遍地排演。说实话，当收到需要排演的通知时，内心是有小小的不情愿的。可是，当话剧排演开始，我沉浸在其中时；当我把四十五岁说成十四五岁看着大家憋笑的表情时；当学长指着灰色衣服的破破学长说那个白衣服的男生时；当我们在教授的课堂上啃着薯片甚至是辣条时；当可爱的学姐在我耳边说："看那个死胖子又开了一包薯片。"时，我是快乐的，也许这就是青春的魅力。

正式演出那天，从早上八点到晚上十一点我们都没有离开过紫竹音乐厅，我看到的是忙忙碌碌穿梭在舞台和后台之间，却从没有灯光，默默付出的体育部和实践部同学，当我们把话剧一遍又一遍地排演下来的时候，我感到很满足，所有的付出都没有白费！团队的力量再一次深深地震撼着我。

因为数学我们有了相识的机会，因为话剧我们聚在一起，因为话剧我认识了许多可爱的人，因为话剧我锻炼了自己的胆识，因为话剧我变得更加自信。感谢话剧，感谢你们！

在话剧组中还有一些非数学系的同学，且听他们的一些心声：

一次难忘的话剧演出之旅

数学于我而言，似乎是一种可望而不可即的存在，从小到大，都在和它"爱恨纠葛"。然而这一次，作为一名外系生，我却有幸参与到了数学系的话剧《哥廷根数学往事》中，出演了"竹里馆"的主持人一角。许是因为自己学不好数学的缘故，总是特别崇拜那些在数学世界里如鱼得水的人，因此，在数学系的大厅里，和一群数学系的同学们一起排练话剧，实在是一次难忘的体验。

而欧拉公式、黎曼ζ函数、摆线、克莱因瓶……这些陌生的数学名词仿佛真地带我回到了一百年多年前的"数学圣地"哥廷根，那些伟大的数学家，伟大的数学智慧，让我这个畏惧数学的人也不由地深深感叹。

数学话剧或许不仅仅是数学爱好者的聚会，也是对"数学"形象的重塑，让向来严谨高冷的她，揭开了神秘的面纱，多了些可爱的人间烟火之气。

"门外汉"在数学圣殿的一个月

……从中学开始惧怕数学的我，第一次演的话剧竟然是部数学话剧。作为文科生，大学期间与数学接触的机会大概仅仅就是一个学期的数学文化课和这次参与数学话剧的经历。对于数学，我是个名副其实的"门外汉"。但是参与话剧《哥廷根数学往事》演出、在数学圣殿哥廷根徜徉一个月后，我开始意识到数学的世界并不像想象中那么"高冷"，但对数学家和数学工作者的敬意则更深了一层。

如果几年后，某天无意中听到"哥廷根"一词，我想我的心里或许会比大多数人多一种名为情怀的东西。

一场话剧完美的演出与落幕，除了台前的精彩，还有幕后许多同学的奉献与付出。每一回的数学话剧演出，都有不少这样的幕后英雄。且听数学系陈彦同学的心情文字，这可以是他们的共鸣曲：

我们不只是旋转木马

某歌手在《旋木》里曾这样唱到：拥有华丽的外表和绚烂的灯光，我是匹旋转木马身在这天堂，只为了满足孩子的梦想，爬到我背上就带你去翱翔，……音乐停下来你将离场，我也只能这样。

当我参加话剧《哥廷根数学往事》的幕后工作时，这便是我心里真真切切的感受。我们，没有主演们华丽的服饰，只有我们的工作服；我们，没有绚烂的灯光，只能在灯光暗下来的时候马不停蹄地换道具；亦没有露脸的机会，因为我们只是幕后。

恰似这匹旋转木马，看尽主演们无尽的风光后，自己只觉一阵凄凉。

渐渐地，当老师说了一句，你们幕后也是很重要的，要是你们少端了一个凳子，希尔伯特就不知道坐哪儿。那一刻，我深深地感觉到了被重视。虽然观众看不到我们的脸，但是舞台上的人都能感受到，要是没有我们这些小小的螺丝钉，话剧这艘大船也不能顺利地起航。

每一个工作人员都是有价值的，即使一个小小的跑龙套的，即使一个搬道具的，即使一个小小的灯光，都是我们大家的密切配合，才打造出这样的一部话剧。

经过这次话剧排练，我深刻地体会到幕后的工作有多么辛苦，也懂得了为什么电影会在最后幕上打上所有工作人员的名字。

虽然我们只是旋转木马，但是在灯光暗时我们只要做好自己的事就足够了，这是旋转木马的价值，更是我们自己的价值。

话剧组有两位导演——闫子彤、郭佳妮，她们都是华东师范大学传播学院广电编导专业的本科生。她们来做导演，是因为数学文化课上的广告效应。由她们的“导演体验”里可以听到一丛苦涩中的乐趣：

我们一般是在晚上排练的，在临近联排的时间，由于细节上的修改和完善，很多次都排练到晚上十一点以后。那时正好是黄梅时节，经常下雨，每当下雨的时候，晚上排练后回寝室，听着淅淅沥沥的小雨声，心中都充满着幸福的满足，也对从数学系回寝室夜间的路充满着感情。

第一次做话剧导演是一种很奇妙的体验。以前在舞台下看话剧演出不觉得什么，直到自己做了导演之后。话剧就像是自己的孩子，需要我去修正它，带领它，让它成长。所有的演员都需要你去安排，服装的要求，道具的要求，演员的动作、神态、语气、站位等。其实说实话，那段时间，一度想罢工。因为真的太累了。

……到现在再来回想，都觉得有点不可思议。一切的一切像昨天才发生过的一样。这是我第一次导演话剧，可能也是最后一次。忘了谢谢我的演员们，你们和我一起努力。

如果问我做导演让我有什么收获，不单单是收获了责任感，最重要的是收获了很多人的友情。

是的。我们因为这部数学话剧而相识相知，这一话剧就像一条数学文化的纽带，将大家彼此联系在一起，不仅收获了知识，还收获了快乐。我们在彼此中收获感动、启迪与力量。

这一剧本有着许多不完善的地方。比如就像有的同学说的，在剧情设置上面略显拖沓；又或者蕴含太多的数学元素，以至于对观众而言，如果非数学系出身，恐怕除了希尔伯特、克莱因这些人名外，也很难看懂话剧中其他数学元素了。

这些“残缺”赋予我们进步的空间。但从不同的角度来看，却也是数学话剧的特色所在。华东师范大学第二附中的一名高中生在现场观看话剧《哥廷根数学往事》的演出后如此写道：

数学的种子

前些日子在校看了华东师范大学数学系师生演出的原创话剧，心中确实有所感触。话剧以哥廷根学派的兴衰为载体，向我们呈现了一个别样的数学世界。

说实话，刚开始看的时候确实有些云里雾里，因为话剧中提到了太多的数学知识，对于各种不等式、定理、超越方程等我都是一头雾水，如果单把这出话剧看成数学知识的普及，或许很多人都会看不懂，而这话剧精彩的地方正在于它不仅只有对数学知识的解释，更多的，是展示数学背后的人文故事，用一种感性的方式呈现理性的数学，以前确实罕有。

数学一向以绝对的逻辑、严谨和理性示人，渐渐地，数学在人们的眼中成了一条条冰冷的公式、定理。数学在越来越多的人眼中真的“数字化”了！几乎没有人尤其是学生会将数学和情感联系起来！而这样子的数学其实并不是完整的数学。正如话剧所告诉我的，要讲数学的历史，人文方面也能有震撼的故事。回看哥廷根学派，它能够如此兴盛，正是因为对于数学、真理的探索激起了越来越多数学家的热情，数学在他们的生活中已经超越了一门学科！正是有如此的境界，哥廷根大学才能一度成为数学的圣地，吸引越来越多的数学家。虽然哥廷根学派因为战争不在了，但是他们的精神将会是不朽的，哥廷根学派每一位数学家对哥廷根深深的骄傲之情会激励更多的年轻学者们更进一步。

数学其实也是一门有情感的学科。这部话剧正向我们揭示了这一点。他是理科但不代表它没有人文历史。而现在的高中生对数学正缺少这样一份理解，如果仅仅是机械地背公式、做题，成绩是会有所提高但一定走不长远。只有热情和喜爱才会带来对真理的渴求，才是永远的动力。整场话剧，我印象最深的一幕，是正当我迷失在台上提到的各色公式中时，数学老师说："听不懂没关系，就当是一颗数学的种子，种下去。"这部话剧固然有其深奥的地方，但换个角度想，谁又能说这一切不会在我们这些观众的心中催生出浓浓的好奇心呢！

这部话剧正像是数学的种子，它埋在我们这些学生的心中，以后会埋在更多人的心中，总有一些会在未来绽放绚烂的花朵。

是的，《哥廷根数学往事》，还有我们这几年的其他几部数学话剧，都会是数学的种子，期待着它们走进更多的中小学生的心中。让我们期待未来的某一天，它们会绽放出灿烂的花朵！

《哥廷根数学往事》这一话剧以希尔伯特的数学故事为主线，其中多少隐藏着两道虚线：

经线：在时间流动之轴里传承着的哥廷根学派的数学传统；

纬线：在当今世界各地依然闪烁着希尔伯特的精神！

这一数学话剧剧本的架构中蕴含有：

3 场重要的数学讲座；

4 个数学娱乐的瞬间；

5 次数学课堂 (涉及希尔伯特);

以及那些年所研究过的五个主要的领域：代数、几何、分析、数学物理和数学哲学。

19—20 世纪初的哥廷根，被誉为世界数学的圣地。在那里，群星璀璨，他们在谱写着数学的传奇。他们承载着自高斯、狄利克雷和黎曼以来的伟大的哥廷根学派的数学传统，数学与科学的交流、思考和智慧的碰撞，闪烁在哥廷根这一小城的诸多角落……犹如希尔伯特笔下的数学世界是一个有机的统一体，哥廷根学派的辉煌，也正是数学的大师们与莘莘学子——因为遇见—— 一道谱写的传奇。收藏在这里的那一则科学与人文的精神，和诸多同学们关于《哥廷根数学往事》的话剧情怀是何其相像！

"21 世纪的中国会是一个数学大国"，这是数学大师陈省身先生的著名猜想。21 世纪中国数学之崛起，可以经由《哥廷根数学往事》带给年轻的同学们诸多智慧的启迪与思考。

数学话剧是一种数学文化传播的新模式。这种探索的目的，是想通过数学文化与话剧的艺术融合，让数学文化更好地走进学生的生活，帮助更多的学生培养数学学习的兴趣，让更多的人了解数学、喜爱数学。

数学话剧也可以是一种实践数学教育教学的新模式。以数学话剧的模式来引领文化教育与创新，通过相关的科学知识与人文故事的讲授，同学们的参与话剧演出，可以更好地达到科学技能与人文素养同步提高的目的。在引导学生树立“科学自信”的同时，以数学科学话剧这一“润物无声”的形式亦将可贵的团队合作精神和科学工匠精神有效地传递给同学们。

我们也期待经由数学话剧这一独特的模式来倡导“对知识的感恩”，当同学们在被动地收获知识，比如数学知识的时候，几乎没有或者很少有人关心过我们所学的概念、定理的沉淀和形成，有赖于我们许许多多数学家先辈们的创造与传承，这个历程往往是艰辛而漫长的，这背后有着许多的数学故事。每当我们的心灵因为数学而走出风雨的时刻，我们或许应当或者可以感恩于那些数学家先辈。数学话剧的演出，某种意义上，正是为了向许多这样的数学家先辈致敬和感恩！

回眸这些年的数学话剧历程，每一年每一回我们都会收获有诸多的感动和启迪。尽管参与演出的同学们并不是专业的演员，但他们大都有着专业演员的精神。在从排练到演出的这一个月多间，话剧组的所有同学带着热情、专注，为着同一主旋律而努力，这是十分可贵和动人的。在那些日子里，我们一道为此群策群力，才得以造就那晚话剧演出的精彩！这是数学话剧与话剧的舞台带给我们的力量。

高斯、狄利克雷、黎曼、克莱布什、富克斯、施瓦茨、韦伯、克莱因、希尔伯特…… 数学的故事说不完。话剧可以因为数学而无限精彩！

多年后，当数学话剧里或者话剧外的我们有一天相遇在华东师范大学校园里，抑或是校园外的一角时，回望数学与话剧往事，或许可以有点得意地说，有一种感动叫做“数学话剧”！

黎曼的探戈

第 *1* 幕

函数知多少

时间：2017 年的某一天
地点：华师大一隅，紫竹音乐厅
人物：数学嘉宾——$\zeta(s)$；
柳形上，《竹里馆》节目主持人；现场的观众朋友们……

（舞台灯亮处，柳形上（上））

柳形上：独坐幽篁里，弹琴复长啸；深林人不知，明月来相照。

老师们，同学们，朋友们，晚上好！这里是华东师大数学文化类节目《竹里馆》的录制现场，我是主持人柳形上。欢迎大家的到来！（在掌声里稍停后）

柳形上：华东师范大学《竹里馆》的系列活动自 2010 年录播以来，已历经有 7 个春秋。在这 7 年的时光里，我们怀抱数学的梦与想象力，传递人文的哲思与爱。虽艰辛，亦快乐。在此，也感谢大家一路相随，不离不弃，谢谢你们！……

接下来，就让我们步入今天的主题：黎曼的探戈。（稍加停顿）

今天，我们特地邀请了一位神秘的数学嘉宾来加盟这一期活动！他将和我们一道来聊聊"天才数学家黎曼，著名的黎曼假设和隐藏其背后的素数的音乐之声"。大家掌声有请！

（在众人的掌声里，$\zeta(s)$ 来到舞台上，可配饰点一些音乐）

柳形上：$\zeta(s)$ 函数先生，欢迎您的到来！请坐。先和下面的观众们打个招呼吧。

$\zeta(s)$：朋友们晚上好！我是黎曼 $\zeta(s)$ 函数，很高兴再一次来《竹里馆》做客。

注释：身着 $\zeta(s)=\sum_{n}\frac{1}{n^{s}}\ (\mathrm{Re}(s)>1)$——这或是一件文化衫的模式。

柳形上：话说当我们打开数学历史的画卷，漫步在数学的长廊里，可遇见许多精彩的数学画片——连接函数的故事。函数可谓是数学王国的密钥，

过去是，现在是，未来也是……(稍稍停了停后)

(可插入数学片段1：PPT上呈现有各种各样的函数和函数的历史故事)

柳形上：话说在两年前的那一期《竹里馆》节目里，$\zeta(s)$ 函数先生和我们分享了非常精彩的数学故事。呵！今天我们先来聊聊您所在的大家庭——函数家族。

$\zeta(s)$：嗯，我们函数家族可谓是数学王国里历史最久远的家族之一，出了很多大人物，有说不完的传奇故事。

柳形上：是啊！在我们的中学时代就遇到各种各样的函数，比如一次函数、二次函数、幂函数、对数函数、指数函数、三角函数……函数家族呵，真可谓是数学王国中最重要的部族之一。

$\zeta(s)$：哈！这话不假。有一位伟大的数学家曾如是说，“函数是数学的灵魂”。我们家族的地位可是不可动摇的。(PPT上或可呈现F.克莱因的画像和他的这句话，与上面的函数动态故事连接在一起)

柳形上：在您庞大的家族中，您，黎曼 ζ 函数先生，可谓是独树一帜。我是说，相比我们所熟悉的那些函数，您看起来可是非常不一样呢。

$\zeta(s)$：那倒是。我可是一位神秘人物！行踪不定，一般人很少能看到完整的我。虽说我的函数足迹可遍及整个复平面，但只有在其实部大于1 ($\mathrm{Re}(s)>1$) 的海平线上，才隐约显露出如上(下)的身影：(指着PPT上的文字——数学片段2)

$$\zeta(s)=1+\frac{1}{2^s}+\frac{1}{3^s}+\cdots\quad(\mathrm{Re}(s)>1)。$$

而我的其余部分呢，则藏在某个地方，等待你们用“智慧的心灵”来发现。

柳形上：喔，犹如浮在海上的冰山一角——我们看不清在这海平面下的神秘世界。

$\zeta(s)$：隐居不问世事，是我的生活态度。但是几百年来，数学家们一直想要追踪我的形迹。哈，不！借助于“数学的眼睛”，你们可以看见我——数学家们称其为“解析延拓”……

柳形上：喔，好神秘！您一向行踪不定，哪怕是您显露的这一部分(指着其PPT上的数学片段2的文字说)，也是如此让人捉摸不定……

$\zeta(s)$：哈哈，是的。我的出场方式必须独特。(指着PPT上 $\zeta(s)$ 的表达式)我的数学粉丝们，把这称为“无穷级数”。

柳形上：无穷级数？这“无穷项的求和”看着可真奇怪，它们——又有怎样的数学故事呢？

$\zeta(s)$：嗯，数学家对于无穷项之和的兴趣来自音乐。是的，音乐！这一点可追溯到距今2000多年前的古希腊时代。

柳形上：古希腊时代……这么早？

$\zeta(s)$：话说是……毕达哥拉斯最先发现了数学与音乐之间的联系。他通过敲击一个装有水的壶来得到不同的音符。如果他将壶中的水倒去一半再敲击，那么新的音符将比原音符高八度；然后他继续让壶中的水剩下三分之一，四分之一或者五分之一，新产生的音符都与原来的音符产生和弦……

柳形上：原来数学与音乐之间竟然有着这样的联系？

$\zeta(s)$：这些听觉上的美是与这些分数紧密联系在一起的。毕达哥拉斯在$1,\frac{1}{2},\frac{1}{3},\frac{1}{4},\frac{1}{5}$……这些数中所发现的和谐使他相信，整个宇宙充满了“数的音乐”，他将此称为“天体的音乐”。

柳形上：……真神奇！

$\zeta(s)$：数学家之所以关注于“无穷项的求和”，或源自“音乐上的数学模拟”。

柳形上：如此说来，黎曼ζ函数是连接音乐与数学的桥梁……那么，又为何冠以黎曼ζ函数的名声呢，您是数学家黎曼发明的吗？

$\zeta(s)$：哈哈，这有点奇怪！我虽然挂着天才数学家黎曼的大名，其实并不是黎曼首先提出的……

柳形上：哦，不是黎曼最先提出的？

$\zeta(s)$：远在黎曼之前，这个函数的级数表达式就已经出现在诸多数学文献中，比如数学大师欧拉，还有黎曼的老师——狄利克雷，都曾关注这样的函数。但正是经由黎曼的天才笔触——将其函数的足迹延拓到整个复平面，才产生了一个如此精彩的数学故事。

柳形上：呵！你说的可是……著名的黎曼假设，或者说是“黎曼猜想”？

$\zeta(s)$（喃喃道）：关于黎曼ζ函数非平凡零点的研究，可谓是构成了现代数学中最艰深的课题之一……因为在这些零点的背后，是一曲有关素数故事的神秘乐章。

柳形上：在「数学的画卷」中，素数的故事往往是深刻而伟大的……那么，接下来就让我们一道来分享这其中的数学故事吧。

$\zeta(s)$：这一数学故事，或可以由一个奇怪的人说起。我们的数学故事，可开篇于一个神奇的梦境。

第2幕

第〇场　开篇曲——素数奏鸣曲

人物：一群大人与小朋友——素数的精灵；
他们在音乐声里"舞动与玩耍"

在看似朦胧的灯光里，隐约传来鼾声……而PPT上闪烁有众多素数的奏鸣曲。

灯渐亮处，舞台上有一群穿着素数的精灵们在玩耍。小不点儿们在舞动的音乐声里躲闪着$\zeta(s)$函数的网兜——那是Dr. Prime的梦境，而Dr. Prime或可以是他的梦境中的一员。

注释：约3—5分钟后，Dr. Prime梦醒。

第一场　梦醒那时分

时间：1907年某日午夜
地点：柯尼斯堡
人物：Dr. Prime

夜，哥特式的狭隘居室，Dr. Prime从梦境中醒来，来到他的书房。

PPT上呈现：经由一些素数再转化到黎曼论文的某一个片段。

Dr. Prime(有点迷糊地自白)：

啊！素数的天空……何其辽阔！(惊奇与叹息声同在)

唉！到而今我已把数学的诸多学科——代数、几何和分析学……天哪！还有哲学都研究透了，可还是不见得比以前进步多少。称什么硕士、博士，二十多年来我被素数的……哦，数学的这一著名猜想所牵引，天南地北，上下求索……这才知道我原来什么也不懂！

黎曼的这一天才的猜想，伴随时间的步履，从藉藉无名而变得声名卓著。

可我与它的距离依然是……依然是如此的遥远……如此的遥远。

第二场 在 散 步

时间：1907年某日

地点：柯尼斯堡郊外

人物：Dr. Prime；

γ先生，β女士和小女孩，P，r，i，m，e组合

旁白：柯尼斯堡是一个美丽而静谧的小城，它因为一个伟大的名字而著名，这个伟大的名字叫做伊曼努尔·康德；它也因为一个著名的数学问题而著名，这个著名的问题叫做柯尼斯堡“七桥问题”。话说在20世纪初，柯尼斯堡的小城街道上漫步着一个神秘的身影，这里的人们都叫他Dr. Prime！

（灯亮处，舞台上，出现Dr. Prime沉思着的身影）

一老者（迎面走来）：Dr. Prime，您好！

Dr. Prime（没有停步）：Mr. γ（伽马先生），您好！

老者远去后，迎面又来了一位带着小孩的女士，道：您好！ Dr. Prime！

Dr. Prime：Mrs. β（贝塔女士），您好！

（他终于肯停下看似匆匆的脚步，伸出手摸了摸可爱的小女孩）

Dr. Prime：嘿……美丽的小伊塔，你好呀。知道吗，17可是一个奇妙的素数呵。

（然后，他——Dr. Prime依稀走向远方）

（紧接着有一众人——那是P，r，i，m，e组合依次由后面的阴影处走向前台）

（望着那远去的身影，众人开始他们的聊天）

i：多神秘的人啊！多么有趣的身影！

m：嗯！ Dr. Prime在柯尼斯堡已经有二十多年了吧？

e：是的。自从他二十多年前来到这里，就再也没有离开过。

r：他是如此的神秘！我们不知他从哪里来，有一天又将会到哪里去。

P：他日复一日地散步，恰如伟大的康德！

e：他到底在寻找什么？

m：他在寻找素数的奥秘。

r：素数的奥秘？

P：是的，他在寻找一个伟大猜想的证明！

m：这个著名的猜想和素数的故事相关，它源自天才数学家黎曼。

r：哦……

i：不知你们有没有发现，每隔一段时间，(他沉思着)嗯，每隔 17 天，Dr. Prime 都会去拜谒伟大的康德先生的墓地。

P：17 天 ?! 为何他会选择这样的一个数字?

m：17，为何他会对 17 情有独钟？这倒是一个谜一样的数字！

e：嗯，因为 17 是一个素数。

i：哈，你(们)喜爱素数吗？小学时代的你有没有听老师说过，(指着 PPT 上 2, 3, 5, 7, 11, 13, 17……这些素数的珠玉)这些只可被 1 和它本身整除的数，具有独特的魅力。

P：可是为何他选择 17，而不是 7？

m：嗯，是呀！为何他不选择 7，而偏偏选择 17？

i：或许在他看来，17 是一个最有趣的数字。

r：哈，若问我……最有趣的数字是什么？我会选择 37。

m：喔，为何会是 37？

r：因为 37 是一个素数。而反过来 73 也是一个素数！

m：嗯，这个数字确实有点奇妙。

r：不单如此，若把 73 转成二进制后可以得到 1001001，这是一个回文数，正读倒读都一样。

P：果然有趣！但若让我选择一个最有趣的数字，我想会是，313。

m：喔，那又是为何?

P：因为 313 是素数，她也是一个回文数。她是一个回文素数！不单如此，她还是一个玩具套娃素数。

m：玩具套娃素数?

P：是的。你们看，若把 313 的最后一个数字 3 去掉，剩下的部分数——31，这是一个素数；若再去掉这一部分数 31 的最后一个数字 1，剩下的部分数——3，仍然是个素数……这样的素数不妨叫做玩具套娃素数。

m：哈哈……果然有趣！

i：若让我选择一个最有趣的数字，我会选择 2。

P 和 m：为何?

i：因为 2 是唯一的偶素数，不单如此，她的 2 倍加 1 之后是 5，这也是一个素数，5 的 2 倍加 1 之后是 11，还是一个素数，11 的 2 倍加 1 之后是 23，还是一个素数……

(光影变幻里……)

众人：哈哈哈，有趣，有趣！

e：可是，Dr. Prime 他到底在寻找什么？

m：他在寻找素数的奥秘。

r：素数的奥秘？

P：是的，他在寻找一个伟大猜想的证明。

m：这个著名的猜想源自天才数学家黎曼……

r：喔……呀，快看。Dr. Prime！……他，他好像又去教堂那边了。

（灯暗处，众人下。随后 PPT 上出现如下的字幕）

第三场　一 个 问 题

时间：1907 年某日

地点：柯尼斯堡

人物：Dr. Prime，小男孩和教堂里其他的人

注释：PPT 上的画面或许还可呈现：柯尼斯堡大教堂——它坐落在克奈芳福岛上，近旁是一所古老的大学，还有柯尼斯堡最伟大的居民——伊曼纽尔·康德的墓地。

灯亮处，舞台上。Dr. Prime 来到康德的墓地——他看着被月桂花环绕着的康德的半身像，端详着 —— 一字一句地拼读圣堂墙上的格言：他或许将会做如下的心语。

在时间的嘀嗒声里，分与秒遇见在 11：53——经由 PPT 上可呈现

Zwei Dinge erfüllen das Gemüt mit immer neuer und zunehmender Bewunderung und Ehrfurcht，je öfter und anhaltender sich das Nachdenken damit beschäftigt：der bestirnte Himmel über mir und das moralische Gesetz in mir.（有两件事物我愈是思考愈觉神奇，心中也愈充满敬畏，那就是我头顶上的灿烂星空与我内心的道德准则。）

（光影变幻里，当他走出教堂的时刻，有一个小男孩走上前来）

小男孩：请问您是 Dr. Prime 吗？

Dr. Prime：是的。你是……？

小男孩：这是您的信！（说完他快速走了）

Dr. Prime（有点迷惑地）：你……？（他满是好奇地打开了那一神秘的来信，上书有）

注释：这奇怪的小男孩送来的这一神秘的来信——上面却只是一个问题：

Dear Dr. Prime，do you know

10000000000000666000000000000001 is a prime number？

(亲爱的 Dr. Prime，请问你知道

10000000000000666000000000000001 是素数吗？)

(灯暗处，众人下。随后 PPT 上出现如下的字幕)

第四场 教授来访

时间：1907 年某日

地点：柯尼斯堡

人物：Dr. Prime，Prof. Devil，弗拉斯

夜与月色，哥特式的狭隘居室，穹窿屋顶，Dr. Prime 不安地坐在书案旁的靠椅上。在他面前，PPT 上呈现如下的数学片段：动态呈现黎曼那一著名论文的手稿残篇——比如 3—5 页和那个问题：请问

10000000000000666000000000000001 是素数吗?

(这一问题后再出现，在时间的嘀嗒声里，分与秒遇见在 21：53)

(灯亮处，舞台上 Dr. Prime 如是开篇)

Dr. Prime(自白)：

唉！到而今我已把数学的诸多学科——代数、几何和分析学……天哪，还有哲学都研究透了，可还是不见得比以前进步多少。称什么硕士、博士，二十多年来我被数学的这一著名猜想所牵引，天南地北，上下求索……这才知道我原来什么也不懂！

黎曼的这一天才的猜想，伴随时间的步履，从藉藉无名而变得声名卓著。

可我与它的距离依然是……依然是如此的遥远……如此如此的遥远。

(连接其上 PPT 的动态数学画片，当此时刻，出现其上的那个问题：请问

10000000000000666000000000000001 是素数吗？)

啊！素数的天空，何其辽阔！(指着其上 PPT 上的这个问题)

且问这个大数，是一个素数？又或者不是?

这样的一个问题，也让我黯然神伤(叹息着，稍停后)

喃，那盈盈的月光啊！

但愿你最后一次见证我的忧伤！

多少个午夜，我坐在这书案旁，把你守望。
忧郁的朋友，唯见你照临，这些断简残篇。
还有这重重叠叠的书堆古籍，
虫蛀，尘封，高齐到屋顶！
可我多么希望
能在你的清辉中，
涤除知识的浊雾浓烟，
漫步数学真理的山巅。（稍停后）
我既不渴求财产和金钱，
也不奢望尘世的盛名和威权，
可我多么希望
能在我的有生之年，
来收藏黎曼的这一伟大猜想的证明——
它将引领我们漫步走入素数的音乐之声！
呵，我是多么希望能在有生之年，
来收藏这一伟大猜想的证明——
哪怕出卖知识的灵魂——我也无比乐意！
（他的目光再一次转向 PPT 上的这个问题）

且问这个大数——1000000000000066600000000000001 是否是素数？

（当他握笔的手划过纸上（或是 PPT 上的）这个古怪的大数的时刻，在书卷和演算里，浓雾起——出现一个虚幻的人形。然后在雾散处，出现一个学者模样的人——那是我们的魔鬼同学——梅菲斯特教授——到访）

梅菲斯特：谨向博学的主人——博士先生敬礼！请问您有何吩咐？

Dr. Prime（有点惊讶地）：你是谁？

梅菲斯特：对于一位如此鄙视“言”辞的人，一个远离所有外表，只探讨本质奥妙的人，这么个问题实在是微不足道！

Dr. Prime：好吧，你叫什么名字？

梅菲斯特：我是那总想作恶，却又总行了善的那种力量的一部分。

Dr. Prime：这……这个哑谜是什么意思？

梅菲斯特：我是永远否定的精灵，我是地狱的儿子，请叫我 Prof. Devil。

Dr. Prime：Prof. Devil？

Prof. Devil：其实我叫什么名字并不重要……重要的是，我或许可以帮

(助)你找寻到那个著名问题的答案。

Dr. Prime：什么问题？你是说，(指着PPT上的数字说)这个“大数”是不是一个素数？

Prof. Devil(看了一眼PPT上的数字)：这个数，是一个素数……

Dr. Prime(含几许激动)：它真是一个素数呀！

Prof. Devil：也可能不是……

Dr. Prime(很是失落地)：这等于没说。

Prof. Devil：这不是我到此的使命！喔，我想说的是，我可以帮你去找寻那个……那个伟大猜想的证明。

Dr. Prime(惊讶地)：啊，什么？你说的不会是……黎曼猜想的证明？

Prof. Devil：是的。黎曼猜想！如果你把那个猜想叫做“黎曼猜想”的话。

Dr. Prime(喃喃地)：真的！？ 啊，真是这样的话，我得付给你多少酬劳？现今的我可没钱……

Prof. Devil(打断他的话)：不！我才不需要金钱！我只需要你和我签订一份契约，一份属于作为人类智慧象征的你与魔鬼的契约。

Dr. Prime：契约？那我将失去什么？

Prof. Devil：你并没有失去多少……你失去的仅仅是，若我帮助你找寻到黎曼猜想的证明，你要把你的灵魂出卖给我。

Dr. Prime：哦？用我的灵魂，来换取伟大的黎曼猜想的证明？这……(犹豫着)不过，我为什么要相信你，你或许连“什么是素数”都不懂？

Prof. Devil：素数……这个嘛，我当然懂。一个数是素数意味着，它至少等于2，而且只能被1和它本身整除。

Dr. Prime：那你能不能先告诉我，(指着PPT上的这个数字说)这个数，是否是一个素数？

Prof. Devil(瞧了一眼PPT上的这个数)：想知道这个数是不是一个素数？喔，这简单。你只需要……只需要……(听到叩门声)哦，如此你且想上几天，下次再说！

(Prof. Devil隐去)

Dr. Prime：喂！喂！ 你别走呀！

(弗拉斯上)

Dr. Prime(有点不耐烦地)：喂，弗拉斯，你来得真不是时候！

弗拉斯：对不起，博士先生！只是夜已经深了，我看到您的灯还亮着，就忍不住过来看看！

Dr. Prime：你知道，我思考数学问题的时候，最怕有人打扰。要不是你的敲门声，我或许就可以知道这个数 1000000000000066600000000000001 是不是一个素数了。

弗拉斯（望着 PPT 上的这个数字）：哦，先生，为何您会对这样一个奇怪的数字情有独钟？嗯，它看着确实是非常的对称，完美抑或是在它的中间，还有着有点神秘的“666”。

Dr. Prime（喃喃地）：为何对这样的一个数字情有独钟？这个，其实我也说不清，因为这个如此古怪的数字——它来自一封神秘的来信！喔，那个小男孩是谁？这封信，又是谁让他给我的呢？……

（当此时刻，远处传来教堂的钟声，时间是晚上 12 点抑或是凌晨 2 点）

弗拉斯（打了打哈欠）：哦，先生！教堂的钟声提醒我们：夜已经深了，您还是早点休息吧！

（弗拉斯下）

Dr. Prime：且问——

且问我何时得以，涤除浊雾，

漫步数学真理的山巅，

来欣赏黎曼这一天才的猜想的证明——

哪怕出卖知识的灵魂——我也无比乐意！

（随后下）

（灯暗处，随后 PPT 上出现如下的字幕）

第五场　灵魂的契约

时间：1907 年某日

地点：柯尼斯堡

人物：Dr. Prime，Prof. Devil

灯亮处，舞台上呈现：夜，哥特式的狭隘居室，穹窿屋顶，Dr. Prime 坐在桌边，思考着……书案上，或是一些数学的论文卷。

PPT 上呈现和展示：经由素数的故事再转化到黎曼那篇著名论文的画片的局部。

（Prof. Devil 从舞台的一边上，伸手作敲门状）

Dr. Prime：有人敲门？（声音稍大）进来吧！谁又来打扰我？

Prof. Devil：是我。

Dr. Prime：进来吧！

Prof. Devil：重要的事情，你得说上三遍。

Dr. Prime：那么，进来吧！

Prof. Devil：这样方称我心！哈，博士先生，考虑得怎么样了？要不要和我签订那份契约？

Dr. Prime：嘿，用我的灵魂来换取黎曼猜想的证明？这个……

Prof. Devil：哦，亲爱的博士先生，这还有什么可犹豫的呢？那可是伟大的黎曼猜想啊！

Dr. Prime：我知道……

Prof. Devil：要知道……这世上有无数的智者，想要得到这一数学世界的超级难题的答案，哪怕用他们的生命来交换也乐意。

Dr. Prime：我知道……

Prof. Devil：要知道，魔鬼也是很忙的。若不是因为那个神秘数字的关系，嗯，你能见到我是你的缘分，也是你和黎曼猜想的缘分。

Dr. Prime：喔？

Prof. Devil：怎么？难道你还在怀疑我的能力？（他说着拿出一个神秘的音乐盒——上书有奇妙的「洛书」画卷）

Dr. Prime（有点好奇地）：这是什么？

Prof. Devil：这是来自遥远的东方的岁月之梭——其名「洛书」，它有着神奇的魔力：可以穿越古今，不仅可以回到过去，还可以寻觅未来。

（在 Prof. Devil 的手语下，舞台 PPT 上呈现出一幅连接时空的卷轴）

Dr. Prime（喃喃地）：真是奇迹。

Prof. Devil：如此——现在，你可愿意签字？

Dr. Prime：（拿过契约）给我！（然后签字！）

Prof. Devil：哈，博士先生，这才是你最聪明的选择！

（在众人的见证下，两人阅读这一有关灵魂的契约：上书有）

灵魂契约——黎曼猜想之证明

甲方：Dr. Prime　乙方：Prof. Devil

兹有甲乙双方因为黎曼猜想之证明而签订如下的契约：

乙方依照约定来帮助甲方寻找黎曼猜想的证明，在此过程里，甲方要听从乙方的安排。若成功找到证明，则甲方需要将其灵魂出卖给乙方。直到证明找到，契约关系方才结束。以此立约，共勉。

甲方：　　乙方：

Dr. Prime：好了，我们什么时候启程去寻找黎曼猜想的证明？

Prof. Devil：就在今天。

Dr. Prime：那太好了！快走吧！

Prof. Devil：不急，不急！

Dr. Prime：不急？

Prof. Devil：是呀！在我们出发前，我得问问，黎曼猜想——到底说的是什么？

Dr. Prime（惊讶地）：什么！？你不知道黎曼猜想说的什么？那你还说可以帮我！？

Prof. Devil：哎呀！别激动嘛。对于一个魔鬼来说，这并不重要。我只负责带你穿梭时空，那道谜题的答案，你可以自己来寻找。

Dr. Prime：你这个骗子！

Prof. Devil：哎呀！别这么说呀，反正你已经签了契约，不妨相信我一次。

Dr. Prime：好好好，那我就给你讲讲这个伟大的猜想吧。

Prof. Devil：我在听……

Dr. Prime：从哪儿开始说呢？你知道，有一个关于素数的问题说的是，素数有无穷多个吗？

Prof. Devil：是的，素数的序列无穷无尽。

Dr. Prime：这是对的，有一个非常简单，也很古老的证明，要归功于欧几里得。

Prof. Devil：哦……

Dr. Prime：但数学家们并不满足于此，于是后来有一个更深刻的问题是，素数在所有正整数中是怎样分布的？是否有某种规律可以告诉我们，某一段数中有多少个素数？

Prof. Devil：它们成百上千。

Dr. Prime：是的，那是一定的。我想问的是，比如，大约有多少个素数小于 10000？你能回答吗？

Prof. Devil：你可以数嘛。

Dr. Prime：没错，你可以数。但是如果把界限提高到 1000000，1000000000000，或者到一个任意大的数 x 呢？你还乐意数一数吗？

Prof. Devil：这个……这个……好吧。这有点儿复杂。

Dr. Prime：让我们换一个问题的提法：是否存在一个公式，它能——哪怕是近似地给出小于 x 的素数的个数？

Prof. Devil：我想会有的。

Dr. Prime：嗯，让我们想象着写下 1 到 x 的所有整数：

$$1, 2, 3, 4, 5, 6, \cdots, x。$$

在这些数当中，你可以写出奇数和偶数。一个数是素数意味着什么？这意味着，它只能被 1 和它本身整除。因此，一个素数一定不是偶数。

Prof. Devil：除了 2 以外。

Dr. Prime：当然，除 2 以外。现在，如果一直算到 x，有多少个奇数？

Prof. Devil：一半？

Dr. Prime：是的，大约一半。换句话说，在所有的这些 1 到 x 的所有整数中，大约有一半是奇数。现在，在这些奇数中，有多少个不被 3 整除？

Prof. Devil：三分之一。

Dr. Prime：错了。是三分之一可被 3 整除，有三分之二不被 3 整除。

Prof. Devil：是的。我以为是三分之一可被 3 整除。

Dr. Prime：嗯，在这些奇数中，大约有$1-\dfrac{1}{3}$个数不被 3 整除……现在，在剩下的数中，有多少个不被 5 整除？

Prof. Devil：$1-\dfrac{1}{5}$。

Dr. Prime：对了……有多少个数不被下一个素数整除？

Prof. Devil：$1-\dfrac{1}{7}$。

Dr. Prime：好的。那最终要找出素数的个数，在这些整数中所占的比例是

$$\frac{1}{2}\left(1-\frac{1}{3}\right)\left(1-\frac{1}{5}\right)\left(1-\frac{1}{7}\right)\cdots。$$

但是到什么地方为止呢？

Prof. Devil：到 x 前的最后一个素数。

Dr. Prime：是的。所有因子$\left(1-\dfrac{1}{p}\right)$的乘积，其中 p 一直跑到 x，再乘以 x 就近似地给出素数的个数。这样，小于或等于 x 的素数的个数近似地等于

$$\prod_{p\leqslant x}\left(1-\frac{1}{p}\right)\cdot x。$$

Prof. Devil：有趣！

Dr. Prime：若再注意到$\prod\limits_{p\leqslant x}\left(1-\dfrac{1}{p}\right)\sim\dfrac{1}{\ln x}$，小于或等于 x 的素数的个

数则近似地等于$\frac{1}{\ln x}$，这里 $\ln x$ 被数学家称为对数函数的东西。

Prof. Devil：呵！用这个近似表达式来求解可简单多了。

Dr. Prime：数学家们喜欢用一个函数 $\pi(x)$ 来表示：小于或等于 x 的素数的个数。于是

$$\pi(x) \sim \frac{x}{\ln x}。$$

Prof. Devil：这是一个简洁而优美的结论。

Dr. Prime：是的，这一结论是简洁而优美的，但它对于素数分布的描述仍然是比较粗略的……它给出的只是素数分布的一个渐近形式，即小于 N 的素数个数在 N 趋于无穷时的分布形式。

Prof. Devil：那么有没有一个公式可以比这一结论更精确地描述素数的分布呢？

Dr. Prime：（指着 PPT 上的论文说）这正是黎曼猜想蕴含的——在黎曼 1859 年的这一论文里，他将 ζ 函数的零点故事与素数的分布神奇地联系在了一起，并为后世的数学家们留下一个魅力无穷的伟大谜团：（在 PPT 上呈现）

黎曼猜想：黎曼 ζ 函数的所有非平凡零点都位于复平面上 $\text{Re}(s) = 1/2$ 的直线上。

Dr. Prime：是的。这一著名的猜想将给出关于素数的分布最好的可能误差项。

(Prof. Devil 看着手中的「洛书」的画卷，或可在 PPT 上呈现相关的画片）

Prof. Devil：那我们时间旅行的第一站，就回到过去，去看一看天才的黎曼，如何？

Dr. Prime：好呀！

第3幕

第一场 虚数的魔力

时间：1861年某日

地点：哥廷根

人物：黎曼和他的学生们；Dr. Prime 与 Prof. Devil

（灯亮处，舞台上有黎曼与学生们在数学聊天。随后 Dr. Prime 与 Prof. Devil 从一边上）

黎曼：ζ 函数的非平凡零点的分布为何会与看似风马牛不相及的自然数集上的素数分布产生关联呢？这还得从欧拉的乘积公式谈起。

他转身在黑板上（或纸上）写下如下的公式：（经由 PPT 上呈现）

$$\sum \frac{1}{n^s} = \prod \frac{1}{1-\frac{1}{p^s}}。$$

黎曼：早在古希腊时期，数学家欧几里得就用精彩的反证法证明了素数有无穷多个。随着数论研究的深入，人们很自然地对素数的分布产生了越来越浓厚的兴趣。1737年，数学家欧拉在圣彼得堡科学院发表了一个极为重要的公式——（他指着这个公式续道）这就是著名的欧拉乘积公式。

同学1：老师，为何说这个公式如此重要？……这里隐藏有什么样的数学奥秘吗？

黎曼：嗯。且看这个公式——它左边的求和是对所有的自然数进行的，而其右边的连乘积则是对所有的素数进行的！正是它神奇地架起了"数学的两大领域"——算术和分析学间的一座友谊之桥。

同学2：算术……和分析？友谊之桥？

黎曼：欧拉的这个乘积公式在某种意义上，可视为"算术基本定理"的分析学模式。

同学2：哦……

黎曼：经由此，欧拉得到了这样一个有趣的渐近表达式：（经由 PPT 上呈现）

$$\sum_{p<N}\frac{1}{p}\sim\ln\ln N。$$

这就给出了“素数无限多”这一命题的一个崭新的证明！

同学3：哇，这么神奇。

黎曼：不单如此，欧拉的这一新证明所包含的内容要远远多于欧几里得的证明(稍停顿)：因为它不仅表明素数有无穷多个，而且其分布要比许多同样也包含无穷多个元素的序列——比如 n^2 这一序列密集得多。

同学1：喔？……这是为何？

同学2：因为所有平方数的倒数之和是收敛的，而所有素数的倒数和则不是。

黎曼：是的，这位同学说得极好。所有平方数的倒数和是一个有限数。(对着PPT上呈现的文字)奇妙的是，它竟然可以和圆周率π相联系(经由PPT上呈现)

$$1+\frac{1}{2^2}+\frac{1}{3^2}+\frac{1}{4^2}+\frac{1}{5^2}+\frac{1}{6^2}+\cdots=\frac{\pi^2}{6}。$$

同学3：哈，好奇妙的一个等式呢！

黎曼：是的。这是一个奇妙的等式！这个如此奇妙的等式也是欧拉的一大数学发现！

同学2：喔。伟大的欧拉先生，我爱你！

同学1，3：欧拉先生，我们也是如此地爱你！

黎曼：嗯，也正是借助于欧拉乘积公式的哲思与鼓舞，我的老师，著名数学家狄利克雷教授进一步证明了关于素数的一个重要定理：(经由PPT上呈现)

在等差数列 $md+n\ (d\in\mathbb{N},(m,n)=1)$ 中包含无穷多个素数。

(看着PPT上的文字续道)在任何这样一个算术级数中，可包含无穷多个素数。

(追光投向Dr. Prime与Prof. Devil)。

Dr. Prime(指着PPT上的这段文字和欧拉乘积公式)：知道吗？正是经由欧拉的这把联系“算术和分析学”的金钥匙，狄利克雷得以证明这样一个伟大的定理！这可是一个连高斯都无法证明的猜想啊！

Prof. Devil：喔，欧拉乘积公式，这真是一个神奇的公式！

Dr. Prime：知道狄利克雷是哪一年证明这一重要定理的吗？

Prof. Devil：你知道……是哪一年？

Dr. Prime：狄利克雷证明这一定理的时间嘛，那是1837年！

Prof. Devil：哈！那距离欧拉的乘积公式的发现正好是一百年。

Dr. Prime：是的，正好一百年。

(追光回到黎曼和学生们的数学聊天)

同学 2：老师，我很好奇……为何你要将欧拉先生笔下的 ζ 函数的定义域延拓到整个复数域？

黎曼 (沉思着)：为何要将 ζ 函数的定义域延拓到……复数域？因为，若把函数的定义域过渡到复数域之后，一种潜藏得特别深的和谐和规律性就会显现出来！

同学 3：那您又是怎么想到的？

黎曼：这可有点日子了。(带着几多怀旧的神情) 记得多年前，还在柏林求学的日子，那时我在狄利克雷教授的门下学习分析学，同窗有好友艾森斯坦等人，我们讨论现代数学的许多方面，也曾迷恋法国数学家柯西关于复变函数的论文……

同学 1：老师，看来那些在柏林的日子让您十分怀念。

黎曼：嗯……是的，是的。柏林的日子真是让人怀念啊！（稍停后，有点回神）对了，话说关于素数在自然集上的分布，曾有两位著名的数学家——高斯与法国数学家勒让德——提出 (指着 PPT 上的文字) 这样的猜想：

(PPT 上可呈现的文字是) 高斯和勒让德的“素数猜想”如是说

$$\pi(x) \sim \frac{x}{\ln x}$$

其中 $\pi(x)$ =1 ~ x 以内的素数个数。

众同学：高斯！那可是我们哥廷根大学的数学大神。

黎曼：后来高斯说，对数积分函数 Li(x) 或可以更精确地来表示素数的分布函数。(PPT 如上——动态演化为)

$$\pi(x) \sim \mathrm{Li}(x), \text{其中 } \mathrm{Li}(x) = \int_0^x \frac{\mathrm{d}t}{\ln t}\text{。}$$

同学 1：老师，高斯先生是您的博士导师吧？

黎曼 (欣然道)：是的。我对数论方面的研究工作多少源自我的导师——高斯的这一猜想。(稍微停了停) 两年前，我有幸被选为柏林科学院的通信院士。作为对这一崇高荣誉的回报，我向柏林科学院提交了一篇论文，主题是《论小于给定数值的素数个数》(稍停了停)

这篇论文浓缩了我最近这几年在数论上的一些思考与发现——在欧拉乘积公式的基石上，ζ 函数的非平凡零点与素数的分布有着神奇的联系。

(光影再转到 Dr. Prime 和 Prof. Devil)

Prof. Devil: 有点好奇……高斯"所提出"的素数猜想，不知有没有被证明？

Dr. Prime：高斯的素数猜想——已在 1896 年——被法国数学家阿达马与比利时数学家德拉瓦莱普森 (Charles Jean de la Vallée-Poussin) 彼此独立地证明。

Prof. Devil：哈，真有意思！又是一个百年的等待。

Dr. Prime：是的。经由这百年的等待，数学家们得以发现新的知识储备与伟大的数学工具——上面的这两位——他们关于素数猜想的证明与黎曼先生的工作有着极大的渊源。

(Prof. Devil 再一次打开手中的「洛书」画卷)

Prof. Devil：那我们时间旅行的下一站，去看看那位阿达马先生如何？

Dr. Prime：在博士先生的"诺"之声里……

(灯暗处，众人下。随后 PPT 上呈现如下的字幕)

第二场　错钓的大鱼

时间：1892 年前后

地点：法国巴黎，法国科学院

人物：埃尔米特，阿达马 (Hadamard),

J. G. 达布 (Jean Gaston Darboux)，皮卡 (C. E. Picard); 主持人

注释：达布——由穿越而来的 Dr. Prime 客串，皮卡则由穿越而来的 Prof. Devil 饰演。

灯亮处，舞台上呈现如下的情景：法国巴黎，法国科学院数学科学大奖赛的现场，众多数学家就座，还有……

(主持人 (上))

主持人：女士们，先生们，朋友们！这是法国科学院 1890 年数学科学大奖赛的颁奖会现场！今天在这里有许多老一辈、鼎鼎有名的数学家，比如皮卡、埃尔米特、达布 (众人颔首)，还有朝气蓬勃的年轻一代……今天颁奖会，因各位的到来而蓬荜生辉！下面有埃尔米特教授致颁奖词！

(埃尔米特走上讲台)

埃尔米特：朋友们，晚上好！感谢各位的到来。(他稍停了停)

还记得，那是在两年前，在我的提议下，科学院将 1890 年数学大奖 (Grand Prix des Sciences Mathématiques，数学科学大奖赛) 的主题设为《确定小于给定数值的素数个数》。

我们设置这一大奖的目的，主要是征集对黎曼那篇著名论文中提及过却未给予证明的某些命题的证明。这意味着，不仅证明黎曼的猜想可以获奖，就是证明比黎曼猜想还弱得多的结果——比如素数定理——也可以获奖。

（他在这里又停了停）

埃尔米特：哈哈，这当然是一个富有挑战性的话题。多年前，年轻的荷兰数学家 T. 斯蒂尔切斯 (Thomas Stieltjes) 在法国科学院发表了一份简报，声称自己证明了以下结果（他指着PPT上出现的文字道），梅尔滕斯函数 (Mertens function) 可以被 $O(N^{1/2})$ 所控制：

$$M(N):=\sum_{n<N}\mu(n)=O(N^{1/2})$$，其中 $\mu(n)$ 为默比乌斯 (Möbius) 函数。

——斯蒂尔切斯如是断言说

埃尔米特：然而多年后的今天我们依然在等待他更为详细的证明细节。

（光影变幻里，灯光转处，有达布和皮卡的小声对话）

达布：知道吗？这个其貌不扬的命题事实上却是一个比黎曼猜想更强的结果——经由它可推出黎曼猜想！

皮卡：是吗？

达布：嗯。十几年前，在法国科学院发表简报的同时，斯蒂尔切斯也给埃尔米特先生发去了一封信，重复了这一声明。但无论在简报还是在信件中，他都没有给出证明，他只是说“自己的证明太复杂，需要简化”。

皮卡：数学当然是离不开证明的。

达布：是的！因此大家都期待着斯蒂尔切斯可以发表详尽的证明。在众多的期待者里，最诚心实意的当属你的岳父大人，埃尔米特。

皮卡：哦，埃尔米特先生，这又是为何？

达布：哈，或许是因为他们俩在数学上的“心有灵犀”，又或者他俩在求学上的“同病相怜”……

皮卡：同病相怜？

达布：据说斯蒂尔切斯……刚与埃尔米特通信时还只是莱顿 (Leiden) 天文台的一名助理，而且就连这个助理的职位，还是靠了他父亲的关照才获得的。还有啊，在此之前他也在大学里曾多次考试失败。

皮卡：哈！如此看来，他俩果然有几分“同病相怜”呢。

达布：不单如此，他们可谓是惺惺相惜，自从 10 年前他俩开始通信以来，交换过至少 431 封信。

皮卡：431 封？这么多？

达布：嗯，想来埃尔米特先生对斯蒂尔切斯的声明深信不疑。而两年前这一数学大奖的主题设置，或是为了“钓出”斯蒂尔切斯的证明。

(光影变幻里，灯光转处)

埃尔米特：至大奖截止日期，我们收到多篇来自世界各地年轻数学家的论文。经评委会认真讨论后，决定将这一次的大奖授予年轻的阿达马博士，以表彰他对黎曼论文中辅助函数 $\xi(s)$ 的连乘积表达式的证明！

(在众人的掌声里，阿达马上台领奖)

(灯暗处)

旁白：阿达马获奖的这篇论文虽然没有证明黎曼猜想，甚至离素数定理的证明也还有一段距离，却仍是一个足可获得大奖的进展。几年之后，他再接再厉，终于一举证明了素数定理。埃尔米特放出去的这根长线虽未能如愿钓到斯蒂尔切斯的黎曼猜想，却鬼使神差地钓上了阿达马和素数定理……

其后——经年——20 世纪的数学大幕在希尔伯特关于 23 个“数学问题”的演讲声中徐徐拉开，黎曼猜想也迎来了一段新的百年征程。

(灯暗处，众人下。随后在 PPT 上呈现如下的字幕)

第三场　数　学　桥

时间：1913—1921 年前后

地点：英国剑桥大学·三一学院·教师宿舍

人物：哈代，李特尔伍德；

送信的使者们：Dr. Prime，Prof. Devil

(灯亮处，Dr. Prime 和 Prof. Devil 上)

Dr. Prime：嗨，亲爱的魔鬼——教授先生，我们现在这是去哪儿呀？

Prof. Devil：去未来，20 世纪的剑桥。

Dr. Prime：英国——剑桥？牛顿曾经待过的剑桥大学？

Prof. Devil：是的。

Dr. Prime：可是现在……那里还有辉煌的数学吗？要知道两个世纪前(那是17世纪至18世纪初)的那场数学论战，已让英国的数学“元气大伤”……

Prof. Devil：数学论战？元气大伤？

Dr. Prime：200 多年前，以牛顿为首的英国数学学派与欧洲大陆的数学家之间——关于微积分发明的优先权——曾有过一场激烈的数学论战。

Prof. Devil：喔？

Dr. Prime：自那以后，英国的数学家开始排斥来自欧洲大陆的数学进展。集体的荣誉及尊严、牛顿的赫赫威名便都成了负资产，于是英国的数学在保守中走起了下坡路。这一走便是两百年。

Prof. Devil：喔，原来是这样……不过，最近有两位英国数学家可以说是再现英国数学的辉煌。他们在黎曼猜想的研究中取得了一些突破性的进展呢。

Dr. Prime：哦，黎曼猜想的研究进展？那我们快去看看！

（追光转向哈代和李特尔伍德）

注释：两个房间里，两个人——那是两个古怪的数学家，他们的名字叫哈代和李特伍尔德，虽只相距几里之遥，却经常通过邮件——不是现代的电子邮件，而是信件联系。Dr. Prime 和 Prof. Devil 幻化为两位信使在两人间经常穿梭往来。

（灯亮处，出现两个房间里的两位数学家，各自有一摞信件在身边）

（音乐起）

哈代：嗨，我说伙计！告诉你一个好消息！最近我在黎曼猜想的研究中取得了一个突破性的进展。那将是一个“令欧洲大陆数学界为之震动的结果”！

李特尔伍德：那你可是给我们英国人挣了脸面。那个，没开玩笑，是吧？我的朋友。

哈代：你看我是一个喜欢开玩笑的人吗？

李特尔伍德：你当然是一个爱开玩笑的人。哈哈，你都敢于与上帝开玩笑。

哈代：喔？

李特尔伍德：哈，说不准哪天，你会给哪位数学家朋友寄上一张明信片，煞有其事地说，你已经证明了黎曼猜想呢。

哈代：嘿，这个主意不错。我可以和玻尔数学娱乐一下。

李特尔伍德：嘿嘿。那我也告诉你一个好消息，最近我在黎曼猜想的研究中也得到了一个绝妙的定理。

哈代：绝妙的定理？说来听听。

李特尔伍德：你知道，在素数分布的相关研究中，我们会经常谈及两个函数 $\pi(x)$ 和 $\mathrm{Li}(x)$……（看着 PPT 上出现相关的函数 $\pi(x)$ 和 $\mathrm{Li}(x)$ 的影像，稍停了停）人们普遍相信，这两个函数的差：$\mathrm{Li}(x)-\pi(x)$ 是正的，且是递增的。

哈代：是的，关于它的数值计算依据是如此有力，以至于连“高斯”也确信这是对的。

李特尔伍德：可是最近我的研究表明，情况并非如此！我是说，“存在这样的数 x，使得 $\pi(x) > \mathrm{Li}(x)$”！

哈代：哦，真的会是这样吗？你确定？

李特尔伍德：是的！我确定！不单如此，事实上我们可以证明这两者的误差可正可负，无穷反复。

哈代：啊！这……这可真是一个太让人惊奇的结论！嗯，真为你高兴！我的朋友！

李特尔伍德：谢谢！哈，能得到哈代先生的夸奖，鄙人深感荣幸！不知你的那一个“让欧洲大陆数学界为之震动的结果”说的是什么？

哈代（从沉思中来）：哈哈，我的定理么，说的是，“黎曼 ζ 函数有无穷多个非平凡零点位于 $\mathrm{Re}(s) = 1/2$ 那一临界线上”。

（望着 PPT 上呈现的那一文字：

哈代定理：黎曼 ζ 函数有无穷多个非平凡零点位于 $\mathrm{Re}(s) = 1/2$ 这一临界线上。）

李特尔伍德（有点震惊地大声道）：啊，真的吗？那……那可是一个很了不起的成就！嗯，这个结果比起当年阿达马与德拉瓦莱普森的定理，那可是强得多啦。

哈代：是的，这个定理当可与最近玻尔和朗道所证明的定理相媲美！

李特尔伍德：嗯，玻尔 - 朗道定理显示出了临界线的独特地位——它会是黎曼 ζ 函数非平凡零点的汇聚中心。但却无法告知有零点落在临界线上。

哈代：是的，他们的定理无法告知有零点落在临界线上，甚至无法证明哪怕有一个零点落在临界线上！

李特尔伍德：如此说来，嗨，亲爱的朋友！你的定理，真是一个很了不起的成就！（比较快地说出）通过对这无限多零点的存在性证明，你为黎曼猜想提供了强有力的支持！同时也超越了任何可能的具体数值计算！喔，请问你是怎么做到的？

哈代：这一定理的证明可以从一个有关柯西 $\xi(s)$ 函数的积分表达式出发。

注释：经由 PPT 呈现

$$\frac{2\xi(s)}{s(s-1)} = \int_0^\infty \left[G(x) - 1 - \frac{1}{x} \right] x^{-s}\,\mathrm{d}x,$$

其中，$G(x) = \sum_{n=-\infty}^{\infty} \mathrm{e}^{-\pi n^2 x^2}$，$0 < \mathrm{Re}(s) < 1$。

由此得到一个独特的积分估计：

$$G(x)-1-\frac{1}{x}=\frac{1}{2\pi i}\int_{a-i\infty}^{a+i\infty}\frac{2\xi(z)}{z(z-1)}x^{z-1}dz。$$

(光影变幻里)

李特尔伍德(沉思状)：哦，等等！如果我们不仅关注这一辅助函数 $\frac{2\xi(s)x^{z-1}}{z(z-1)}$ 在整个临界线上的积分，而且关心其在临界线上任一区间的积分，是否会得到更好的结果？

哈代(沉思之后)：天哪，这是一个绝妙的主意！如此我们一道来合作研究如何？

李特尔伍德：当然可以…… 喔，感谢朗道先生，因为5年前出版的那卷数论经典——《素数分布理论手册》，让我们俩都对黎曼假设产生了兴趣。

哈代：让我们向朗道先生的那部数论经典致敬！正是它引领我们步入黎曼 ζ 函数的奇妙世界。

(追光转向 Dr. Prime 和 Prof. Devil)

Prof. Devil：知道吗？近来在欧洲数学界，流传着许多有关哈代和他们俩的善意玩笑。

Dr. Prime：喔，什么玩笑？

Prof. Devil：有一则玩笑说，欧洲的许多数学家相信英国有三位一流的数学家：一位是哈代，一位是李特尔伍德，还有一位是哈代 - 李特尔伍德。

Dr. Prime：哈哈哈，这个玩笑，有点意思。

Prof. Devil：而与之截然相反的另一个玩笑则宣称李特尔伍德根本就不存在，那是哈代为了自己的文章一旦出现错误时可以有替罪羊而杜撰出来的虚拟人物。

Dr. Prime：哈哈哈。

Prof. Devil：据说我们可爱的朗道先生还专程从德国跑到英国来证实李特尔伍德的存在性。

Dr. Prime：然后呢？

Prof. Devil：然后啊，然后是……(边说边下场)

Dr. Prime(跟着下场)：你别卖关子呀，然后怎么样啦？

(灯暗处，众人下)

旁白：哈代与李特尔伍德的合作堪称数学史上的典范：7年后，他们的合作终究造就数学史上的一曲传奇。他们证明了一个绝妙的定理，这一定理比哈代原来的定理还奇妙。(PPT 上或可呈现——1921 年的这一结果可表述如下：

哈代-李特尔伍德定理：存在常数 $K>0$ 及 $T_0>0$，使得对所有 $T>T_0$，黎曼 ζ 函数在临界线上 $0\leqslant \mathrm{Im}(s)\leqslant T$ 的区间内的非平凡零点数目不小于 $KT\ln(\mathrm{T})$。)

第四场　江湖奇侠

时间：1946年前后
地点：美国普林斯顿(Princeton)高等研究院
人物：H. 玻尔(Harald Bohr)，
西格尔，赫尔曼・外尔

(灯亮处，西格尔、玻尔和外尔在数学聊天；然后Dr. Prime和Prof. Devil上，他们或是草地边的旁观者)

西格尔：嘿，玻尔！最近欧洲有数学新闻吗？说来听听。

玻尔：哈哈哈，最近整个欧洲的数学新闻嘛，可以归结为一个词，那就是塞尔贝格(Selberg)！

西格尔：塞尔贝格？这又是什么……重要定理？

玻尔：哈，这不是什么定理，而是一位数学家的名字。

西格尔：原来塞尔贝格是一位数学家的名字！

赫尔曼・外尔：哦？那他最近都有什么重要的数学发现？

玻尔(很是兴奋地)：前不久在哥本哈根举行的斯堪的纳维亚数学家大会上，塞尔贝格介绍了他在战争期间所做的一项重要工作。他在黎曼猜想的研究中获得了一个极大的突破！

西格尔，赫尔曼・外尔(很是惊讶地)：有关黎曼猜想的极大突破？

玻尔：是的！他证明了有关黎曼 ζ 函数的一个临界线定理。

西格尔：喔……他的定理说的是……？

玻尔：(指着PPT)他证明了，存在常数 $K>0$，以及对充分大的 T，黎曼 ζ 函数在临界线上 $0\leqslant \mathrm{Im}(s)\leqslant T$ 的区间内的非平凡零点数目不小于 $KT\ln(T)$。

(PPT上呈现：黎曼那一篇著名论文的段落和塞尔贝格的临界线定理：存在常数 $K>0$ 及 $T_0>0$，使得对所有 $T>T_0$，黎曼 ζ 函数在临界线上 $0\leqslant \mathrm{Im}(s)\leqslant T$ 的区间内的非平凡零点数目不小于 $KT\ln(T)$。)

西格尔(沉思地看着PPT上的图)：喔，这个结论若与黎曼论文里的猜想相比较……天呀！这意味着，数学家们所确定的位于临界线上的零点数目终于破天荒地大于 0%，达到了一个 “看得见” 的比例！

玻尔：是的！塞尔贝格的临界线定理可谓是黎曼猜想的研究中，一个重要的里程碑。哈代和李特尔伍德关于黎曼猜想的保持了二十多年的纪录，终于被这位塞尔贝格先生所打破！

赫尔曼·外尔：不知这个名叫塞尔贝格的数学大侠，可有什么故事？

西格尔：对，有关他有什么数学八卦？说来听听。

玻尔：在当今的数学家中，塞尔贝格是非常独特的一位。他可谓是数学世界的一位独行侠。

赫尔曼·外尔：独行侠？这倒是一个很独特的比喻。

玻尔：当下数学的发展使得数学家之间的相互合作变得日益频繁，然而塞尔贝格却喜欢以一种古老的 “独行侠” 姿态行事——他所走的是一条独自探索的道路！

赫尔曼·外尔：哦？

玻尔：他生在挪威。听说少年时，他接触到了有关印度天才数学家拉马努金的故事。那些故事深深地吸引了他。据说塞尔贝格十二岁开始自学高等数学，十五岁就发表数学作品。

西格尔：看来他也是个数学天才！

玻尔：嗯，在那段战火纷飞、纳粹横行的黑暗岁月里，欧洲的许多科学家被迫离开了家园，走的走，散的散。但塞尔贝格仍然留在了挪威，在奥斯陆大学独自从事数学研究。他的关于黎曼 ζ 函数的临界点定理就是在那段时间里获得的。

西格尔：啊，绝世的天才造就绝妙的定理！

赫尔曼·外尔：看来普林斯顿高等研究院应该向他发出热情的邀请。就像当初邀请爱因斯坦与哥德尔等绝世高手时那样。

(追光转向旁观的 Dr. Prime 和 Prof. Devil)

(Prof. Devil 拿出一本神秘的岁月书卷。随后问道)

Prof. Devil：我们的下一站去哪儿？去追寻玻尔的，还是西格尔的数学故事？

Dr. Prime：西格尔，去看看西格尔的传奇故事吧！

(灯暗处，众人下。随后 PPT 上呈现下面的字幕)

第 4 幕

第一场　天书寻踪

时间：1926—1931 年前后

地点：哥廷根大学图书馆

人物：西格尔，GL（图书管理员）和学生 K

注释：其中图书管理员 GL 和学生 K 分别可由 Prof. Devil 和 Dr. Prime 的扮演者饰演。

旁白：在 20 世纪 30 年代的最初几年——在黑暗降临前——黎曼 - 西格尔公式的发现，堪称是黎曼假设历史上最富传奇性的插曲之一。

（话说 GL 和学生 K 在闲聊着天，见西格尔从图书馆门口入）

图书管理员 GL（笑道）：西格尔博士，您又来了！这一次您是否依然……还是要阅读黎曼先生的手稿?

西格尔（笑道）：对！那是当然。

GL：哈，连我都记不清，为此您光临我们图书馆多少次了……在所有寻访黎曼先生手稿秘密的人里，您是最有耐心的一位。您请。

（西格尔微笑点了点头，走向图书馆藏有黎曼手稿的档案室）

K（饶有兴趣地）：GL 先生，这黎曼的手稿又是啥样的数学宝贝？

GL：哈哈，这“黎曼的手稿”嘛，对喜欢数学探险的人来说，确实算得上一件奇珍异宝。

K：哦?

GL：话说在黎曼的那个时代，数学家们公开发表的东西往往只是他们所做研究的很小一部分。于是对后来者来说，他们的手稿及信件就成了科学界极为珍贵的财富！通过它们，人们不仅可以透视那些伟大先辈的“超强大脑”，更可以发掘他们未曾公开过的研究成果。

K：想想黎曼的天才和伟大，我们当然可以从中找寻到许多数学的宝藏。

GL：嗯！不幸的是，黎曼手稿的很大一部分，却在他去世之后，被可恶的管家付之一炬了。只有一小部分被他的妻子爱丽丝 (Elise) 女士抢救了出来。后来，那些劫后余生的数学手稿被移交给黎曼先生的生前挚友——R. 戴德金 (Richard Dedekind) 教授……

K：啊！这真是不幸之大幸。

GL：嗯，再后来，这些手稿来到了我们哥廷根大学的图书馆，被保存在这里差不多 30 多年啦。

K：哦，GL 先生，那里是否真的隐藏着黎曼猜想的秘密？

GL：这个谁又能说得清呢。我所知道的是，自从“黎曼的手稿”存放在我们的图书馆以来，已有许多数学家及数学史学家前来研究。但他们都满怀希望而来，却又两手空空、黯然失望而去。

K：看来黎曼先生的手稿真是一部天书啊。

GL：是的！黎曼的手稿就像一部天书，牢牢守护着这位伟大数学家的思维奥秘。嗯，希望我们的西格尔博士有幸窥得“这部天书”的一点数学秘密。

(灯渐暗处，两人下)

旁白：功夫不负有心人！终于有一天(那是 1932 年)，西格尔从那些天书般的手稿中获得了重大的发现！这一发现让以前的欧拉 - 麦克劳林 (Euler-Maclaurin) 方法相形见绌，带给黎曼 ζ 函数零点的计算脱胎换骨般的影响！这一发现也将它的发现者的名字与伟大的黎曼联系在了一起，这一著名的公式其名曰“黎曼 - 西格尔 (Riemann-Siegel) 公式”！

(灯暗处，众人下。随后 PPT 上呈现有下面的字幕)

第二场　最昂贵的葡萄酒

时间：1970 年

地点：德国普朗克数学研究所

人物：D. 查基尔 (Don Zagier)、E. 邦别里 (Enrico Bombieri)、伦斯特拉等数学家

(舞台的一边阴影处，众人看似在聊天)

(Dr. Prime 和 Prof. Devil 从舞台的另一边上，他们在阅读和朗诵汤姆·阿波斯托尔 (Tom Apostol) 的 ζ 函数的零点之歌片段。)

Prof. Devil:

ζ 函数的零点在哪里？
黎曼的猜想真稀奇。
他说，“它们都在一条临界线上，
密度是 π 乘以 $\ln t$ 的二分之一”。

Dr. Prime：

黎曼的话就像一个触发器，
引得各路好汉你摩拳来我擦掌，
他们试图以数学的严密来发现，
当 mod t 变大时 ζ 函数将会是个啥情况。

Prof. Devil：

朗道、玻尔、克拉默没少忙活，
李特尔伍德、哈代和蒂奇马什也来搭伙。
不管他们为此花费了多少心血，
确定零点的位置还是一无所获。

Dr. Prime：

1914 年哈代确实发现，
在这条线上有无穷个零点分布；
然而他的定理依然不能够排除，
零点可能出现在另外某处。

(灯亮处，几位数学家在聊着天)

查基尔：嘿，我说各位！随着数学界对黎曼猜想的关注，这个著名的猜想，它的难度也日益显露了出来。当越来越多的数学家在这一猜想面前遭受挫折之后，(他的声音在这里或许会变大了) 我们不由得怀疑"它是否是对的"。

邦别里 (缓慢地)：朋友！它当然是对的！要知道，自从丹麦数学家格拉姆 60 多年前首次公布了对黎曼 ζ 函数前 15 个非平凡零点的计算后，这些年，经过许多数学家的努力，我们现已知道黎曼 ζ 函数前 3500000 (三百五十万) 个零点都在黎曼所设想的那一临界线上。

查基尔：哈，验证了三百五十万个零点不足以证明什么。区区三百五十万个零点对黎曼猜想来说简直就是"零证据"！再说，黎曼猜想的反例根本不可能出现在这么靠前的零点之中。

邦别里 (笑道)：那么，查基尔先生！到底要多少个零点的计算才能让你相信黎曼的这一天才的猜想是对的呢？

(众人大笑)

数学家 A：是呀，查基尔，究竟要计算多少个零点，你才会相信黎曼猜想是对的呢？

众人笑着起哄道：是哈，查基尔……多少呢？

查基尔 (语音稍低，有点神秘地)：啊哈，通过本人对一些由黎曼 ζ 函数衍生出来的辅助函数的研究，我认为，至少要计算 300000000 个零点才可让我们相信这一猜想是真的。

邦别里：至少要三亿个？这个数目，是不是有点疯狂？

查基尔：对于你这样的黎曼猜想的铁杆支持者，这个数目算个啥。敢不敢来打个赌？

邦别里：打个赌？怎么赌？

查基尔：嘿嘿，我们不妨以这黎曼 ζ 函数的前三亿个零点为限：如果黎曼猜想在这前三亿个零点中出现反例，算我获胜；反之，如果黎曼猜想被证明，或者在前三亿个零点中没有出现反例，则算你获胜，如何？

邦别里：好呀！那我们击掌为诺！

Mathematics B：嗬，依我说，这样的一场赌约，可是要加点赌注的。

众人笑道：赌注！赌注！

查基尔：好！那我们的赌注就是两瓶波尔多葡萄酒 (bordeaux)，如何？

(在众人的见证下，两人击掌为诺)

(光与影转向 Dr. Prime 和 Prof. Devil)

Dr. Prime：教授先生……你说，这场赌约的最后结果怎么样？

Prof. Devil：这最后的结局吗，是查基尔输了。

Dr. Prime：查基尔输了？

Prof. Devil：是的。最后他兑现了诺言，买来两瓶波尔多葡萄酒与众人分享。哈哈，某种意义上说，这或是世界上被喝掉的“最昂贵的葡萄酒”。

Dr. Prime：最昂贵的葡萄酒？

Prof. Devil：因为呀，正是为了这两瓶葡萄酒……数学家 H. 特里勒 (Herman te Riele) 的团队，特意多计算了一亿个零点。而这花费了整整一千个小时的 CPU 时间——而他们所用计算机的 CPU 时间的费用大约是七百美元一小时。这样一算，被他们喝掉的那两瓶葡萄酒的价值高达七十万美元！

Dr. Prime：哈哈，原来如此！

Prof. Devil：据说喝完了那两瓶葡萄酒后，查基尔从此对黎曼猜想深信不疑。

Dr. Prime：哈，数学家们有时候也是蛮有趣的，蛮可爱的嘛。

Prof. Devil：嗯，只不过，邦别里相信黎曼猜想是因为它的美丽；而查基尔相信黎曼猜想则是因为证据。

(灯暗处，众人下，隐约传来 Dr. Prime 和 Prof. Devil 的对话)

Dr. Prime：

哦，ζ 函数的零点在哪里？

我们必须把它捉住而不光是摸索。
为了继续给素数定理添火，
积分围道就不能靠近它太多。

Prof. Devil：
有一个经验要从漫长的痛苦中领教，
亲爱的小天才们都必须知道：
如果哪天似乎被一个问题缠绕，
只要你使用 R. M. T.，你的运气就会变好。
(灯暗处，众人下。随后 PPT 上呈现有下面的字幕)

第三场　茶室邂逅

时间：1970 年的某个春天
地点：美国普林斯顿高等研究院
人物：H. 蒙哥马利 (Hugh Montgomery)，
F. 戴森 (Freeman Dyson)，S. 丘拉 (Sarvadaman Chowla)；
其他人

注释：蒙哥马利和丘拉可分别由 Dr. Prime 和 Prof. Devil 的饰演者来饰演。

(灯亮处，舞台的中央。在隐约的音乐声里，蒙哥马利和丘拉开篇闲聊)

丘拉：见过塞尔贝格了？

蒙哥马利：是的。

丘拉：怎么样？你的研究有没有和他的“撞车”？

蒙哥马利(很高兴地)：非常幸运，我最近的研究没有出现在塞尔贝格的某一叠草稿纸上。

丘拉：哈，如此……恭喜你。

(舞台的一边，戴森上。丘拉旁观到戴森的到来)

丘拉(问蒙哥马利)：你见过戴森吗?

蒙哥马利：还没有。

丘拉：那我为你引见一下。

蒙哥马利(有点不好意思地)：哦不，不，没这个必要吧。(但丘拉却还是将很不情愿的蒙哥马利拉到茶室的另一边和戴森见面)

丘拉：你好，戴森！这是我的朋友，蒙哥马利！蒙哥马利，这位就是大名鼎鼎的戴森，因其在量子电动力学上的工作而享誉物理学界。

（蒙哥马利与戴森相互礼节性地握手）

戴森（问蒙哥马利）：嗨，年轻人！最近在研究什么？

蒙哥马利：我所研究的课题与黎曼 ζ 函数有关，我正在研究这一函数的零点在临界线上的统计关联。

戴森：黎曼 ζ 函数的零点在临界线上的统计关联？

丘拉：哈，通常数学家们在谈论黎曼 ζ 函数的零点分布的时候，所关心的往往只是那些非平凡零点是否落在黎曼的那一临界线上，蒙哥马利的研究则比这更进一步……

蒙哥马利：是的，我想知道的是，假如黎曼猜想成立的话，那它们在临界线上的具体分布会是什么样的？

戴森：喔，这倒是一个很有趣的主题……嗯，从某种意义上讲，你的这一研究主题与黎曼对素数分布的研究是互逆的。

丘拉：对了。如果说黎曼的研究是着眼于通过 ζ 函数的零点分布来表示素数分布的话，则我们年轻的蒙哥马利却是逆用黎曼的结果，经由素数分布来反推 ζ 函数的零点分布。

戴森（沉吟道）：只是素数分布本身在很大程度上就是一个谜。除了素数定理外，有关素数分布的很多命题都还只是猜测。

蒙哥马利：是的。素数定理与零点分布的相关性非常弱，不足以反推出我们感兴趣的信息！但如果我们把目光投注到一个比素数定理更强的命题……

戴森：一个比素数定理更强的命题？

蒙哥马利：是的，如果关注哈代与李特尔伍德于 1923 年提出的，关于孪生素数分布规律的猜测，再加上著名的黎曼假设，我们则可以得到一个有关黎曼 ζ 函数非平凡零点在临界线上的分布规律的重要命题（看着 PPT 上的文字）：其中的对关联函数是$1-\left(\frac{\sin \pi t}{\pi t}\right)^2$。

(PPT 呈现如下的数学式：

$$\lim_{T\to\infty}\frac{\left|\left\{(t',t'')\middle|0\leqslant t'<t''\leqslant T,\frac{2\pi\alpha}{\ln(T/2\pi)}\leqslant t''<t''\leqslant\frac{2\pi\beta}{\ln(T/2\pi)}\right\}\right|}{\frac{T}{2\pi}\ln\frac{T}{2\pi}}$$

$$=\int_{\alpha}^{\beta}\left[1-\left(\frac{\sin \pi t}{\pi t}\right)^2\right]\mathrm{d}t,$$

其中 t', t'' 分别表示一对零点的虚部，$\alpha, \beta(\alpha<\beta)$ 是两个常数。)

这一规律被称为蒙哥马利对关联假设 (Montgomery pair correlation conjecture), 其中的密度函数$\rho(t)=1-\left(\frac{\sin \pi t}{\pi t}\right)^2$则被称为零点的对关联函数 (pair correlation function)。

(当蒙哥马利说到那一密度函数$\rho(t)=1-\left(\frac{\sin \pi t}{\pi t}\right)^2$时，戴森的眼睛猛地睁大了！)

戴森 (大声道)：嘿，等等！你是说，你的对关联函数形如 (他慢慢地读出)

$$1-\left(\frac{\sin \pi t}{\pi t}\right)^2。$$

蒙哥马利：是的。由其分布规律和其中的对关联函数可以看出，黎曼ζ函数的非平凡零点有一种互相排斥的趋势。这一点有些出乎我们的意料，因为我曾经以为ζ函数零点的分布是高度随机的。

戴森 (喃喃地)：天哪，$1-\left(\frac{\sin \pi t}{\pi t}\right)^2$？！那正是现代统计物理学 GUE (Gaussian unitary ensemble，高斯幺正系综，这是一种量子动态系统) 中随机埃尔米特矩阵本征值的对关联函数呀！物理学家们研究这类问题已经有二十年了！

(灯暗处，或可有蒙哥马利和丘拉的身份变幻，比如将装饰稍加改变即可)

Prof. Devil：这是数学与物理学……哦，是数论与量子力学之间一次奇异的交汇！

Dr. Prime：在 20 世纪物理殿堂的璀璨群星里，戴森当然远不是最杰出的物理学家，但那个午后他和蒙哥马利在高等研究院的遇见，却是科学史上一段令人难忘的佳话。

Prof. Devil：这一精彩的篇章或将带来全新的方法——黎曼猜想之旅也因此多了一道神奇瑰丽的景致！

Dr. Prime：喔……原来这世界是多么奇妙。因为数学与物理学在此邂逅！

Prof. Devil：嘿，亲爱的 Dr. Prime，既然我们有幸到访这普林斯顿高等研究院，不知你有没有兴趣一道去看看“是谁得到了爱因斯坦先生的办公室”。哈哈，说不定你还可以写上一本畅销书——这书名嘛，不妨叫做《谁得到了爱因斯坦的办公室？》……

第 5 幕

第一场　书　海　谣

时间：2014 年的某一天
地点：华东师范大学，上海
人物：Tochter(女儿)与 Vater(父亲)；
Dr. Prime 和 Prof. Devil

(灯亮处，舞台的中央。Vater 看似在做着点什么)

(舞台的一边，Dr. Prime 和 Prof. Devil 上，若有所思地看着如下片段：

在键盘的敲击声里，Vater 在一台笔记本(计算机)前若有所思地写着什么，时而沉思，时而微笑，时而……随之在 PPT 上呈现有如下的数字篇落：经由一个漫画动态呈现

1000000000000066600000000000001 是一个素数)

Dr. Prime：喔，真是奇妙。这个大数还真的是一个素数！！！

Prof. Devil：是的。这个素数真奇妙！

(舞台的另一边，Tochter 上，来到父亲身边，这一场的剧幕随之拉开)

Tochter：爸爸，你在干什么呢？

Vater：喔，宝贝，爸爸在写一本书。

Tochter(有点好奇地)：书？什么样的书？

Vater：这是一本有关素数故事的书。爸爸想写给未来的 17 岁的你。

Tochter(很是好奇地)：写给未来的我？那我可以先看看吗？

Vater(微笑着轻轻点头又摇头)：这本书啊，对于现在的你来说，可是太深奥呢。

Tochter：好吧。爸爸，那我想让你给我讲故事。我想听有关“素数”的故事。

Vater：有关“素数”的故事？

Tochter：是的。在今天的数学课上，老师讲到了素数——老师说，这些只能被 1 和它本身整除的数，具有独特的魅力！

Vater：素数？嗯，是的。素数具有独特的魅力，它们是算术的原子。

Tochter：算术的原子？

Vater：是的。怎么说呢。你看，我们生活的这个世界——这其中的万物都是由原子构成的，而素数是构建算术世界所有数的基石。(稍停了停) 这就是说，素数的乘积可以生成其他所有的 (自然) 数。

Tochter： 喔 ! 我懂了，素数是算术的原子——说的是，每个自然数都可以写成素数的乘积。

Vater(摸了摸她的头)：是的。真聪明 !

Tochter：爸爸，老师说"素数是数字世界的宝石"，真的是这样吗？

Vater：是的。素数就像是镶嵌在数之宇宙上的宝石，这些算术的宝石已经被数学家研究了许多……许多个世纪。

Tochter：有多久？

Vater：喔，好久好久。现今所知的，人类最早尝试了解素数的证据来自一块古老的骨头。

Tochter：一块古老的骨头？

Vater: 是的。那是一块非常古老的骨头——它被称为伊山沟甲骨 (Ishango bone)，距今已有着八千多年的历史。它是 1960 年，在赤道中非的一座山上，被科学家考古时发现的。在它上面，刻着 10 到 20 的所有素数。

Tochter：哇！真神奇！原来人类这么早就开始关注素数啦！

Vater：是的。宝贝。(指着 PPT 上出现的素数表 2，3，5，…) 对于数学家而言，2，3，5，…这些无穷无尽的素数宝石存在于一个与我们的现实世界完全独立的空间中，它们是大自然带给我们的数学礼物。

Tochter(看着 PPT 上神奇的素数表)：爸爸，你说我们能不能找到一个奇妙的公式——它能告诉你第 100 个或者第 1000 个素数是什么？

Vater：宝贝，这可是个超级数学难题。自古以来，这个问题就一直折磨着众多数学家。数个世纪以来，人们一直倾听素数自身的心跳，两下，三下，然后是五下，七下和十一下，如此继续下去……你看不出有任何规律能告诉你究竟隔多远可以找到下一个素数……

Tochter：那是不是可以说素数的心跳是极不规则的？

Vater：是的。素数的心跳是如此的极不规则。(稍停后) 尽管早在 2000 多年前古希腊数学家就发现了素数——这一构建算术世界的基石，但是直到今天，数学家们仍然在为理解素数的精髓而奋斗。

(稍微停了停，女儿指着 PPT 上再次出现的那个「大数」)

1000000000000066600000000000001

Tochter：喔，爸爸，这个数好奇怪喔。它是一个素数吗？

Vater：是的，宝贝。这是一个非常奇妙的素数。

Tochter：奇妙？有多奇妙？

Vater：你看，这个数是左右对称的。它从左往右和从右往左读都是一样的，这样的数叫做回文数。

Tochter：哇！它看着真的很美很美！

Vater：而在这个回文数的中央，是666——这个数被称为魔鬼数。

Tochter：魔鬼数？666为何会是“魔鬼数”呢？

Vater：因为在西方的圣经故事里，数字666被视为是“人间至恶的象征”。

Tochter：哇！真奇怪。

Vater：然后在魔鬼数666的两边，接着各有13个0，然后各有1个1。这个素数有着一个很是独特的名字——贝尔芬格素数。

Tochter：贝尔芬格，那是什么？

Vater：在西方的神话传说里，贝尔芬格(Belphegor)是一个魔鬼，他借由提供人们各种能让他们变得富有的灵巧发明来诱使人们堕落。据说贝尔芬格作为一个魔鬼的使命是……

(光影变幻里……转向Dr. Prime和Prof. Devil)

Dr. Prime：原来这个奇妙的素数叫做贝尔芬格素数。嗨，我说，亲爱的Prof. Devil，您知道贝尔芬格吗？他可是你的同行？

Prof. Devil：贝尔芬格？喔，我更乐意告诉你说，666这个数字真的很奇妙！

Dr. Prime：666……这个数字真的很奇妙？

Prof. Devil：这个奇妙的数字呀，有着许多奇妙的数学性质。比如说，(看着PPT上的代数式)它可以写成两个相邻的回文素数的和；还有那奇妙的666方程。

(PPT呈现：$666=313+353$ 和

$$1^3+2^3+3^3+4^3+5^3+6^3+5^3+4^3+3^3+2^3+1^3=666$$。)

(光影变幻里……再转向Tochter和Vater)

Vater：宝贝，让我们一起把这个“神奇的素数”装入一个“时间的漂流瓶”里，看看谁会有缘遇见他，好吗？

注释：(在Vater与Tochter无声的交流里)他们俩在笔记本的舞台上，做了一个时间的漂流瓶——放飞想象——上书：亲爱的Dr. Prime，请问

1000000000000066600000000000001是一个素数吗？

Tochter：爸爸，你说，Dr. Prime会收到这份神秘的信吗？

Vater：他会的……因为啊，他非常需要这个数字里装有的这一把数学的密钥来打开追寻黎曼猜想的数学宝藏……

（灯渐暗处，众人下。随后 PPT 上出现如下的字幕）

第二场　缘分的天空

时间：2017 年 7 月 17 日

地点：上海的一隅

人物：苏宜，31 岁，男士，

薛听雨，26 岁，女士；

群众演员若干

旁白和注释：这是一场由“数语俱乐部”举办的千人联谊活动，参与活动的 1000 名男女嘉宾经由数字配对的模式来开展相关的联谊活动。想象这些嘉宾分别对应于 1 到 1000 的一个数字；奇数号码为男嘉宾和偶数号码为女嘉宾。

这一活动的风格可自由选择，有一种方式或可以如下：

在和悦的音乐声里，主持人开场道：朋友们，欢迎参加由“数语俱乐部”举办的千人联谊活动，参与活动的 1000 名男女嘉宾将经由“数字随机配对的模式”来牵线搭桥。

（在光影变幻里，666 号的她和 153 号的他从舞台两边上，展示手上的（或者胸前的）数字，两人在舞台中央擦肩而过，然后来到一雅座边上；两人友好地握手……）

他：你好！我叫苏宜，家在重庆。

她：我叫薛听雨，来自大连。

苏宜：哦，你是大连人，那可是一个好地方！

薛听雨（不由莞尔，道）：嗯，谢谢！重庆也是一个奇妙的城市！

（两人坐下，相互打量着对方）

苏宜：有点好奇。你为何会参加这样的一个“与数字游戏相关”的联谊会？

薛听雨：喔，我只是对数学或者说数字的世界充满好奇而已，你呢？

苏宜：我？我可是研究数学的。

薛听雨（带着几许惊讶）：你是一位数学家？

苏宜：嘿嘿，谈不上是数学家。我也只是对数学的世界充满好奇而已。

薛听雨：嗯，那你肯定知道毕达哥拉斯。

苏宜：哈，那是当然，在数学的世界，毕达哥拉斯无处不在。因为著名的毕达哥拉斯定理，也因为其神秘的数学之哲学。可是他却是一个谜一样的人物。

薛听雨：谜一样的人物？

苏宜：是的，这是一位谜一样的人物。我们对他的生平知之甚少，还有……他那独特的数学哲学的理念，也让人迷惑不解。

薛听雨：嗯，据说毕达哥拉斯（学派）相信神用“数”创造了宇宙万物。

苏宜：是的！在毕达哥拉斯看来，整个世界——物质的，以及形而上学的一切，都是建立在 1，2，3……这些数的离散模式之上的。

薛听雨：这是一个卓越的理念，简单而美妙。

苏宜：是的，这是一个卓越的理念。数具有魔术般的性质，音乐的和声是数的简单比例，天空中的一切都是数字的各种音乐和不同的数之间的和弦。

薛听雨：可以想象，在远古时代人们的眼里，数具有“童真的色彩”。

苏宜：嗯，在古希腊人眼里，每一个数都有着其独特的属性。比如数字 1 是数之源，代表理性；2 表示变化多端的见解；3 代表着和谐……而数字 6 则代表完美，因为在圣经中如是说，它是上帝创造世界的天数。

薛听雨：数字的世界，真的好神奇！

（在短暂的停顿之间，两人喝了点面前的可乐。话题再回到数字世界。且听苏宜指着两人面前的数字 153 和 666 如是说）

苏宜：你知道吗？ 153 和 666 这两个都是很奇妙的数字。

薛听雨：喔？

苏宜：比如说 153，它被称作“圣经数”。

薛听雨（很是好奇）：圣经数？

苏宜：是的，153 被称作“圣经数”。或许是因为它出现在《圣经》里。（在薛听雨充满好奇的目光的注视下，苏宜继续着他的有点神奇的故事）在《圣经·新约》约翰福音 21 章里有如下的故事记载：

话说耶稣死而复活之后，在提比哩亚的海边向 7 个门徒显现，当时耶稣的门徒打了一整夜的鱼，什么也没有打着。天将要亮的时候，耶稣站在岸上，但是门徒却不知道是耶稣。

耶稣对门徒说：“你们把网撒在船的右边，就必得着。”

他们便撒下网去，竟拉不上来，因为鱼很多。当他们把网拉到岸上之后，发现网满了大鱼，共 153 条。

薛听雨：这故事真有意思。那数字 666 呢，在它背后有什么故事？

苏宜：666 也是一个奇妙的数。这个数被称为魔鬼数。

薛听雨：魔鬼数？

苏宜：是的。666 这个数字，亦有着圣经故事的背景。

薛听雨（很是好奇惊讶地）：啊，这个数竟然也与《圣经》有关？

苏宜：嗯。在《圣经》中有这样的记载，在启示录第 13 章第 18 节中如此写道：

在这里有智慧：凡有聪明的，可以算计兽的数目；因为这是人的数目，他的数目是 666。

薛听雨：真想不到，153 和 666 竟然有这样的缘分。它们都可以源自《圣经》。

苏宜：不单如此，在这两个神奇的数字故事里，还隐藏有《数学的邂逅》。

薛听雨（无比好奇地）：数学的邂逅？我在听！

苏宜：喔，是的。153 与 666 可以因为 17 这一数字的缘分而连接在一起。

薛听雨（无比好奇地）：因为 17 而连接在一起？

苏宜（微微笑了笑，续道）："圣经数" 153 是一个三角形数——153 恰是前 17 个自然数的和：$153 = 1 + 2 + 3 + \cdots + 17$；而魔鬼数 666 恰是前 7 个最小的素数的平方和：

$$666 = 2^2 + 3^2 + 5^2 + 7^2 + 11^2 + 13^2 + 17^2。$$

注释：经由 PPT 可呈现：

$153 = 1 + 2 + 3 + \cdots + 17$，　$666 = 2^2 + 3^2 + 5^2 + 7^2 + 11^2 + 13^2 + 17^2$。

薛听雨（在几秒钟的时间停步后，无比惊奇地）：喔！看来，在我的数字偶像屋，又可以收藏一个奇妙的素数：17。

苏宜（悄然道）：其实在数学上，153 与 666 这两个数字各自具有许多奇妙的性质……

（在他们俩无声的交流里，PPT 上可呈现有关 153 与 666 的一些奇妙的性质。

同时光影转向 7 和 17，还有刚到来的 Dr. Prime 和 Prof. Devil。

在舞台的这一边，光影射向面上各带着一半面具的数字精灵 7，17。

舞台的另一边，光影射向 Dr. Prime 和 Prof. Devil）

Dr. Prime（望着 PPT 上的数字奇趣）：我们这是在哪里呀？

Prof. Devil：我也不知道。

（在舞台的这一边，数字精灵 7，17 如是说）

7：153 和 666，多么奇妙的缘分啊！

17：呵，让“数字来充当红娘”，你觉得靠谱吗？

7：在毕达哥拉斯先生的理念世界里，数是万物的本原，不是吗？

17：可是这我们称之为“爱情”的东西，她并不离散。

7：咫尺天涯，爱在何方？

17：让我们学会“等待和希望”。

（两组人物走近舞台中央）

Dr. Prime 和 Prof. Devil：请问，我们这是在哪里呀？

7 和 17：这里是毕达哥拉斯先生的“数的世界”（微笑着侧面转向PPT上的数字画片），欢迎经由此步入奇幻的素数星空！

（灯暗处，众人下。随后在PPT上出现有如下的字幕）

第三场　“曼”无止境

时间：2126年的某一天

地点：哥廷根大学·数学馆

人物：Prof. Ke；众多观众

一个有关黎曼与RH的数学讲座——以纪念黎曼诞辰300周年。

这是随剧飘舞的一场话剧故事。其主旋律是天才数学家黎曼以及黎曼假设的点滴故事。而以什么样的模式来讲述，具体讲点什么，则可以因人而异。这一话剧中的数学讲座，时间计以15—20分钟为佳。

然后在这一讲座后，再一次迎来素数精灵的奏鸣曲（如前，5—7分钟）。

注释：可参考后面的话剧篇中曲：“曼”无止境。

第四场　七桥的小城

时间：当1907年遇见2153年

地点：柯尼斯堡

人物：Dr. Prime，P，r，i，m，e组合

（舞台上，依然是回到现在或者还在将来的Dr. Prime的散步中，只是——经由时间的步履——他的心境会有所变化。

望着Dr. Prime远去的身影，众人开始他们的聊天）

i：多神秘的人啊！多么有趣的身影！

m：嗯！Dr. Prime在柯尼斯堡已经有二十多年了吧？

e：是的！自从他二十多年前来到这里，就没有离开过。

r：他是如此的神秘！我们不知他从何而来，有一天又将到哪里去。

P：他日复一日地散步，恰如伟大的康德。

e：他到底在寻找什么？

m：他在寻找素数的秘密。

r：素数的秘密？

P：是的，他在寻找一个伟大猜想的证明！

m：这个著名的猜想源自天才数学家黎曼。

r：哦。

i：你们说，为何每隔 17 天，Dr. Prime 都会去拜访和瞻仰——康德先生的墓地？

P：你们说，为何他会对数字 17 情有独钟？！

e：因为 17 是一个素数。

m：因为 17 是第 7 个素数。

P：因为 17 是一个毕达哥拉斯素数，因为 17 也是一个费马素数。

r：因为 $M_{17}:=2^{17}-1$ 依然是一个素数——这是一个梅森素数。

i：因为 17 可表示为 $17=2^3+3^2$，而且是唯一具有这一形式的素数。

m：因为正 17 边形的尺规作图改变了高斯的数学人生，原本极有可能他会是一位文学家。

e：因为动物世界也知道素数——有一种蝉的生命周期是 17 年。

……

P, r, i, m, e(合道)：因为在他看来，17 是一个最有趣的数字。

P, r, i, m, e：我爱你，17——2017 也是一个素数！

i：Dr. Prime 到底在寻找什么？

m：他在寻找素数的秘密。

e：素数的秘密？

r：是的，他在寻找一个伟大猜想的证明！

P：这个著名的猜想源自天才数学家黎曼。

i：喔……，Dr. Prime。他好像又去教堂那边了。

第 6 幕

黎曼的探戈

时间：2017 年的某一天

地点：华东师范大学一隅

人物：$\zeta(s)$，柳形上，《竹里馆》节目主持人；现场的观众

柳形上：老师们，同学们，朋友们，这是华东师大数学文化类栏目《竹里馆》的节目现场，让我们再次欢迎 $\zeta(s)$ 函数的到来。（此处有掌声）

柳形上：嘿，想不到在黎曼 $\zeta(s)$ 函数的背后，有着如此众多精彩绝伦的故事。

$\zeta(s)$：呵，我的故事，那可是说不完的。

柳形上：黎曼 $\zeta(s)$ 函数像是一座神奇的数学桥——不仅连接着代数几何、算术几何、微分几何、非对易几何等诸多数学天地，还连接着数学之外的诸如物理学和哲学的奇妙世界。

$\zeta(s)$：犹如数学大师希尔伯特所说，这是一只“会下金蛋的鹅”。

柳形上：是的。人类在试图证明这一伟大的猜想的征程里，邂逅了那么多有趣的定理、别样的数学景致和精彩的人文故事。这比觅得黎曼猜想的证明更有价值和意义。

$\zeta(s)$：在数学王国里，有许多这样的猜想——黎曼假设的历史与它们相比或许还差得很远。但在所有高难度的数学猜想中，若以它们跟其他数学命题之间的关系，乃至与物理学那样的自然科学领域之间的关系而论，黎曼假设可以说是无与伦比的。

柳形上：黎曼猜想的魅力，还在于不管这个猜想是正确的还是错误的，都可以经由此推出或者得到许多有趣的数学定理。

$\zeta(s)$：在数学的画卷中，有关素数的故事总是伟大而深刻的，比如说最近的格林 - 陶哲轩定理，还有张益唐先生在孪生素数猜想上的重大突破，这些或都与黎曼假设有着奇妙的联系。

柳形上：黎曼 $\zeta(s)$ 函数背后的数学故事，可是说不完的。因为数学的世界是无限的。

在过去的一个半世纪里，有无数数学家为探索黎曼的这一伟大的猜想付出了艰辛的努力，让我们向他们致敬，为他们喝彩……而这一猜想不断延伸着的未竟的征途，依然等待着年轻一代的数学家来探寻！

柳形上：话说在一百多年前，法国数学家阿达马和比利时数学家普森取得了黎曼猜想征程上的最初的突破——他们独立地证明了高斯的素数猜想！很有意思的是，这两位数学家都活了将近百岁。

$\zeta(s)$：是的，阿达马活到98岁，而普森，则活到96岁。

柳形上：于是，后来在数学界流传着这样一个说法，“如果有人证明了黎曼猜想，他就会不朽”。

$\zeta(s)$：那是当然。他会在数学的历史上流芳百世。

柳形上：呵，不仅是这抽象意义上的不朽，而且还是实际意义上的不朽。因为想想看：阿达马和普桑这两位数学家仅仅取得了一点点进展，就都活到了将近百岁。如果有哪位数学家证明了黎曼猜想，那还不活上两百岁。

$\zeta(s)$：哈哈哈，如此……还有一个与上述传说恰好“互补”的说法，那就是“谁要是否证了黎曼假设，他的生命就会立刻消失”。

柳形上：什么？

$\zeta(s)$：因为在否证黎曼假设的背后，有许多定理都将消逝……

柳形上：呵呵，有意思！（稍停后）ζ函数先生，我还是忍不住想问问——我想这也是现场内外许多观众朋友非常好奇的一个问题，“黎曼猜想的证明，到底需要多长时间的等待？”

$\zeta(s)$：黎曼猜想的证明，多长时间的等待？

柳形上：是啊。难道说再有百年的征程——比如说在2126或者2153年前——我们人类的最智慧者还是依然无法证明黎曼先生的这一伟大的猜想吗？

$\zeta(s)$（微笑着，故作深沉状）：是，或者不是……不可说，不可说。

柳形上：不可说？

$\zeta(s)$：呵，是的。因为我们都只是一部话剧中的故事人物。

柳形上：我们都只是……一部话剧中的故事人物？

$\zeta(s)$：是的。这个剧作者有着和你一样的名字——也叫做柳形上。

柳形上（有点惊奇地）：柳形上？原来这世上真有这么一位和我有着一样的名字的？请问他在哪里？

$\zeta(s)$：就在这舞台下。

柳形上：在这舞台下？(有些期待地瞧向舞台下面)……那可否请他上台来？

$\zeta(s)$：喔，他不是一个人，而是一群人。

柳形上：一群人？

$\zeta(s)$：因为“柳形上”，那是一群数学爱好者的共同笔名。而这一数学的第二课堂，叫做“数学的邂逅”。

柳形上：数学的邂逅？这真是一个奇妙而有趣的名词。

$\zeta(s)$：是的，在数学与科学的世界里，原本可以有许多美丽的邂逅……只要想到像素数和黎曼 ζ 函数非平凡零点这样纯粹的数学元素竟有可能出现在物理的天空里，变成优美的轨道和绚丽的光谱线，我们就不得不惊叹于数学与物理的神奇，惊叹于大自然的无穷造化。而这一切，正是科学的伟大魅力所在。

柳形上：呵，$\zeta(s)$ 函数先生，在这《竹里馆》遇见你——喔，在这奇妙的舞台——邂逅你真好！期待你以后多来我们的节目做客！

$\zeta(s)$：好的，谢谢！

柳形上：谢谢 $\zeta(s)$ 函数先生！谢谢在场的观众朋友！这一期的《竹里馆》到此结束，让我们期待明年的精彩！

旁白：2017年，是如此独特的一年。我们谨以此话剧纪念和缅怀天才黎曼先生！谢谢他天才的笔触里，黎曼假设的音乐之声，演奏出如此多奇妙而有趣的数学科学故事。“*有两件事物我们越思考越觉得神奇，恰如今晚的话剧之声演奏的，那就是奇妙的素数星空与我们心中的黎曼 ζ 函数。*”愿今晚的话剧带给我们热爱数学的力量！同学们，加油！朋友们，加油！为了数学，也为了我们自己！

《黎曼的探戈》创作之月历篇

2014 年 7 月 17 日　星期四　2017 是一个素数

犹记得大约在 7 年前，被邀请给我们系的本科生作一场科普讲座，地点是在三教 220 室。隐约记得演讲的话题是“黎曼假设和素数的故事”。那时候在看一本极好的书：马科斯・杜・索托伊的《素数的音乐》。书的主旋律正是“黎曼假设的故事”。正如这部书的推荐词中提到，“它的目的不是教人学数学，而是改变人们对数学和数学家的看法，让数学融入大众文化，回到人们的生活”。我试图通过黎曼 ζ 函数，带领同学们一道来享受数学，品味它的趣味和生命，感悟数字和符号背后的情感和人生。

现在想来，那必然是一场非常糟糕的讲座。在一个半小时的时间里，演讲者兴致盎然，可他所面对的只是一群“不知黎曼猜想为何物”的大一新生。好吧，我应该在讲座前先找几个同学聊聊天，对对话，了解一下他们的所学的知识；我应该在讲座中有点互动，比如玩点有关数字的游戏，让他们参与讲座；我应该在观察到一些同学打瞌睡时戛然而止，和他们说：“同学们，今晚我们先讲到这里吧。”

素数的音乐故事看似简单却实在不简单。

数学家们试图在素数序列中找出某种秩序，但迄今一无所获。我们有理由相信，这是人类永远无法看穿的秘密。

有一位智者如是说。他是数学家欧拉。

经由 ζ 函数的数学桥我们可以走多远？这个问题或许没有答案。不过我想我们或可以有这样的一个选择，那就是关于这一讲座，可以邀请其中的一些同学来参与表演有关黎曼假设的一部话剧。

是的。在 3 年后的 2017 年，我们将可以推出一部有关黎曼假设的数学话剧。

2017，这是一个素数。这是距离 2014 最近的素数。

在 21 世纪的最初 20 年里，我们只会经历三个素数年：2003，2011，2017。

希望通过数学话剧的模式，经由 2017 这一独特的素数年，可以演绎和窥得“黎曼假设和素数的音乐”这一神奇的数学故事的一角。

2014 年 10 月 17 日　星期五　设想与等待

距离当时的话剧设想已 3 月有余，设想还依然只是设想。不过这些日子倒也不是一无所获，闲暇时刻翻阅了几本有关黎曼假设和素数故事的科普读物，它们是：

马科斯・杜・索托伊 (Marcus du Sautoy) 的 *The Music of the Primes*：*Why an Unsolved Problem in Mathematics Matters*，译者孙维昆教授富有诗意的语言，向大众们述说着素数的音乐故事，也告诉我们，为什么黎曼假设那么重要。

约翰・德比希尔 (John Derbyshire) 的 *Prime Obsession*：*Bernhard Riemann and the Greatest Unsolved Problem in Mathematics*，这本书有中译本，叫做《素数之恋》，译者是陈为蓬，由上海科技教育出版社出版。

卡尔・萨巴 (Karl Sabbagh) 的 *Dr. Riemann's Zeros*，这本书的中译本名叫《黎曼博士的零点》，已由上海教育出版社出版，译者是华东师范大学汪晓勤教授等。

除这些之外，还有一本极为出色的科普书，卢昌海先生著的《黎曼猜想漫谈》，2012 年由清华大学出版社出版。

借助于这些优秀的科普书籍，我想，写一部有关“黎曼假设”的数学话剧或许可以实现。

这两个月在忙着写一部有关对数的数学话剧，叫做《大哉言数》。之所以想到写这样一部话剧，是因为今年恰是对数发明 400 周年。

2014 年是独特的一年。为纪念对数发明 400 周年，我们将推出原创数学话剧《大哉言数》。这一话剧以对数发明为背景，通过现代学生叶琳听讲座时走神的刹那间——穿越到四百多年前那个时代——比较真实地还原了纳皮尔发明对数的整个过程。故事讲述了苏格兰数学家约翰・纳皮尔从失意到振作，从武器设计到对数研究 20 年的传奇。从最初的纳皮尔算筹，到世界上第一台电子计算机的诞生，漫漫长路三百多年。时至今日，各种各样先进的电子计算工具早已替代了那些年的计算尺和对数表。然而，纳皮尔于 1614 年发明的奇妙的对数表和它在科学史上的功绩，将永载史册！

于我来说，最为期待的是同学们在话剧《大哉言数》中的两场演出，其中一场说的是英国当时最杰出的数学家亨利·布里格斯(Henry Briggs，1561—1630) 专程到苏格兰拜访纳皮尔的情景：见面后，在近一刻钟的时间里，两个人都没有说话，只是钦佩地看着对方。终于，还是布里格斯打破沉默，说道："阁下，我不远千里到这里来见您一面，就是想向您请教，是什么样的智慧和天才让您一下子想到了将对数如此绝妙的方法应用到天文学……"而另一场话剧则是想看看同学们如何演绎"最合算的交易中，那位神秘的青年和富翁间关于等差数列与等比数列的故事"。

《竹里馆·听书声》将会是我们今年推出的另一部原创数学话剧。话剧的图画与构思则开篇于一年多以前，由一个"另类的方式"来阅读数学上最为奇妙的欧拉公式：$e^{i\pi}+1=0$。经由 3 位数字嘉宾 π, e, i 的口吻和《竹里馆》的舞台来呈现有趣的数字世界的一隅。这部数学话剧的演出同样让人期待。

2014 年 11 月 17 日　星期一　两语三言

请问你知道对数发明的故事吗?

对数的发明、解析几何的诞生和微积分的创始被誉为 17 世纪数学的三大成就。有一位伟大的科学家则说道："给我时间、空间以及对数，我就可以创造一个宇宙。"

这位大科学家名叫伽利略。他有着"现代科学之父"的美誉。

2014 年 10 月 26 日，原创数学话剧《大哉言数》和《竹里馆·听书声》在华东师范大学闵行校区大学生活动中心成功上演。两个星期后，《大哉言数》第一次走入中学的校园，给华东师范大学第二附属中学的学生带来了一场独特而精彩的数学文化盛宴。

在当前的高中时代，我们往往是先学指数函数，其后以反函数的形式引出对数的概念。有意思的是，在数学的历史上，对数的发明先于指数。在约翰·纳皮尔于 17 世纪初发表《奇妙的对数表的描述》一百多年后，才由著名数学家欧拉在他的《无穷小分析引论》一书中明确提出对数函数和指数函数互为逆函数，这一说法和 21 世纪的教科书中的提法一致。

黎曼假设的故事或可开篇于如下的函数表达式：

$$\zeta(s):=\sum_{n=1}^{\infty}\frac{1}{n^s}=1+\frac{1}{2^s}+\frac{1}{3^s}+\frac{1}{4^s}+\frac{1}{5^s}+\frac{1}{6^s}+\cdots。$$

早在黎曼之前，这一函数的表现形式即被欧拉所关注和研究。在1737年，欧拉发表了一个极为重要的公式——这就是著名的欧拉乘积公式：

$$\sum_{n=1}^{\infty}\frac{1}{n^s}=\prod_{p(\text{素数})}\left(1-\frac{1}{p^s}\right)^{-1}。$$

经由此，他给出了关于"素数个数有无限多"这一命题的一种崭新的证明。

黎曼的天才首先在于，他将欧拉笔下的实变函数理解为复变函数的一个侧面：

$$\zeta(s):=\sum_{n=1}^{\infty}\frac{1}{n^s}=\prod_{p(\text{素数})}\left(1-\frac{1}{p^s}\right)^{-1},\quad \mathrm{Re}(s)>1,$$

其中 s 是一复变量。然后可以通过解析延拓到整个复平面。于是，$\zeta(s)$ 函数是一个亚纯函数，其唯一的极点在 $s=1$。由此他为我们打开了一个无限广阔的数学天地：

黎曼 $\zeta(s)$ 函数的所有非平凡零点都位于复平面上 $\mathrm{Re}(s)=1/2$ 的直线上。

这就是著名的黎曼假设！

关于这其中的数学故事留待以后再慢慢展开。今天所想到的关于黎曼假设这一话剧的故事点滴设想是，这部话剧或可以以《竹里馆》的模式来展开，由此可形成《竹里馆》的系列文化版块。整部话剧预计可以有22场，除去《竹里馆》前后各一场，关于黎曼假设和素数的故事计划有20场。纵观黎曼假设或者黎曼猜想的百年征程，可以讲述和分享的数学故事太多太多！从话剧的维度，我们不妨来选择其中的一些具有代表性的故事画片，这些画片的空间点摇曳在世界数学的各个角落，比如德国、法国、英国、美国，当然还有中国。

2015年2月17日　星期二　数学明信片

设想在未来的某一天举办一次有关数学的明信片设计大赛，那肯定会非常有趣。若再限定明信片的设计主题是"哈代先生的明信片"，那太需要想象力了。

卢昌海先生的《黎曼猜想漫谈》是从英国数学家哈代的一张明信片说起的，这个开篇非常具有吸引力。这张明信片背后的故事是这样的：

哈代在丹麦有一位数学家朋友叫做玻尔。两个人都是黎曼猜想的粉丝。哈代很喜欢在假期去访问哥本哈根的玻尔，一起讨论黎曼猜想。有一次，因为新学期的到来，哈代不得不匆匆返回英国。当他赶到码头时，发现只有一条小船可以乘坐了……横跨丹麦与英国的北海可能会有大风浪，而这样一条小船沉没的可能性并不小。哈代还是坐上了这条小船，不过他给玻尔寄了一张特别的明信片，上面的文字是：我已经证明了黎曼猜想！哈代。

哈代先生果真已经证明了黎曼猜想吗？当然不是。这只是哈代与上帝开的又一个玩笑。回到英国后，他告诉他的朋友，如果他乘坐的小船真的沉没了，那人们就只好相信他真的证明了黎曼猜想。但他知道上帝是肯定不会把这么巨大的荣誉送给他 —— 一个喜欢与上帝开玩笑的人——的，因此上帝一定不会让他的小船沉没。

上面这个故事中的玻尔，并不是鼎鼎大名的物理学家、量子力学的奠基者之一——尼尔斯·玻尔，而是他的弟弟哈拉德·玻尔 (Harald Bohr，1887—1951)。不过这位看似并不知名的数学家在那个时代可是公众人物，因为他还是那时丹麦足球队的主力，曾代表丹麦国家队获得过 1908 年奥运会的银牌。

而其中的主角哈代则是一个富有传奇色彩的数学家，正是他在 20 世纪上半叶建立了享誉世界的英国分析学派。相传哈代一生最重要的事情就是证明黎曼猜想。然后则是与上帝的战争。这可以从他在 1920 年寄给朋友和同事的明信片上的新年愿望中看出：

(1) 证明黎曼假设；

(2) 在伦敦 Oval 体育场举行的国际板球对抗赛最后第四局取得 211 分 (这是 200 分之后的第一个素数)；

(3) 找到一个能使公众信服的关于上帝不存在的证明；

(4) 成为登上珠穆朗玛峰的第一人；

(5) 被宣布为由英国和德国组成的苏维埃社会主义共和国联盟的第一任总统；

(6) 谋杀墨索里尼。

哈代写有一本经典名著叫做《纯粹数学教程》。不过书名和其中的内容表里并不如一，因为里面除了分析学之外什么也不包括——没有数论，没有代数，也没有几何。尽管如此，作为经典分析学的一本入门书，它是非常完美的，值得大学时代的我们读一读。在哈代的晚年还写有一本奇特的书，叫做《一位数学家的自白》，书中记述了他自己作为数学家的一生。而书中优美如诗的语言，极大地提高了数论以及许多问题的重要性。

毫不夸张地说，也许正是哈代对黎曼猜想的热情，加上他的传奇色彩的个性，让黎曼猜想荣登上了数学问题的第一名。

除了他的数学上的出色贡献外，哈代还因为与一位天才数学家拉马努金的合作而闻名天下。这或是数学史上最奇妙最感人的故事之一，广为人知。

《知无涯者》一书可以告诉你许多相关的传奇故事。

在我们这一话剧的设计里，是否可以有一场有关哈代先生的明信片这一故事，由此引出一段如诗如画的记忆；或者，可以将这段故事拍成一部微电影，插入在我们的数学话剧里。这值得期待！

2015 年 3 月 17 日　星期二　ζ 函数的数学桥 I

这段时间的一点阅读心得是，为了给这一话剧的写作增加一些底气和信心，我想有必要来品读一下黎曼的著名假设讲的是什么，以及它背后的一些数学故事。

Ⅰ. 无穷级数和 $\zeta(s)$ 函数

$$1+\frac{1}{2}+\frac{1}{3}+\frac{1}{4}+\frac{1}{5}+\frac{1}{6}+\cdots=\infty。$$

我们由一个纸牌游戏说起：

取一副普通的纸牌，比如说有 52 张，叠放整齐放在桌子上。现在，让你用手指推动最上面一张纸牌，而不触动其他纸牌，它能在其他纸牌上伸出多远？同样的方法让顶上那张纸牌仍在第二张纸牌上面伸出，然后推动第二张纸牌，然后推动第三张……，问这些纸牌可以伸出多远？

这个问题的答案有点让人惊讶，它竟然与上面的这一级数有关。

$$\frac{1}{2}+\frac{1}{4}+\frac{1}{6}+\frac{1}{8}+\frac{1}{10}+\frac{1}{12}+\frac{1}{14}+\frac{1}{16}+\cdots+\frac{1}{102}。$$

若给你足够多的纸牌，则可以经由这些牌的游戏伸出你想象不到的任何尺度。因为这个长度会是

$$\frac{1}{2}+\frac{1}{4}+\frac{1}{6}+\frac{1}{8}+\frac{1}{10}+\cdots=\frac{1}{2}\left(1+\frac{1}{2}+\frac{1}{3}+\frac{1}{4}+\frac{1}{5}+\frac{1}{6}+\cdots\right)=\infty。$$

关于无穷级数的数学故事可以极为古老。无论在芝诺悖论 (Zeno's paradoxes) 中，还是在阿基米德的著作里，都隐藏有无穷级数的影踪。

相比而言，我们或许会更喜欢如下这则诗意的故事：

数学家关于无穷项之和的兴趣来自音乐。相传毕达哥拉斯最先发现了数学与音乐之间的联系，他通过敲击一个装有水的壶来得到不同的音符。如果他将壶中的水倒去一半再敲击，那么新的音符将比原音符高八度；然后他继续让壶中的水剩下三分之一或四分之一。新产生的音符都与原来的音符产生和弦，而倒掉其他数量的水之后产生的音则与原来的音不和谐。这些听觉上的美是与这些分数紧密联系在一起的，毕达哥

拉斯在数1，$\frac{1}{2}$，$\frac{1}{3}$，…中发现的和谐使他相信，整个宇宙是由音乐所控制的，他将此称为“天体的音乐”。

数学与音乐之间有着许多的共鸣。比如数学家做数学研究时感受到的美，与人们听音乐享受到的美有着太多的共性。如同反复倾听一段音乐，以发现那错过的和声；数学家也在重读证明中找到乐趣。那些证明的微妙之处就在不断的阅读中逐渐地显现出来。

数学和音乐都有自己特定的符号语言，利用它们我们可以清晰地表达出我们创造和发现的规律。音乐并不仅仅是五线谱上的那些圈圈点点。同样，只有当思想在数学中遨游时，那些数学符号才是有意义的。

数学家渴望的思想火花，就像是在钢琴上胡乱弹奏之间，突然发现了一些音符组合，其拥有的和谐让它与众不同。

在毕达哥拉斯发现数学与音乐之间的算术联系之后许多年，数学家们发现，音乐的物理性质扎根于数学基础。比如当向一个瓶子吹气的时候，可以听到一个声音。再稍用力并利用一些技巧，可以听到一个更高的音——泛音。当音乐家用乐器演奏一个音时，其实伴有无穷多的泛音。正如同在瓶口吹出声音那样，各种乐器依靠这些泛音产生自己独有的音色。因此乐器的物理特征意味着我们听到的是不同的泛音组合。除了基础音符之外，黑管发出的泛音是由那些奇数分母的分数$\frac{1}{3}$，$\frac{1}{5}$，$\frac{1}{7}$，…产生的；而小提琴的弦，则对应于分数$\frac{1}{2}$，$\frac{1}{3}$，$\frac{1}{4}$，…的泛音。

一根振动的小提琴弦发出的声音可以是基础音符与所有泛音的无穷和，由此迎来数学家们在数学上的模拟。比如，无穷和 $1+\frac{1}{2}+\frac{1}{3}+\frac{1}{4}+\frac{1}{5}+\frac{1}{6}+\cdots$被称为调和级数。有趣的是，调和级数的英文 harmonic series 来源于“和弦”(harmony)一词。

黎曼 ζ 函数连接着素数的音乐。它的显式部分经由下面的无穷级数来刻画：

$$\zeta(s) \coloneqq \sum_{n=1}^{\infty}\frac{1}{n^s}, \quad \mathrm{Re}(s)>1。$$

当 $s=1$ 时，呈现于我们面前的正是调和级数

$$1+\frac{1}{2}+\frac{1}{3}+\frac{1}{4}+\frac{1}{5}+\frac{1}{6}+\cdots。$$

尽管早在雅各布·伯努利之前，数学家已经知道调和级数发散到无穷大。

但雅各布关于此的证明与前面的迥然不同，他的证明用到了那个时代如日中天的等比数列和等差数列。

$$1+\frac{1}{2}+\frac{1}{3}+\frac{1}{4}+\frac{1}{5}+\frac{1}{6}+\cdots$$

$$=1+\left(\frac{1}{2}+\frac{1}{3}+\frac{1}{4}\right)+\left(\frac{1}{5}+\frac{1}{6}+\cdots+\frac{1}{25}\right)+\cdots$$

$$\geqslant 1+1+1+\cdots=\infty。$$

若问，当 $s=2$ 时，$\zeta(s)$ 函数的取值是多少。

$$\zeta(2):=1+\frac{1}{2^2}+\frac{1}{3^2}+\frac{1}{4^2}+\frac{1}{5^2}+\frac{1}{6^2}+\cdots=?$$

那是 18 世纪最为著名的问题之一，称为巴塞尔问题 (Basel problem)。

巴塞尔是瑞士的一座著名的城市。那里是数学大师欧拉的出生地。

可以想象在那个时代，寻找到这样的一个无穷和的确切值不是易事，欧拉如此写道，“这个级数已经被研究得太多，几乎不太可能会出现新的结果……我也一样。不管重复努力多少次，只能得到它的估计值”。

但是不管怎样，在他先前发现的导引下，欧拉开始研究起无穷级数。如同将魔方转来转去，欧拉突然发现了这个级数的变化。像魔方表面的颜色一样，这些数逐渐组合到一起，形成一个与之前完全不同的模样。欧拉继续写道，“但是现在，非常出乎意料。我发现了一个奇妙的基于圆的面积的公式”。用现代的语言来说，这是一个依赖于 π 的公式：

$$\zeta(2):=1+\frac{1}{2^2}+\frac{1}{3^2}+\frac{1}{4^2}+\frac{1}{5^2}+\frac{1}{6^2}+\cdots=\frac{\pi^2}{6}。$$

这是数学中最令人注目的计算之一。没有人会想到单纯的级数求和 $1+\frac{1}{2^2}+\frac{1}{3^2}+\cdots$ 竟然会与无序的 π 联系到一起。

欧拉做出这一伟大的数学发现是在 1735 年，那年他 28 岁。

两年后——1737 年，欧拉给出了以他的名字命名的欧拉乘积公式：

$$\sum_{n=1}^{\infty}\frac{1}{n^s}=\prod_{p(\text{素数})}\left(1-\frac{1}{p^s}\right)^{-1}。$$

黎曼假设的数学故事经由此启航。

Ⅱ．$\zeta(s)$ 函数背后的传奇

1859 年，32 岁的黎曼继德国数学家狄利克雷之后成为高斯在哥廷根大

学的继任者。同年的 8 月 11 日，他有幸被选为柏林科学院的通信院士。作为对这一崇高荣誉的回报，黎曼向柏林科学院提交了一篇论文，这篇短文的题目是《论小于给定数值的素数个数》(*Ueber die Anzahl der Primzahlen unter einer gegebenen Groesse*)。

黎曼这篇伟大的论文，开篇于欧拉的乘积公式：

$$\prod_{p(\text{素数})} \frac{1}{1-\frac{1}{p^s}} = \sum_{n=1}^{\infty} \frac{1}{n^s}\text{。}$$

与欧拉所不同的是，黎曼说，“这里的 s 可以是一个复数，且当 $\mathrm{Re}(s) > 1$ 时，出现在欧拉乘积公式中的无穷级数才是收敛的”。

他把这一函数记作 $\zeta(s)$。“然而，”黎曼续道，“我们可以寻找到这一函数的某种表达式，它在所有的复数上都是有效的。”

是的，在黎曼的那个时代，虚数还只是一道新的数学风景。要想接触这个充满想象力的镜中世界，需得拥有创造性的思想。

黎曼无疑是最具想象力的一位天才。由上面 $\zeta(s)$ 和 Γ 函数的联系：

$$\Gamma(s)z(s) = \int_0^{\infty} \frac{x^{s-1}}{e^x-1}\,dx, \quad s > 1\text{。}$$

他带领我们来到这一函数的虚数世界。经由数学的语言，上面的无穷级数形式的 $\zeta(s)$ 函数可以作如下的解析延拓：

$$\zeta(s) = \frac{\Gamma(1-s)}{2\pi i}\int_{+\infty}^{+\infty} \frac{(-x)^s}{e^x-1} \cdot \frac{dx}{x}\text{。}$$

其中的积分实际是一个环绕正实轴进行的围道积分(即从 $+\infty$ 出发，沿着实轴上方积分至原点附近，环绕原点积分至实轴下方，再沿着实轴下方积分至 $+\infty$)。进而可以证明，这一积分表达式除了在 $s=1$ 处有一个简单极点外，在整个复平面上处处解析。

这就是黎曼 $\zeta(s)$ 函数的完整定义。

于是，一个全新的世界将出现在我们的眼前。经由 $\zeta(s)$ 函数的积分形式，黎曼告诉我们，$\zeta(s)$ 满足如下的函数方程：

$$\pi^{-s/2}\Gamma\left(\frac{s}{2}\right)\zeta(s) = \pi^{-(1-s)/2}\Gamma\left(\frac{1-s}{2}\right)\zeta(1-s)\text{。}$$

而在此关系式中，我们可以不难阅读到：

黎曼 $\zeta(s)$ 函数在 $s=-2n(n \in \mathbb{N})$ 的取值为零，因此 $s=-2n(n \in \mathbb{N})$ 是黎曼 $\zeta(s)$ 函数的零点。这些零点分布有序、性质简单，被称为黎曼 $\zeta(s)$ 函数

的平凡零点。

为了捕捉这一函数的其他非平凡的零点，黎曼给我们介绍了一个新的函数 $\xi(t)$：

$$\xi(t)=\frac{1}{2}s(s-1)\,\pi^{-s/2}\Gamma\left(\frac{s}{2}\right)\zeta(s),\qquad \text{其中 } s=\frac{1}{2}+\mathrm{i}t。$$

这个函数可改写为

$$\begin{aligned}\xi(t)&=\frac{1}{2}-\left(t^2+\frac{1}{4}\right)\int_1^{\infty}\psi(x)x^{-\frac{3}{4}}\cos\left(\frac{t}{2}\ln x\right)\mathrm{d}x\\&=4\int_1^{\infty}\frac{\mathrm{d}[x^{3/2}\psi'(x)]}{\mathrm{d}x}x^{-\frac{1}{4}}\cos\left(\frac{t}{2}\ln x\right)\mathrm{d}x,\end{aligned}$$

其中 $\psi(x)=\sum\limits_{n=1}^{\infty}\exp(-n^2\pi x)$。

函数 $\xi(t)$ 是一个偶函数：$\xi(-t)=\xi(t)$，在给出这个函数的一些性质和零点的相关描绘后，黎曼言道：

Man findet nun in der That etwa so viel reelle Wurzeln innerhalb dieser Grenzen，und es ist sehr wahrscheinlich，dass alle Wurzeln reell sind. (Indeed，one finds between those limits about that many real zeros，and it is very likely that all zeros are real.)

这个断言里蕴藏着著名的黎曼假设：

黎曼 $\zeta(s)$ 函数的所有非平凡零点都位于复平面上 $\mathrm{Re}\,(s)=\frac{1}{2}$ 的直线上。

对黎曼 $\zeta(s)$ 函数非平凡零点的研究构成了现代数学中最艰深的课题之一。因为它们连接着奇妙而莫测的素数世界。

正如马科斯·杜·索托伊在他的《素数的音乐》一书中富含诗意地写道：

随着他桌子上堆积的演算纸越来越多，黎曼也越来越兴奋。他发现自己陷入了一个虫洞，经由抽象的虚数世界被带到了素数的星空。经由 $\zeta(s)$ 函数，解决高斯素数猜想的关键已经掌握在黎曼的手中。高斯的猜想将会变为高斯所渴望的证明。黎曼的 $\zeta(s)$ 函数演奏的音乐将揭开素数的秘密。

现在我们把上面说到的数学故事稍作具体的展开，这部分的内容可参考黎曼 1859 年的原始论文和爱德华兹 (Harold Edwards) 的有关黎曼 $\zeta(s)$ 函数的书。

如上提到的，为了呈现 $\zeta(s)$ 函数的解析延拓，黎曼先将 Γ 函数转变形式：

$$\int_0^{\infty}\mathrm{e}^{-nx}x^{s-1}\,\mathrm{d}x=\frac{\Gamma(s)}{n^s},$$

其中 $s>0, n=1,2,3,\cdots$。然后两边关于 n 求和，即可得到如下的关系式：

$$\int_0^{\infty}\frac{x^{s-1}}{e^x-1}dx=\Gamma(s)\sum_{n=1}^{\infty}\frac{1}{n^s}=\Gamma(s)\zeta(s)。$$

于是

$$\zeta(s)=\frac{1}{\Gamma(s)}\int_0^{\infty}\frac{x^{s-1}}{e^x-1}dx,\quad s>1。$$

现在让我们关注如下的围道积分：

$$I(s)=\int_{+\infty}^{+\infty}\frac{(-z)^s}{e^z-1}\frac{dz}{z}。$$

这里的 s 是一个复数，其中的积分是一个环绕正实轴进行的围道积分 (即从 $+\infty$ 出发，沿着实轴上方积分至原点附近，环绕原点积分至实轴下方，再沿着实轴下方积分至 $+\infty$)。

经由复变函数论的相关知识和计算后，有

$$I(s)=\int_{+\infty}^{+\infty}\frac{(-z)^s}{e^z-1}\frac{dz}{z}=(e^{i\pi s}-e^{-i\pi s})\int_0^{\infty}\frac{x^{s-1}}{e^x-1}dx,$$

因此可得

$$\zeta(s)=\frac{1}{2i\sin(\pi s)\cdot\Gamma(s)}\int_{+\infty}^{+\infty}\frac{(-z)^s}{e^z-1}\frac{dz}{z}=\frac{\Gamma(1-s)}{2\pi i}\int_{+\infty}^{+\infty}\frac{(-z)^s}{e^z-1}\frac{dz}{z}。$$

其中用到了 Γ 函数的相关性质。注意到右边的积分对任何复数 s 都是有效的，这就给出了 $\zeta(s)$ 函数的解析延拓。黎曼 $\zeta(s)$ 函数可能的极点来自 $\Gamma(1-s)$, $s=1,2,3,\cdots$, 但我们知道 $\zeta(s)$ 函数在 $s=2,3,\cdots$是正则的。因此其唯一的极点是 $s=1$。

由上面的解析延拓式可以得到如下的副产品：

注意到函数 $x(e^x-1)^{-1}$ 在 $x=0$ 附近是解析的，且有如下的展式

$$\frac{x}{e^x-1}=\sum_{n=0}^{\infty}\frac{B_n}{n!}x^n,$$

其中 B_n 被称为伯努利数。这些数可以递归地被计算。最初的几个是

$$B_0=1, B_1=0, B_2=\frac{1}{6}, B_3=0, B_4=-\frac{1}{30}, B_5=0, B_6=\frac{1}{42}, B_7=0,\cdots。$$

若在上面的方程中令 $s=-n$，则有

$$\begin{aligned}\zeta(-n)&=\frac{\Gamma(n+1)}{2\pi i}\int_{+\infty}^{+\infty}\frac{(-z)^{-n}}{e^z-1}\frac{dz}{z}\\&=\frac{\Gamma(n+1)}{2\pi i}\int_{|z|=\delta}\left(\sum_m\frac{B_m}{m!}z^m\right)\frac{(-z)^{-n}}{z}\frac{dz}{z}\\&=n!\cdot\sum_m\frac{B_m}{m!}(-1)^n\cdot\frac{1}{2\pi i}\int_{|z|=\delta}z^{m-n-1}\frac{dz}{z}\end{aligned}$$

$$=(-1)^n \frac{B_{n+1}}{n+1}。$$

由此可知

$$\zeta(-2)=\zeta(-4)=\zeta(-6)=\cdots=0,$$

于是黎曼 $\zeta(s)$ 函数的平凡零点们跃然纸上，它们是 $s=-2,-4,-6,\cdots$。

上面的方程式还蕴涵着一些其他的值：

$$\zeta(0)=-\frac{1}{2}, \zeta(-1)=-\frac{1}{12}, \zeta(-3)=\frac{1}{120}, \cdots。$$

而这意味着

$$\zeta(2)=\frac{\pi^2}{6}, \zeta(4)=\frac{\pi^4}{90}, \zeta(6)=\frac{\pi^6}{3^3 \cdot 5 \cdot 7}, \cdots。$$

更一般地，有

$$\zeta(2n)=(-1)^{n+1}\frac{(2\pi)^{2n}B_{2n}}{2\cdot(2n)!}。$$

这些公式多年前早已被欧拉用不同的方法所证明。或许正是这些公式的发现引导着黎曼漫步来到 $\zeta(s)$ 函数所满足的函数方程：

$$\pi^{-s/2}\Gamma\left(\frac{s}{2}\right)\zeta(s)=\pi^{-(1-s)/2}\Gamma\left(\frac{1-s}{2}\right)\zeta(1-s)。$$

在黎曼的论文里，他给出了这一结论的两个证明。其中的一个方法是借助于柯西定理，选择一个合适的区域 D 应用柯西定理后，有(其中 $\mathrm{Re}(s)<0$)

$$-\zeta(s)-\sum\frac{\Gamma(1-s)}{2\pi \mathrm{i}}\int_{|z\pm 2n\pi \mathrm{i}|=\varepsilon}\frac{(-z)^s}{\mathrm{e}^z-1}\frac{\mathrm{d}z}{z}=0。$$

而由柯西积分公式，有

$$\frac{\Gamma(1-s)}{2\pi \mathrm{i}}\int_{|z\pm 2n\pi \mathrm{i}|=\varepsilon}\frac{(-z)^s}{\mathrm{e}^z-1}\frac{\mathrm{d}z}{z}=\frac{\Gamma(1-s)}{2\pi \mathrm{i}}\int_{|w|=\varepsilon}\frac{(-2n\pi \mathrm{i}-w)^s}{\mathrm{e}^{2n\pi \mathrm{i}+w}-1}\frac{\mathrm{d}w}{2n\pi \mathrm{i}+w}$$

$$=-\frac{\Gamma(1-s)}{2\pi \mathrm{i}}\int_{|w|=\varepsilon}(-2n\pi \mathrm{i}-w)^{s-1}\frac{w}{\mathrm{e}^w-1}\frac{\mathrm{d}w}{w}$$

$$=-\Gamma(1-s)\cdot(-2n\pi \mathrm{i})^{s-1}。$$

于是

$$\zeta(s)=\sum_{n=1}^{\infty}\Gamma(1-s)[(-2n\pi \mathrm{i})^{s-1}+(2n\pi \mathrm{i})^{s-1}]$$

$$=\Gamma(1-s)(2\pi)^{s-1}[\mathrm{i}^{s-1}+(-\mathrm{i})^{s-1}]\sum_{n=1}^{\infty}n^{s-1}$$

$$=\Gamma(1-s)(2\pi)^{s-1}2\sin\frac{\pi s}{2}\ \zeta(1-s)。$$

再结合 Γ 函数的相关性质：

$$2^{-s}\Gamma\left(\frac{1-s}{2}\right)\Gamma\left(1-\frac{s}{2}\right)=\sqrt{\pi}\,\Gamma(1-s),\quad \Gamma\left(\frac{s}{2}\right)\Gamma\left(1-\frac{s}{2}\right)=\frac{\pi}{\sin\frac{\pi s}{2}},$$

我们即得到期待中的函数方程：

$$\Gamma\left(\frac{s}{2}\right)\pi^{-\frac{s}{2}}\zeta(s)=\Gamma\left(\frac{1-s}{2}\right)\pi^{-\frac{1-s}{2}}\zeta(1-s)。$$

黎曼关于函数方程的第二个证明用到了雅可比的 ψ 函数的相关性质。其证明开始于

$$\Gamma\left(\frac{s}{2}\right)=\int_0^{\infty}x^{\frac{s}{2}-1}\,\mathrm{e}^{-x}\mathrm{d}x,$$

因此

$$\frac{1}{n^s}\pi^{-s/2}\Gamma\left(\frac{s}{2}\right)=\int_0^{\infty}\mathrm{e}^{-n^2\pi x}x^{s/2}\,\frac{\mathrm{d}x}{x},\quad \mathrm{Re}(s)>1。$$

于是

$$\Gamma\left(\frac{s}{2}\right)\pi^{-s/2}\zeta(s)=\int_0^{\infty}x^{\frac{s}{2}-1}\sum_n \mathrm{e}^{-n^2\pi x}\,\mathrm{d}x=\int_0^{\infty}\psi(x)x^{s/2}\,\frac{\mathrm{d}x}{x},\quad \mathrm{Re}(s)>1,$$

其中

$$\psi(x)=\sum_{n=1}^{\infty}\mathrm{e}^{-n^2\pi x}。$$

黎曼随后利用 ψ 函数的如下性质：

$$2\psi(x)+1=\frac{1}{\sqrt{x}}\left(2\psi\left(\frac{1}{x}\right)+1\right),$$

通过相关的计算得

$$\begin{aligned}\int_0^{\infty}\psi(x)x^{s/2}\,\frac{\mathrm{d}x}{x}&=\int_1^{\infty}\psi(x)x^{s/2}\,\frac{\mathrm{d}x}{x}-\int_{\infty}^{1}\psi\left(\frac{1}{x}\right)x^{-s/2}\,\frac{\mathrm{d}x}{x}\\&=\int_1^{\infty}\psi(x)x^{s/2}\,\frac{\mathrm{d}x}{x}+\int_1^{\infty}\left[x^{1/2}\psi(x)+\frac{x^{1/2}}{2}-\frac{1}{2}\right]x^{-s/2}\,\frac{\mathrm{d}x}{x}\\&=\int_1^{\infty}\psi(x)[x^{s/2}+x^{(1-s)/2}]\,\frac{\mathrm{d}x}{x}+\frac{1}{s(s-1)}。\end{aligned}$$

此即

$$\Gamma\left(\frac{s}{2}\right)\pi^{-s/2}\zeta(s)=\int_1^{\infty}\psi(x)[x^{s/2}+x^{(1-s)/2}]\frac{dx}{x}-\frac{1}{s(s-1)}。$$

易见对任意复数 s，上式右边的积分都是有意义的，且右边的表达式关于 s 和 $1-s$ 是不变的。因此

$$\pi^{-\frac{1-s}{2}}\Gamma\left(\frac{1-s}{2}\right)\zeta(1-s)=\pi^{-\frac{s}{2}}\Gamma\left(\frac{s}{2}\right)\zeta(s)。$$

上面的两个证明异曲而同工。在我们闲暇的时刻，不妨来想象其中的联系与区别，或许会有一些意想不到的收获。比如问柯西积分定理和雅可比的 ψ 函数之间是否有一些关系？

2015 年 5 月 17 日　星期日　ζ 函数的数学桥Ⅱ

Ⅰ. 再话函数方程

几天前翻阅蒂奇马什的《黎曼 ζ 函数的理论》一书，有点惊讶地看到，上面提到的这一“函数方程”竟然至少可以有 6 种证明。由此看来，$\zeta(s)$ 函数的这一函数方程真的具有明星效应呵。如此我们再来分享一个不寻常的证明，它基于黎曼 $\zeta(s)$ 函数的如下表达形式：

$$\zeta(s)=s\int_1^{\infty}\frac{[x]-x+\frac{1}{2}}{x^{s+1}}dx+\frac{1}{s-1}+\frac{1}{2},\quad \mathrm{Re}(s)>1。$$

注意到$[x]-x+\frac{1}{2}$是有界的，于是当$\mathrm{Re}(s)>0$时，上式中的积分是收敛的。因此 $\zeta(s)$ 可以解析延拓到 $\mathrm{Re}(s)>0$ 这半平面。

当 $0<\mathrm{Re}(s)>1$ 时，有

$$\int_0^1\frac{[x]-x}{x^{s+1}}dx=-\int_0^1 x^{-s}dx=\frac{1}{s-1},\qquad \frac{s}{2}\int_1^{\infty}\frac{dx}{x^{s+1}}=\frac{1}{2}。$$

于是上面的 $\zeta(s)$ 函数可写作

$$\zeta(s)=s\int_1^{\infty}\frac{[x]-x+\frac{1}{2}}{x^{s+1}}dx+\frac{1}{s-1}+\frac{1}{2}=s\int_0^{\infty}\frac{[x]-x}{x^{s+1}}dx,\quad 0<\mathrm{Re}(s)<1。$$

类似地，当 $-1<\mathrm{Re}(s)<0$ 时，$\zeta(s)$ 函数可写作

$$\zeta(s)=s\int_0^{\infty}\frac{[x]-x+\frac{1}{2}}{x^{s+1}}dx$$

为得到函数方程，借助于如下的傅里叶级数：

$$[x]-x+\frac{1}{2}=\sum_{n=1}^{\infty}\frac{\sin 2n\pi x}{n\pi}, \quad x\notin\mathbb{Z}。$$

我们有

$$\zeta(s)=s\int_0^{\infty}\frac{[x]-x+\frac{1}{2}}{x^{s+1}}\mathrm{d}x=\frac{s}{\pi}\sum_{n=1}^{\infty}\frac{1}{n}\int_0^{\infty}\frac{\sin 2n\pi x}{x^{s+1}}\mathrm{d}x$$

$$=\frac{s}{\pi}\sum_{n=1}^{\infty}\frac{(2n\pi)^s}{n}\int_0^{\infty}\frac{\sin y}{y^{s+1}}\mathrm{d}y=-\frac{(2n\pi)^s s}{\pi}\Gamma(-s)\sin\frac{\pi s}{2}\zeta(1-s)。$$

借助于Γ函数的相关性质即得到期待中的函数方程：

$$\Gamma\left(\frac{s}{2}\right)\pi^{-\frac{s}{2}}\zeta(s)=\Gamma\left(\frac{1-s}{2}\right)\pi^{-\frac{1-s}{2}}\zeta(1-s)。$$

Ⅱ．欧拉乘积公式

在毕达哥拉斯发现数学与音乐之间的算术联系之后许多年，欧拉等数学家建立了和声学的数学理论。音乐理论或将会是数学的一个分支。正如其他一些数学家，欧拉相信在音符的组合背后，一定存在着素数的和声。

1737 年，欧拉在圣彼得堡科学院发表了著名的乘积公式：

$$\sum_{n=1}^{\infty}\frac{1}{n^s}=\prod_{p(\text{素数})}\left(1-\frac{1}{p^s}\right)^{-1}。$$

欧拉的这一公式出现在他的论文 *Variae observationes circa series infinitas* 里。最初的证明隐藏着简单的代数，却也有着古希腊数学家埃拉托色尼 (Eratosthenes，公元前 275—前 193) 筛法的哲思。欧拉的证明是这样的。

记

$$\zeta(s)=\sum_{n=1}^{\infty}\frac{1}{n^s}=1+\frac{1}{2^s}+\frac{1}{3^s}+\frac{1}{4^s}+\frac{1}{5^s}+\frac{1}{6^s}+\cdots。$$

在等式的两边乘以$\frac{1}{2^s}$，有

$$\frac{1}{2^s}\zeta(s)=\frac{1}{2^s}+\frac{1}{4^s}+\frac{1}{6^s}+\frac{1}{8^s}+\frac{1}{10^s}+\frac{1}{12^s}+\cdots。$$

将上面的两式相减，可得

$$\left(1-\frac{1}{2^s}\right)\zeta(s)=1+\frac{1}{3^s}+\frac{1}{5^s}+\frac{1}{7^s}+\frac{1}{9^s}+\frac{1}{11^s}+\cdots。$$

在此，我们发现，这个减法从那个无穷和中去掉所有的偶数项，而将所有的奇数项留存。这其中蕴藏着埃拉托色尼筛法的哲思。

在上面的这一等式的两边乘以$\frac{1}{3^s}$，有

$$\frac{1}{3^s}\left(1-\frac{1}{2^s}\right)\zeta(s)=\frac{1}{3^s}+\frac{1}{9^s}+\frac{1}{15^s}+\frac{1}{21^s}+\frac{1}{27^s}+\frac{1}{33^s}+\cdots。$$

再将前面的两式相减，可得

$$\left(1-\frac{1}{3^s}\right)\left(1-\frac{1}{2^s}\right)\zeta(s)=1+\frac{1}{5^s}+\frac{1}{7^s}+\frac{1}{11^s}+\frac{1}{13^s}+\frac{1}{17^s}+\cdots。$$

从中我们又看到所有的 3 的倍数项都从这个无穷和中消失。右边第一个还没有被去掉的数现在是 5。

若在上式的两边乘以$\frac{1}{5^s}$，有

$$\frac{1}{5^s}\left(1-\frac{1}{3^s}\right)\left(1-\frac{1}{2^s}\right)\zeta(s)=\frac{1}{5^s}+\frac{1}{25^s}+\frac{1}{35^s}+\frac{1}{55^s}+\frac{1}{65^s}+\frac{1}{85^s}+\cdots。$$

再将前面的两式相减，可得

$$\left(1-\frac{1}{5^s}\right)\left(1-\frac{1}{3^s}\right)\left(1-\frac{1}{2^s}\right)\zeta(s)=1+\frac{1}{7^s}+\frac{1}{11^s}+\frac{1}{13^s}+\frac{1}{17^s}+\frac{1}{19^s}+\frac{1}{23^s}+\cdots。$$

是的。5 的所有倍数都在这个减法中消失了，在右边还没有被去掉的第一个数是 7。

如此重复下去，有

$$\cdots\left(1-\frac{1}{11^s}\right)\left(1-\frac{1}{7^s}\right)\left(1-\frac{1}{5^s}\right)\left(1-\frac{1}{3^s}\right)\left(1-\frac{1}{2^s}\right)\zeta(s)=1。$$

于是有

$$\zeta(s)=\left(1-\frac{1}{2^s}\right)^{-1}\left(1-\frac{1}{3^s}\right)^{-1}\left(1-\frac{1}{5^s}\right)^{-1}\left(1-\frac{1}{7^s}\right)^{-1}\left(1-\frac{1}{11^s}\right)^{-1}\cdots。$$

欧拉关于乘积公式的这一证明直观，简单，但并不严格。一个严格的数学证明来自分析学，它的关键节奏在于如下的估计：

$$\left|\sum_n n^{-s}-\prod_{p\leqslant q}(1-p^{-s})^{-1}\right|\leqslant\sum_{n=q+1}\frac{1}{n^{\sigma}},\quad 其中\ \sigma=\mathrm{Re}(s)>1。$$

还是让我们来看一个一般性的定理，由此可导出欧拉乘积公式。

定理 设 $f(n)$ 是一数论函数：$f(mn)=f(m)f(n), \forall m, n\in\mathbb{N}$，且 $\sum_n|f(n)|<\infty$，则

$$\sum_n f(n) = \prod_p (1+f(p)+f(p^2)+f(p^3)+\cdots)。$$

证明　经由题意$\sum_n |f(n)| < \infty$可知级数

$$1+f(p)+f(p^2)+f(p^3)+\cdots$$

绝对收敛。因此

$$\prod_{p\leqslant N}(1+f(p)+f(p^2)+f(p^3)+\cdots) = \sum_{n\leqslant N} f(n)+R(N),$$

其中 $R(N)$ 是大于 N 但只含 N 以下的素因子的自然数的求和项。

而由$|R(N)| \leqslant \sum_{n>N} |f(n)|$ 和$\sum_n |f(n)| < \infty$可知 $\lim_{N\to+\infty} R(N) = 0$ 。因而

$$\sum_n f(n) = \prod_p (1+f(p)+f(p^2)+f(p^3)+\cdots)。$$

若注意到

$$1+f(p)+f(p^2)+f(p^3)+\cdots = 1+f(p)+f(p)^2+\cdots = [1-f(p)]^{-1},$$

则

$$\sum_n f(n) = \prod_p [1-f(p)]^{-1}。$$

若在其上取 $f(n)=n^{-s}$，则对所有的 s, $\mathrm{Re}(s)>1$ 有$\sum_n |f(n)| < \infty$ 。

于是欧拉乘积公式跃然纸上：

$$\sum_{n=1}^{\infty}\frac{1}{n^s} = \prod_{p(素数)}\left(1-\frac{1}{p^s}\right)^{-1}。$$

这个有关“无限”的表达式将加法与乘法联系在一起。于是在此方程中，$\zeta(s)$ 函数位于等式的一边，而另一边则全部为素数。同样在这个方程中，蕴含有算术基本定理的哲思：每个自然数都可以分解为素数的乘积。

初看上去，欧拉乘积对于我们研究素数没有任何帮助，毕竟它只是将古希腊人在两千多年前已知的结果——算术基本定理换了一种分析学的表示模式。

但是这一结论具有不平凡的效果：它不仅给出“素数无限多”这一命题的一个崭新证明，且其包含的内涵远远多于欧几里得的证明：因为它表明素数不仅有无穷多个，且其分布要比许多同样无穷的数列，比如 $\{n^2\}$ 序列，密集得多！

让我们关注如下的无穷级数：

$$\frac{1}{2}+\frac{1}{3}+\frac{1}{5}+\frac{1}{7}+\cdots=\infty。$$

经由欧拉乘积公式，可得到“如下的证明”：

$$\ln\sum_{n=1}^{\infty}\frac{1}{n}=\ln\prod_{p}\left(1-\frac{1}{p^{s}}\right)^{-1}=-\sum_{p}\ln\left(1-\frac{1}{p^{s}}\right)=\sum_{p}\frac{1}{p}+O\left(\sum_{p}\frac{1}{p^{2}}\right)。$$

于是

$$\sum_{p}p^{-1}\sim\ln\left(\sum_{p}n^{-1}\right)\sim\ln\ln\infty。$$

再一看，上面的这一证明并不严格。

其证明或可以源自下面的结论：对于任意给定的正数 x，有

$$\sum_{p\leqslant x}\frac{1}{p}\geqslant\frac{1}{2}\ln\ln x。$$

为此我们将借助于欧拉乘积公式的变化模式：

$$\sum_{1<n\leqslant x}\frac{1}{n}\leqslant\prod_{p\leqslant x}\left(1-\frac{1}{p}\right)^{-1}。$$

于是经由 $y\geqslant\ln(1+y)$，有

$$\sum_{1\leqslant n\leqslant x}\frac{1}{n}\geqslant\sum_{1\leqslant n\leqslant x}\ln\left(1+\frac{1}{n}\right)=\ln([x]+1)>\ln x。$$

再注意到当 $u\geqslant 2$ 时，有

$$\ln\left(1-\frac{1}{u}\right)^{-1}=\ln\left(1+\frac{1}{u}\cdot\frac{u}{u-1}\right)\leqslant\ln\left(1+\frac{2}{u}\right)\leqslant\frac{2}{u}。$$

因而

$$\sum_{p\leqslant x}\frac{1}{p}\geqslant\frac{1}{2}\cdot\sum_{p\leqslant x}\ln\left(1-\frac{1}{p}\right)^{-1}=\frac{1}{2}\cdot\ln\left(\prod_{p\leqslant x}\left(1-\frac{1}{p}\right)^{-1}\right)$$

$$\geqslant\frac{1}{2}\cdot\ln\left(\sum_{n\leqslant x}\frac{1}{n}\right)\geqslant\frac{1}{2}\ln\ln x。$$

于是有

$$\frac{1}{2}+\frac{1}{3}+\frac{1}{5}+\frac{1}{7}+\cdots=\infty。$$

如前面所说，这一结论具有不平凡的效果：它不仅给出“素数无限多”这一命题的一个崭新证明，且其包含比欧几里得的证明更多的内涵。

Ⅲ．素数定理和黎曼假设

早在古希腊时期，欧几里得就用精彩的反证法证明了一个重要的命题：素数有无穷多个。随着数论研究的深入，人们很自然地对素数的分布产生了越来越浓厚的兴趣。1737 年，著名的欧拉乘积公式神奇地架起了算术和分析学间的一座数学桥。经由此，欧拉得到了这样一个有趣的渐近表达式：

$$\sum_{p<N}\frac{1}{p}\sim\ln\ln N。$$

多年后高斯和勒让德百尺竿头，更进一步，提出了著名的素数定理：

$$\pi(x)\sim\frac{x}{\ln x},$$

其中素数个数函数 $\pi(x)$ 说的是 1 到 x 以内的素数个数。

有一段故事有关高斯的素数猜想，在高斯的论文中，有一张他 14 岁时得到的对数表的复制品，和今天的孩子们一样，数学王子也常在课本上乱涂乱画，在高斯的对数表的背面，有笔迹幼稚的涂鸦：

Primzahlen unter a (= ∞)a/la。

这就是高斯所相信的素数分布所遵循的法则。今天我们称之为素数定理。后来高斯改进了这一猜想，他说，对数积分函数 Li(x) 或可以更精确地来表示素数的个数函数：

$$\pi(x)\sim \mathrm{Li}(x),\quad 其中\ \mathrm{Li}(x)=\int_0^x\frac{\mathrm{d}t}{\ln t}。$$

黎曼 1859 年的数学论文正是为了“证明”高斯的这一猜想。当然他没有做到，但是他天才的笔触，把素数的故事带向遥远的童话国度。

为了解释高斯所猜想的素数个数为何是那么精确，黎曼再关注 $\zeta(s)$ 函数和欧拉的乘积公式：

$$\zeta(s):=\sum_{n=1}^{\infty}\frac{1}{n^s}=\prod_p\left(1-\frac{1}{p^s}\right)^{-1}。$$

在两边取对数后，有

$$\ln\zeta(s)=-\sum_p\ln(1-p^{-s})=\sum_p\sum_n\frac{1}{np^{ns}}=s\int_1^{\infty}J(x)x^{-s-1}\mathrm{d}x,$$

其中 $J(x)$ 是一个特殊的阶梯函数，可以用素数分布函数 $\pi(x)$ 表示为

$$J(x)=\pi(x)+\frac{1}{2}\pi(x^{1/2})+\frac{1}{3}\pi(x^{1/3})+\cdots。$$

在黎曼 1859 年的论文里，他把素数个数函数 $\pi(x)$ 记作 $F(x)$，而将 $J(x)$ 函数称为 $f(x)$。这里的记法源自爱德华兹关于 $\zeta(s)$ 函数的书。约翰·德比希尔笔下的数学"金钥匙"有了一种新的形式：

$$\frac{1}{s}\ln\zeta(s)=\int_0^{\infty}J(x)x^{-s-1}\mathrm{d}x。$$

这是一个重要的、了不起的等式。由此欧拉乘积公式有了它的微积分形式。

然后在方程 $\ln\zeta(s)=s\int_0^{\infty}J(x)x^{-s-1}\mathrm{d}x$ 里，黎曼解得

$$J(x)=\frac{1}{2\pi\mathrm{i}}\int_{a-\infty\mathrm{i}}^{a+\infty\mathrm{i}}\frac{\ln\zeta(s)}{s}x^{s}\mathrm{d}s=\cdots$$

$$=\mathrm{Li}(x)-\sum_{\operatorname{Im}\rho>0}[\mathrm{Li}(x^{\rho})+\mathrm{Li}(x^{1-\rho})]+\int_x^{\infty}\frac{\mathrm{d}t}{t(t^2-1)\ln t}+\ln\xi(0),\quad x>1,$$

其中 ρ 是 $\zeta(s)$ 函数的非平凡零点。

当然，上面的这一推导过程在黎曼的论文里是不详的，其完整的证明直到四十年后才由芬兰数学家 R. 梅林 (Robert Mellin，1854—1933) 所发表，其中的变换现在被称为梅林变换。

上面的这一等式更为详细的推导可参见爱德华兹关于 $\zeta(s)$ 函数的书。现将

$$J(x)=\pi(x)+\frac{1}{2}\pi(x^{1/2})+\frac{1}{3}\pi(x^{1/3})+\cdots,$$

经由默比乌斯反演公式可得

$$\pi(x)=J(x)-\frac{1}{2}J(x^{1/2})-\frac{1}{3}J(x^{1/3})-\frac{1}{5}J(x^{1/5})+\frac{1}{6}J(x^{1/6})+\cdots+\frac{\mu(n)}{n}J(x^{1/n})+\cdots,$$

这里的 $\mu(x)$ 被称为默比乌斯函数，其表现形式为

$$\mu(n)=\begin{cases}1, & n=1,\text{或者}\,n=\text{偶数个不同素数的乘积},\\ -1, & n=\text{奇数个不同素数的乘积},\\ 0, & \text{其他。}\end{cases}$$

因此知道了 $J(x)$ 就可以计算出 $\pi(x)$，即素数的分布函数。把上面的这些步骤连接在一起，我们看到，从 $\zeta(x)$ 到 $J(x)$，再从 $J(x)$ 到 $\pi(x)$，素数分布的秘密蕴含在黎曼 $\zeta(x)$ 函数之中。这就是黎曼研究的素数分布，也是黎曼那一伟大论文的基本思路。

话说在距离黎曼论文的 42 年后，瑞典数学家科赫 (Helge von Koch，1870—1924) 证明了如下的结果：

$$RH \Leftrightarrow \pi(x) = \mathrm{Li}(x) + O(\sqrt{x} \ln x)。$$

于是我们有理由相信，黎曼假设的故事隐藏着素数的音乐。正如约翰·德比希尔在他的《素数之恋》一书中所说，如果你懂一些三角学，你就知道，这会把我们带入正弦和余弦的世界，带入波函数、振荡、颤动……的世界，以及音乐的世界。这就是 M. 贝里 (Michael Berry)“素数的音乐”这个概念的由来。

2015 年 8 月 17 日　星期一　话剧里的 1861

几经等待，终于完成了话剧的一幕的创作。这一幕话剧《虚数的魔力》拟借助于黎曼的口吻来简单地介绍“为何会提出黎曼假设”背后的一些数学故事。话剧设置的时间是 1861 年某日，那是黎曼发表论文的两年后；地点是著名的学府哥廷根大学，两年前黎曼接任狄利克雷的教授席位，成为高斯在哥廷根大学的第二位继任者，延续着高斯传递下来的哥廷根学派的数学传统。其中的话剧人物则有黎曼和他的一些学生。他们在进行着一场数学聊天。

那是一场虚构的话剧故事。或许在 1861 年，黎曼和他的一些学生，或者同事有过许多回数学聊天。他们聊天的内容不见得是黎曼假设。只是缘于话剧展开的需要，我们在这一场里设计了诸多的数学元素：著名的欧拉乘积公式，狄利克雷关于算术级数中素数无限多的定理，高斯的素数猜想……所有这些，或多或少都与黎曼的那篇伟大的数学论文，以及著名的黎曼假设有关，尽管它那时候并不著名。

黎曼于 1859 年提交的那篇题为《论小于给定值的素数的个数》的论文，是黎曼一生中唯一的一篇有关数论的论文。这篇论文对解析数论这门学科的发展有着重要的影响。多年后复变函数论因为这篇论文而熠熠生辉。那一年黎曼为何会想到写这样一篇论文或许可以有太多的理由，不过简单地关注一下这位天才数学家的成长历程和相关的故事，对于我们理解论文的形成肯定会有所裨益。

1826 年，黎曼出生于德国汉诺威王国的小镇布列斯伦茨。他的父亲是一个牧师。尽管家境贫寒，他却在关爱和幸福中成长，因为他有一个非常温暖的家。正如戴德金在为黎曼所写的生平简介中言道：“内心深处的爱将黎曼和他的家庭紧紧联系在一起，终生不渝。这从他与家人们的信中可以阅读到。”

1842 年，黎曼来到约翰纽姆高级中学读书。他在这里过得并不开心，因其完美主义的性格，黎曼经常不能按时交作业。对少年黎曼而言，除非答案是完美的，否则将是一件不光彩的事情。以至于他的老师怀疑他是否能够通过期末考试。

幸运的是，黎曼遇见了一位伯乐校长舒马福斯先生。正是这位校长先生察觉到黎曼的特殊数学才能，并希望能促进这种能力的发展，于是他允许黎曼使用自己的图书馆。这个图书馆中有着丰富的数学藏书，其中不光有德国经典与现代作品，还有从远方带来的书籍。图书馆的天地为黎曼开启了一个全新的世界，带给他家一般的感觉。于是他步入了一个完美的、理想的数学世界。在这里，证明可以防止这个新世界的倒塌，数字成了他的朋友。

接下来的数学故事可以见证少年黎曼的天才。黎曼有一回向舒马福斯先生借了一本书，这是数学家勒让德新出版的著作《数论》(*Théorie des Nombres*)。六天后，他将这本书还给了老师，说“这本书很妙，我已经将它熟记在心”。这让校长大惊失色，因为这部书有着 859 页之多。在两年之后的毕业考试中，舒马福斯先生考了黎曼其中的内容，结果证明黎曼说的是真的。在勒让德的书里首次记录了素数个数函数与对数函数之间存在的某种奇妙联系的观测结果——这就是著名的素数猜想。让我们感谢勒让德先生，正是他的《数论》在年轻的黎曼心中种下了一颗种子，等待着有一天绽放绚丽的花朵。

中学毕业后黎曼进入哥廷根大学读书。这所著名的学府建立于 1734 年，已有一百多年的历史。那时数学巨子高斯在此执教。不过黎曼来到哥廷根大学并不是他的选择，而只是遵循其父亲的意愿来学习神学。哥廷根大学是汉诺威王国唯一设有神学课程的大学。正是在旁听数学的过程中被吸引，黎曼转学了心爱的数学，当然他在此前已得到了父亲的许可。

1847 年，黎曼动身来到柏林。与哥廷根不同，这一科学之城充满着新思想。柏林大学创立于 1810 年，它的前身为普鲁士王子海因里希的王宫。在这里，黎曼参加了狄利克雷的数学课程，后来在黎曼戏剧性的发现素数规律的故事中，狄利克雷先生也扮演了重要角色。在黎曼的数学人生中，狄利克雷有着极大的影响力。这位传奇人物曾去科学之都巴黎寻根，在那里待了 5 年，参与了不少学术活动。狄利克雷无疑是个好教师。有一位数学家这样写道：

狄利克雷拥有丰富的知识和优秀的洞察力……他坐在高高的讲台上，面朝我们，眼镜推上额头，双手托着头……在他的手中仿佛有着虚幻的计算步骤。他将这些步骤念给我们听——我们好像也看到了这个过程，并理解了它们。我真是喜欢这样的讲课方式。

除了狄利克雷的诸多课程外，黎曼还听了雅可比的分析力学和高等代数。另外，他还与讨论班上的几位年轻人交上了朋友，他们对数学也有同样的热情。也正是在柏林的那段时间里，黎曼研读了柯西关于复变函数的一些新工作。隐藏在其中的虚数的魔力让他如此地着迷，后来这成为他博士论文的研究主题。

他在柏林只待了两年。不过这两年可以经由 ζ 函数来讲述很多数学故事。在黎曼回到哥廷根的六年后，狄利克雷亦来到这里，接任高斯在哥廷根大学的教授席位。

哥廷根与柏林之间的数学桥，可以说因为黎曼与狄利克雷连接在一起。

这一场话剧的写作或许也可借助于狄利克雷和黎曼的数学聊天来展开。若是这样的话，哥廷根与柏林的数学画作当可以交响回音。只有在狄利克雷先生面前，黎曼才会毫无保留地张扬他的数学个性，数学的想象力无限出彩。让我们想象着，那是一回在哥廷根的乡间散步……

不论如何，因为黎曼，数学和以前不一样了。

2015 年 11 月 17 日　星期二　数学往事

距离《数学往事》的话剧演出已有三个星期。应该说这是一部非常难演的数学话剧，因为其中收藏着太多的数学知识。不过在同学们近 1 个月的努力下，话剧的演出还是很成功的。或许这部话剧可比作一颗数学的种子，它会埋在一些学生的心中，等待着，有一天绽放绚烂的花朵。

2015 年的这一话剧以 20 世纪最伟大的数学家之一，希尔伯特的数学和生平故事为主线来奏响话剧之声，向我们呈现了一个别样的数学世界：当我们打开数学历史的画卷，来到 19 世纪至 20 世纪初的欧洲，“打起背包，到哥廷根去”，在这里，数学的众星璀璨——他们造就数学上最为著名的哥廷根学派。这一学派曾在 20 世纪世界数学科学的发展中长期占主导地位，对其后一百多年的现代数学有如此深远的影响……

曾几何时，群星云集的哥廷根学派，因为那个时代的政治风雨，如云散去。但让人欣慰的是，在当今世界各地，希尔伯特的精神依然在闪烁光芒！在世界各地，到处都是希尔伯特的学生和其学生的学生。这一话剧再现了昔日哥廷根学派的辉煌以及它最后的落寞。

您在阅读这一原创数学话剧时，不妨请关注一下，这其中有中西方文化的“遇见”。

希尔伯特在1900年第二届国际数学家大会上所做的关于《数学问题》的演讲中，提出了今后一个世纪里数学家应当努力解决的23个数学问题，黎曼猜想是第8问题的一部分。那时这一著名的猜想或许并不如此著名。

尽管在黎曼假设的研究上，希尔伯特并没有直接的贡献，但有许多相关的轶事与他有关。比如乔治·波利亚曾讲过这样的一个故事，他说：

“有人问希尔伯特，如果您像巴尔巴罗萨(Barbarossa)一样，沉睡几个世纪后醒来，您最想做的是什么？希尔伯特说，我想问，黎曼猜想是否已被证明。”

巴尔巴罗萨是一位德意志国王，生活在神圣罗马帝国时期。他死后被葬在一个遥远的坟墓里。相传他仍活着，只是睡着了，有一天他会醒来，把德国人从灾难中解放出来。

还有一个相关的数学故事源自康斯坦丝·瑞德所写的《希尔伯特——数学世界的亚历山大》一书，其中的内容是这样的：

“话说在1920年前后的一次演讲中，希尔伯特试图举出一类特殊的数论问题，它们乍看起来似乎很简单，但实际解决起来却非常困难。作为例子，他提到黎曼猜想、费马大定理和$2^{\sqrt{2}}$的超越性(这是希尔伯特第7问题的一部分)。希尔伯特随后评论说，他认为最近关于黎曼猜想的研究已取得很大进展，因此他觉得很有希望在自己活着的时候看到它的证明。而费马大定理历史悠久，它的解决需要借助全新的方法——也许在座的最年轻的听众可以看到这个问题的解决。至于$2^{\sqrt{2}}$的超越性的证明，恐怕这个教室里没有一个人能看到了。”

有趣的是，数学历史的进展与希尔伯特预测的恰恰相反。

有一个猜想涉及希尔伯特和波利亚的名字，这个猜想说的是，

希尔伯特-波利亚：黎曼$\zeta(s)$函数非平凡零点对应于某个埃尔米特算符的本征值。

于是这又可以导引出一场数学与物理学的奇妙“邂逅”，这或将出现在我们的话剧故事里。1972年的那个春天，蒙哥马利和戴森在普林斯顿高等研究院的茶室邂逅，这可以是这一部话剧中的一幕。关于此以后再展开。

2016年2月17日　星期三　数学桥

Ⅰ.话剧中的人物

话剧《数学桥》这一幕故事的主题是，两位有着传奇色彩的英国数学

家——哈代和李特尔伍德的通信往来和数学聊天。

相传这两位传奇人物有点古怪，比如说尽管他们就在同一个学院，却常常通过书信来做数学交流，信或是通过学院的门房来传递的。

在这一幕话剧中讲述的数学故事主要涉及下面的三个定理：

玻尔 - 朗道定理 如果 $|\zeta(s)|^2$ 在直线 $\mathrm{Re}(s)=\sigma$ 上的平均值对 $\sigma>\frac{1}{2}$ 有界，且对 $\sigma\geqslant\sigma_0>\frac{1}{2}$ 一致有界，则对于任何 $\delta>0$，黎曼 $\zeta(s)$ 函数位于 $\mathrm{Re}(s)\geqslant\frac{1}{2}+\delta$ 的非平凡零点在全部非平凡零点中所占比例为无穷小。

哈代定理 黎曼 $\zeta(s)$ 函数有无穷多个非平凡零点位于临界线上。

李特尔伍德定理 $\mathrm{Li}(x)-\pi(x)$ 可以由正变为负，再由负变为正，如此反复无穷多次。

很巧合的是，这三个定理都出现在 1914 年。在黎曼猜想的征程中，这些结果都有着里程碑的意义，犹如玻尔 - 朗道定理告诉我们的，$\zeta(s)$ 函数绝大多数的零点集结于黎曼临界线的附近；那么哈代定理则破天荒地向世人宣告：黎曼 $\zeta(s)$ 函数有无穷多个非平凡零点落在临界线上。而在此之前，数学家仅仅知道有 71 个点是落在临界线上的。这从有限到无限的跨越，当然影响深远。关于李特尔伍德定理，我们稍后再述。

这一幕话剧拟命名为《数学桥》，或许至少可以包含两层含义：一是故事发生的地点在英国的剑桥，有一座数学桥坐落于此；二是数学科学的发展，期待和呼唤数学家之间的合作。于是在这一场话剧的开篇，我们将谈及两个世纪前，牛顿和莱布尼茨关于微积分的数学论战：那场论战让英国的数学在保守的走了下坡路，这一走便是两百年。然后才有了哈代领导的英国分析学派的崛起。

两位科学的巨人——牛顿和莱布尼茨关于微积分发明优先权的数学论战将会是我们今年 (2016 年) 的话剧主题。原创数学话剧《物竞天“哲”》希望通过数学历史上这样一段“并不浪漫的故事”的镜像，让年轻的同学们懂得数学合作和知识分享的重要性。

哈代和李特尔伍德的合作堪称是数学史上的典范。1910 年，李特尔伍德来到剑桥三一学院，随后两人合作了 37 年。他们的朋友玻尔经常开玩笑地说，当时英国有三位最著名的数学家：哈代、李特尔伍德以及哈代 - 李特尔伍德。

两位数学家将各自的优势带到了合作之中。李特尔伍德是牛仔型的学者，他全副武装地解决问题，并着迷于征服难题带来的满足感；与之相反，哈代则推崇数学中的优美与简练。

有趣的是，这两位数学家的风格也反映在他们各自的外形上。哈代长得很英俊、帅气。据说他 30 岁时看起来还是难以置信的年轻，以至于在三一学院的早年岁月中，他常常被误认为是因为三一学院迷宫般的走廊而走错教室的本科生。李特尔伍德则不修边幅——“就像是狄更斯笔下的角色”，一位数学家这样描述李特尔伍德。和哈代一样，李特尔伍德热爱板球。他的另一半爱好是音乐，这是哈代不会涉及的领域。

让时间的步履回到 1907 年，我们可阅读到如下的故事画片：

那年夏天，作为剑桥三一学院的一位年轻的数学家，李特尔伍德正在到处寻找一个内涵丰富的好题目作为他研究生论文研究课题。于是，他问自己的导师欧 E. W. 巴恩斯 (Ernest William Barnes，1874—1953)。

李特尔伍德：巴恩斯教授，可否请你为我选择一个恰当的研究问题。我想来试试自己的能力。

(巴恩斯想了想，想起了一个有趣的函数。这个函数的诸多故事在当时还是一个谜。巴恩斯写出了这个函数的定义，并将它交给李特尔伍德)

巴恩斯：这是黎曼 $\zeta(s)$ 函数，它很有趣，你可以试着研究下它的零点问题。

李特尔伍德拿着导师给的这张纸走出了屋子，并没有注意到教授建议的、让他在暑期试着证明的正是著名的黎曼假设。

这位年轻的数学家为此奋战了整个暑假，试图征服导师给他的看上去很简单的函数。尽管他没有找出零点的分布，但是却得到了一些意想不到的结果。他于 1907 年 9 月将其写成论文，用来申请三一学院的教职。可是哈代告诉他，这些结果并不全是新的。尽管那年李特尔伍德没有如愿获得教职，不过哈代却因此看到了李特尔伍德的潜力，于是在哈代的帮助下，李特尔伍德于 1910 年的 10 月终于成为三一学院的成员，两人间的合作随后开篇。

有一本书可谓是连接哈代和李特尔伍德之间最伟大的合作的纽带。这本书正是朗道的《素数理论与分布手册》(*Handbuch der Lehre von der Verteilung der Primzahlen*)。它有上、下两卷，出版于 1909 年。书中记录了素数与黎曼 ζ 函数之间的奇妙联系。黎曼假设出现在第 33 页。在这本书出版之前，黎曼的素数故事在数学界中只是小范围流传。而这本书的出现让一门仅有数位探索者的学科，转变为近 30 年来最热门的学科之一。哈代和李特尔伍德都是朗道这本书的“粉丝”。正是在此书的激励之下，两人于 1914 年做出了在该领域的重要成果。

有点奇怪的是，他们那时正在合作，但其成果并不是以合作的形式，而是作为两篇独立的论文发表。有点意思的是，这两篇论文都发表在那一年法国科学院的 *Comptes Rendus* 上。哈代的论文题为《黎曼 ζ 函数的零点》，而李特尔伍德的论文则名曰《素数的分布》。他们证明的结果虽然是在这个领域的不同部分，但其结果一样精妙和引人注目。

高斯的素数猜想说的是

$$\lim_{x\to+\infty}\frac{\pi(x)}{\mathrm{Li}(x)}=1。$$

这意味着，素数个数函数 $\pi(x)$ 和对数积分函数 $\mathrm{Li}(x)$ 之间的相对误差当 $x\to\infty$ 时可以任意小。而高斯的第二猜想则是说

这两个函数的绝对误差 $\mathrm{Li}(x)-\pi(x)$ 是正的，且是递增的。

它的数值依据是如此有力 (至少在区间 $[2,10^{14}]$ 上都有 $\mathrm{Li}(x)>\pi(x)$)，以至于高斯都确信它是对的。但是在 1912 年，李特尔伍德发现，高斯的这个第二猜想或只是海市蜃楼。李特尔伍德后来证明了，存在这样的数 x，使得 $\pi(x)$ 大于 $\mathrm{Li}(x)$。事实上，上面提到的李特尔伍德定理蕴含有更多的东西。

不过有趣的是，尽管我们知道存在这样的 x，李特尔伍德也说不清楚究竟数到多少时，我们可以观测到这一现象。正是借助于理论分析和数学证明的力量，才使得我们相信，确实存在有这么一个区域，在其中可以推翻高斯原先的猜测：

$\mathrm{Li}(x)-\pi(x)$ 可以由正变为负，再由负变为正，如此反复无穷多次。

李特尔伍德的这一定理让人惊奇。那么满足定理要求的最小的 x 会是多少呢？

多年之后的 1933 年，李特尔伍德的一位研究生 S. 斯库斯 (Stanley Skewes，1899—1988) 计算出，如果黎曼假设成立，则这样的 x 一定会在 $10^{10^{10^{34}}}$ 之前出现。这是一个奇大无比的数，现以“斯库斯数”著称。现在我们知道，这肯定是所有数学证明出现过的最大的数。

1955 年，斯库斯改进了他的结果，在没有假定黎曼假设是对的情形下，证明这样的 x 一定会在 $10^{10^{100}}$ 之前出现。

1966 年，数学家 S. 莱曼 (Sherman Lehman) 将这个上界降到 1.165×10^{1165}，并给出了一个重要的一般性的定理。1987 年，特里勒运用莱曼的定理，进一步将上界降到 6.658×10^{370}。这里的故事还在演绎中。

Ⅱ. 剧本的进一步构想

除了前面提到的《虚数的魔力》和《数学桥》两场话剧之外，关于黎曼假设的数学故事至少还可包含如下的几场：

错钓的大鱼—江湖奇侠—天书寻踪—最昂贵的葡萄酒—茶室邂逅

这些话剧故事将被镶嵌在两位主角：Dr. Prime 和 Prof. Devil 的对话里。他们会在穿越时空的旅行里旁观和见证这些数学与人文故事的呈现。话剧的这一设想源自歌德的《浮士德》。或者也可以说是为了向这部伟大的作品致敬！

《浮士德》(*Faust*) 是约翰·沃尔夫冈·冯·歌德 (Johann Wolfgang von Goethe, 1749—1832) 的代表作，这部作品的构思和写作，贯穿了歌德的一生，1768 年开始创作，直到 1832 年——前后共 64 年。作为欧洲与世界文学史上最具价值和最具影响力的作品之一，它同《荷马史诗》、但丁的《神曲》和莎士比亚的《哈姆雷特》一样被誉为“名著中的名著”。

这部名著是以诗剧形式写成的，全书共有 12111 行，题材则采自 16 世纪的关于浮士德博士的民间传说。浮士德原是一个真实人物，生活在 15 世纪。他博学多才，只是在传说中被人们添枝加叶，说有魔鬼帮助，才使他创造出那么多奇迹。这些传说后来成为文学家们经常利用的创作素材。

在歌德的笔下，浮士德更多的是一个精神和道德自我完善的追求者形象。他不局限于从书本里去了解世界，而渴望在实践中、在行动中去改造世界。他追求过知识，追求过爱情，追求过美……在这过程中他遭遇过许多次失败。但每一次失败和迷途，都使他向真理靠近了一步。最后他终于在改造大自然中找到了真理。因此可以说，在每一个局部世界中浮士德都是个失败者，但在整体世界中他却是个胜利者。恰如另一位德国文学家莱辛所说，“人的可贵不在于拥有真理，而在于追求真理”。在《浮士德》中还有一种对立的力量存在——这便是魔鬼 Mcphist，这个词在古希腊文中是不爱光明的意思，在希伯来文中则是破坏者。

《浮士德》是一部伟大的文学作品，具有深刻的哲学内容。话说歌德在青年时代阅读莎士比亚的作品，即为莎士比亚所迷醉。他认为莎士比亚是“说不尽的”。同样，现在的人们也称歌德和他的《浮士德》是说不尽的。

借助于这一话剧的创作时间来读读《浮士德》，也是你我人生的一大机缘。

上面提到的《错掉的大鱼》这一故事可以追溯到 1892 年前后，法国科学院 1890 年数学科学大奖赛的颁奖会现场。尽管有两位著名数学家达布和皮卡的闪亮登场，他们讲述着埃尔米特先生和斯蒂尔切斯的故事，但这次大奖的获得者，却是埃尔米特的学生阿达马 (Hadamard，1865—1963)。那一年，阿达马因为对黎曼论文中辅助函数 $\xi(s)$ 的连乘积表达式的证明而获奖。几年之后，这位青年数学家再接再厉，终于一举证明了高斯的素数定理。正如卢昌海先生在他的书中所言，

“埃尔米特放出去的这根长线虽未能如愿钓到斯蒂尔切斯和黎曼猜想，却错钓上了阿达马和素数定理”。

类似我们以前讲到的，素数的分布与黎曼 ζ 函数之间存在着深刻的关联。这一关联的关键就是 $J(x)$ 的积分表达式。由于黎曼 ζ 函数具有极为复杂的性质，这一积分同样也是极为复杂的。为了对这一积分做进一步的研究，黎曼引进了一个辅助函数 $\xi(s)$：

$$\xi(s)=\frac{1}{2}s(s-1)\pi^{-s/2}\Gamma\left(\frac{s}{2}\right)\zeta(s)。$$

这个辅助函数是一个整函数，它在性质上要比黎曼 ζ 函数简单得多。由此黎曼 ζ 函数所满足的函数方程可简化为：$\xi(1-s)=\xi(s)$。此外，$\xi(s)$ 函数的零点们恰源自 ζ 函数——$\xi(s)$ 的零点与黎曼 ζ 函数的非平凡零点相重合。

阿达马当年获奖的这一工作说的是

$$\xi(s)=\xi(0)\prod_{\rho}\left(1-\frac{s}{\rho}\right),$$

其中 ρ 为 $\xi(s)$ 函数的零点。

其对这一关系式的证明是黎曼的论文发表之后这一领域内第一个重要进展，发表在 1893 年。它在告诉我们 $\xi(s)$ 函数的零点是可数的同时，也暗含其间的某种收敛性。

正如卢昌海先生的《黎曼猜想漫谈》一书中谈到的，黎曼在研究了 ξ 函数的零点分布后，由此而提出了三个重要命题：

(1) 在 $0<\mathrm{Im}(s)<T$ 的区间内，$\xi(s)$ 的零点数目约为 $\frac{T}{2\pi}\ln\frac{T}{2\pi}-\frac{T}{2\pi}$。

(2) 在 $0<\mathrm{Im}(s)<T$ 的区间内，$\xi(s)$ 的位于 $\mathrm{Re}(s)=\frac{1}{2}$ 的直线上的零点数目也约为 $\frac{T}{2\pi}\ln\frac{T}{2\pi}-\frac{T}{2\pi}$。

(3) $\xi(s)$ 的所有零点都位于复平面上 $\mathrm{Re}(s)=\frac{1}{2}$ 的直线上。

这里 ξ 函数是黎曼 ζ 函数的一个辅助函数：$\xi(s)=\frac{1}{2}s(s-1)\pi^{-s/2}\Gamma\left(\frac{s}{2}\right)\zeta(s)$。

在这三个命题之中，第一个命题是最简单的。黎曼在他的论文中给出了简略的证明。直到四十六年后的 1905 年，才由德国数学家汉斯·冯·曼戈尔特 (Hans von Mangoldt，1854—1925) 所补充完整。如今这一结果被称为黎曼 - 曼戈尔特公式，它除了补全黎曼论文中的证明外，也告诉我们说，黎曼 ζ 函数的非平凡零点有无穷多个。

第二个命题表明 ξ 函数的几乎所有零点——从而也就是黎曼 ζ 函数的几乎所有非平凡零点——都位于黎曼所断言的临界线上。这当是一个令人吃惊的命题，因为它比迄今为止人们在研究黎曼猜想上取得的所有结果都要强得多！第三个命题正是著名的黎曼假设。

我们上面提到的哈代定理可谓是当时一个“令欧洲大陆数学界为之震动的成就”，它说的是，黎曼 ζ 函数有无穷多个非平凡零点位于临界线上。在经过 7 年的等待后，哈代和李特尔伍德证明了如下的结果：

哈代 - 李特尔伍德定理 *存在常数 $K>0$ 及 $T_0>0$，使得对所有 $T>T_0$，黎曼 ζ 函数在临界线上 $0<\mathrm{Im}(s)<T$ 的区间内的非平凡零点数目不小于 $K\cdot T$。*

然后又经过 21 年的等待后，塞尔贝格在这一研究上获得重大突破。他的定理如下。

塞尔贝格临界线定理 *存在常数 $K>0$ 及 $T_0>0$，使得对所有 $T>T_0$，黎曼 ζ 函数在临界线上 $0<\mathrm{Im}(s)<T$ 的区间内的非平凡零点数目不小于 $K\cdot T\ln T$。*

塞尔贝格的这一定理表明黎曼 ζ 函数在临界线上的零点在全体非平凡零点中所占比例大于零。那么这个比例究竟是多少呢？塞尔贝格在论文中没有给出具体的数值。据说他曾经计算过这一比例，得到的结果是 5%—10%。

从玻尔 - 朗道到哈代 - 李特尔伍德，从塞尔贝格到莱文森……经过一系列艰辛的解析研究，数学家们所确定的黎曼 ζ 函数位于临界线上的零点数目已达到了一个可观的看得见的比例，但这离黎曼猜想的最后解决依然不是一步之遥。这一伟大的猜想依然等待年轻一代的数学家去探寻。

这些内容将都可或多或少漫步在我们的话剧里。

Ⅲ. 素数定理的证明：经由 ζ 函数

在阿达马关于素数定理的证明里，最为关键的一步或是下面的内容。

定理Ⅰ $\zeta(1+\mathrm{i}t)\neq 0$。

证明 由欧拉乘积公式

$$\zeta(s):=\sum_{n=1}^{\infty}\frac{1}{n^s}=\prod_{p(\text{素数})}\left(1-\frac{1}{p^s}\right)^{-1},$$

$$\ln\zeta(s)=-\sum_p\ln\left(1-\frac{1}{p^s}\right)=\sum_p\sum_{m=1}^{\infty}\frac{1}{mp^{sm}},\quad \mathrm{Re}(s)=:\sigma>1,$$

可得

$$\ln|\zeta(\sigma+\mathrm{i}t)|=\sum_p\sum_{m=1}^{\infty}\frac{\cos(mt\ln p)}{mp^{m\sigma}},\quad \sigma>1。$$

由此可得到

$$3\ln\zeta(\sigma)+4\ln|\zeta(\sigma+\mathrm{i}t)|+\ln|\zeta(\sigma+2\mathrm{i}t)|$$

$$=\sum_{p}\sum_{m=1}^{\infty}\frac{1}{mp^{m\sigma}}\{3+4\cos(mt\ln p)+\cos(2mt\ln p)\}$$

$$\geqslant 0,$$

其中我们用到了一个简单的结论：$3+4\cos\theta+\cos 2\theta=2(1+\cos\theta)^2\geqslant 0$。因此

$$\zeta^3(\sigma)|\zeta(\sigma+\mathrm{i}t)|^4|\zeta(\sigma+2\mathrm{i}t)|\geqslant 1,\quad \sigma>1。$$

如果有某个 $t_0\in\mathbb{R}$ 使得 $\zeta(1+\mathrm{i}t_0)=0$，则经由上式，有

$$((\sigma-1)\zeta(\sigma))^3\left|\frac{\zeta(\sigma+\mathrm{i}t_0)}{\sigma-1}\right|^4|\zeta(\sigma+2\mathrm{i}t_0)|\geqslant\frac{1}{\sigma-1},\quad \sigma>1。$$

注意到

$$\lim_{\sigma\to 1}(\sigma-1)\zeta(\sigma)=1$$

和 $\zeta(s)$ 在 $1+\mathrm{i}t_0$ 处解析，有

$$\lim_{\sigma\to 1}\frac{\zeta(\sigma+\mathrm{i}t_0)}{\sigma-1}=\zeta'(1+\mathrm{i}t_0)。$$

一个矛盾经由此产生！

因为左边 $|\zeta'(1+\mathrm{i}t_0)|^4|\zeta(1+2\mathrm{i}t_0)|$ 是一个有限的值，而右边则趋于无穷大。

这就证明了上面的定理。

素数定理的证明还需借助于如下的一般性定理。

Wiener-Ikehara 定理 设 $f(x)$ 是区间 $[0,\infty)$ 上的非负递增函数，$s=\sigma+\mathrm{i}t$。积分 $F(s)=\int_0^{\infty}\mathrm{e}^{-sx}f(x)\mathrm{d}x$ 当 $\sigma>1$ 时收敛。再设存在一个常数 a 和函数 $g(t)$，使得在任意有限区间 $|t|\leqslant T$ 上一致有

$$\lim_{\sigma\to 1^+}\left(F(s)+\frac{a}{s-1}\right)=g(t),$$

则有

$$\lim_{x\to\infty}\mathrm{e}^{-x}f(x)=a。$$

这一结论的证明用到傅里叶变换和实变函数的相关理论。

在给出素数定理的证明前，让我们先给出一些预备性的概念和定理。

记

$$\vartheta(x)=\sum_{p\leqslant x}\ln p,$$

$$\psi(x)=\vartheta(x)+\vartheta(x^{\frac{1}{2}})+\vartheta(x^{\frac{1}{3}})+\cdots$$
$$=\sum_{p\leqslant x}\left[\frac{\ln x}{\ln p}\right]\ln p=\sum_{p}\sum_{m,p^m\leqslant x}\ln p=\sum_{n\leqslant x}\Lambda(n),$$

其中

$$\Lambda(n)=\begin{cases}\ln p, & n=p^m,\\ 0, & \text{否则。}\end{cases}$$

我们有如下的定理。

定理 II $\lim\limits_{x\to\infty}\dfrac{\pi(x)}{x/\ln x}=\lim\limits_{x\to\infty}\dfrac{\vartheta(x)}{x}=\lim\limits_{x\to\infty}\dfrac{\psi(x)}{x}$。

证明 设 $\lim\limits_{x\to\infty}\dfrac{\pi(x)}{x/\ln x}=l_1$，$\lim\limits_{x\to\infty}\dfrac{\vartheta(x)}{x}=l_2$，$\lim\limits_{x\to\infty}\dfrac{\psi(x)}{x}=l_3$，则由

$$\vartheta(x)\leqslant\psi(x)\leqslant\sum_{p\leqslant x}\frac{\ln x}{\ln p}\ln p=\pi(x)\cdot\ln x$$

可知 $l_2\leqslant l_3\leqslant l_1$。

另一方面，对给定的任意 $0<\alpha<1, x>1$，有

$$\vartheta(x)\geqslant\sum_{x^\alpha<p\leqslant x}\ln p\geqslant(\pi(x)-\pi(x^\alpha))\ln x^\alpha,$$

于是

$$\frac{\vartheta(x)}{x}\geqslant\alpha\left(\frac{\pi(x)\ln x}{x}-\frac{\ln x}{x^{1-\alpha}}\right)\Longrightarrow l_2\geqslant\alpha l_1\Longrightarrow l_2=l_1。$$

结合上面的 $l_2\leqslant l_3\leqslant l_1$ 可知 $l_2=l_3=l_1$。

下面迎来素数定理的一个证明：

在上面的 Wiener-Ikehara 定理中，取 $f(u)=\psi(\mathrm{e}^u)$。

注意到当 $\sigma>1$，有

$$F(s)=\int_1^\infty \mathrm{e}^{-su}\psi(\mathrm{e}^u)\mathrm{d}u=\int_1^\infty \mathrm{e}^{-s-1}\psi(x)\mathrm{d}u=-\frac{\zeta'(s)}{s\zeta(s)},$$

且易见函数

$$F(s)-\frac{1}{s-1}=-\frac{1}{s}\left(\frac{\zeta'(s)}{\zeta(s)}+\frac{1}{s-1}\right)-\frac{1}{s}$$

在 $\sigma\geqslant 1$ 的每一点都是解析的(这里用到了 $\zeta(1+\mathrm{i}t)\neq 0$)。于是由 Wiener-Ikehara 定理，有

$$\lim_{u\to\infty}\mathrm{e}^{-u}\psi(\mathrm{e}^u)=1,\quad \text{此即 }\psi(x)\sim x。$$

这就证明了素数定理。

在此还值得一提的是，$\zeta(1+\mathrm{i}t)\neq 0$ 也是素数定理成立的必要条件。

由欧拉乘积公式和黎曼 $\zeta(s)$ 函数所满足的函数方程可知，黎曼 $\zeta(s)$ 函数的所有非平凡零点都位于 $0 \leqslant \mathrm{Re}(s) \leqslant 1$ 的区域内。而上面的证明故事则进一步表明，这些非平凡零点 ρ 都满足 $0 < \mathrm{Re}(\rho) < 1$。因此我们可以如是说：

素数定理的秘密在于黎曼 $\zeta(s)$ 函数的零点区域在 $0 < \mathrm{Re}(s) < 1$ 内。

从 $0 \leqslant \mathrm{Re}(s) \leqslant 1$ 到 $0 < \mathrm{Re}(s) < 1$，这看似小小的一步，却是一个伟大故事的完成：

高斯的素数猜想由猜想蜕变为一个著名的定理！

多年后，素数定理的初等证明成就了塞尔贝格的名声，也牵涉出他与另一位传奇数学家爱尔多什之间的数学之争。关于素数定理的故事或可以是一个很好的大学生科创的话题。

2016 年 7 月 17 日　星期日　七桥的小城

柯尼斯堡是一个美丽而静谧的小城，它因为一个伟大的名字而著名，这个伟大的名字叫做伊曼努尔·康德；它也因为一个著名的数学问题而著名，这个著名的问题叫做柯尼斯堡“七桥问题”。在 20 世纪初，柯尼斯堡的小城街道上漫步着一个神秘的身影——这里的人们叫他 Dr. Prime！

这段文字出现于话剧第 2 幕 第二场 在散步的开篇。这里有话剧的主角 Dr. Prime。他在散步。他在日复一日的散步里寻找着一个伟大猜想的证明。

柯尼斯堡——现今的加里宁格勒，是一座历史名城。它建于 1255 年。在 18 世纪至 19 世纪，那里是德国东普鲁士的首府，曾诞生和培育出许多伟大的人物。著名的哲学家康德终生没有离开过柯尼斯堡一步！柯尼斯堡还是 20 世纪的数学巨匠——希尔伯特的出生地。

20 世纪之前的柯尼斯堡

地图上的柯尼斯堡

不知何日起，柯尼斯堡已成为我梦境中一道爱的港湾。现在想来，其部分缘由或许来自我大学时阅读到的“柯尼斯堡七桥问题”，还有与康德哲学的遇见。

在 18 世纪，东普鲁士的首府柯尼斯堡是一座景色迷人的城市。普莱格尔河横贯其境，使这座城市锦上添花，显得更加风光旖旎。在河的中央有一座美丽的小岛。普莱格尔河的两条支流，环绕其间汇成大河，把整个城区分为下图的几块。著名的柯尼斯堡大学，依偎在河边，使得这一秀色宜人的城市增添了几多古雅与庄重的韵味！河上有七座各具特色的桥把岛和河岸连接起来。这一别致的桥群，古往今来，吸引了众多的人来此漫步！

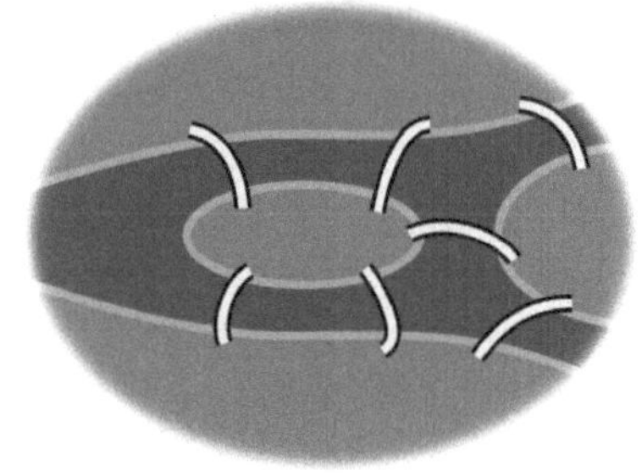

画中的柯尼斯堡和“七桥问题”

不知何时起，当地的居民开始沉迷于这样的一个有趣问题：能不能设计一条路线，使得它既不重复又不遗漏地走遍这七座桥？这就是著名的“柯尼斯堡七桥问题”。

那么，这个问题的答案又是如何呢？人们众说纷纭：有一些人在屡遭失败之后，倾向于否定回答；另有一些人则相信巧妙的答案是存在的，只是人们尚未发现而已。试想，若把这所有的可能路线一一走遍，谈何容易！况且说不准今日的重复了昨日的。

问题的魔力，吸引了天才欧拉。这位年轻的数学家独具慧眼，找到了这一问题的解。他说，让我们设想将岛与陆地看作“点”，把连接其上的七座桥看作“线”，于是原问题即可转化为下面的图论问题：

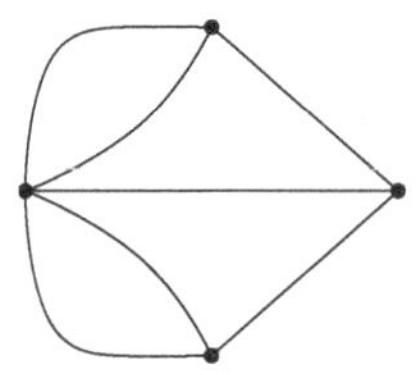

“柯尼斯堡七桥问题”所成的图形中，没有一点含有偶数条边，却有 4

个奇点，因此故事中的上述任务是不可能实现的。

由具体到抽象的这一思维方式，正是数学的精神所在。欧拉关于柯尼斯堡七桥问题的解决，被誉为拓扑学研究的“先声”。

那是1736年，欧拉向彼得堡科学院递交了一份题为《柯尼斯堡的七座桥》的论文。在这一论文中他开篇写道：讨论长短大小的几何学分支，一直被人们热心地研究着。尽管如此，至今仍然有一个几乎完全没有被探索过的分支，莱布尼茨最先提起过它，称之为“位置的几何学”。这个几何学分支只讨论与位置有关的关系……

莱布尼茨和欧拉笔下的“位置几何学”，如今已经发展成为一门重要的数学分支——拓扑学。

我大学时代曾涉猎康德的哲学，那时最想读懂的是他的“三大批判”。可是终究没有哲学上的天赋。倒是他的那句名言，阅读不下千遍（当然当时读的只是中文版的）：

Zwei Dinge erfüllen das Gemüt mit immer neuer und zunehmender Bewunderung und Ehrfurcht，je öfter und anhaltender sich das Nachdenken damit beschäftigt：der bestirnte Himmel über mir und das moralische Gesetz in mir.（有两件事物我愈是思考愈觉神奇，心中也愈充满敬畏，那就是我头顶上的灿烂星空与我内心的道德准则。）

多次从数学的梦境中出来，心中偶尔会有点遗憾：如果那时懂一点拓扑学，是否就可以找寻到康德的哲学之门？

在康德先生那著名的日复一日的散步里，当有许多次漫步于柯尼斯堡的七桥。他是否曾关注和思考过著名的“七桥问题”？在他的梦境里是否也曾遇见欧拉给予他拓扑学的想象，恰如欧几里得的几何学带给他如此深刻的形而上学的哲学思考？

还是让我们以希尔伯特先生的名义在此写下这样一道数学之问：

$$\frac{2^2}{2^2-1}\cdot\frac{3^2}{3^2-1}\cdot\frac{5^2}{5^2-1}\cdot\cdots=\text{多少?}$$

知道吗？它的回答可能会让你有一点惊奇，借助于欧拉的数学桥，这个问题的答案是

$$\frac{2^2}{2^2-1}\cdot\frac{3^2}{3^2-1}\cdot\frac{5^2}{5^2-1}\cdot\cdots=1+\frac{1}{2^2}+\frac{1}{3^2}+\cdots=\frac{\pi^2}{6}。$$

话剧里我们将赋予2017以赞美——这一奇特的数字里映射着对数学世界的赞美！

“有两件事物我们愈是思考愈觉得神奇，恰如2017的话剧之声里演奏

的，那就是素数的星空与我们心中的黎曼 $\zeta(s)$ 函数的零点们。”

2017 的这部原创数学话剧，那会是我们心中的“七桥的小城”！

2016 年 10 月 17 日　星期一　天书与葡萄酒

这里是两场话剧创作背后的一点故事。

话剧片段一：天书寻踪

黎曼 - 西格尔公式的发现无疑是黎曼假设故事中最富有传奇性的插曲之一。

昔日的数学神童西格尔曾在柏林街道上偶遇朗道的父亲。这位伟大的数学家父亲邀请小西格尔到家中喝茶，并送给他一套朗道写的两卷本的《数论手册》。多年后，西格尔成为朗道的一名研究生。

不过西格尔迷上数学的历程有一些传奇。1915 年，少年西格尔进入柏林大学读书。他最初的愿望是学习天文学，因为在他看来，天文学是最不可能与战争有关系的学科。但是入学那年的天文学课程开得较晚，为了打发时光，他去旁听了德国数学家弗罗贝尼乌斯的数学课。无巧不成书，他迷上了数学，并渴望探索数字宇宙的奥秘。他最终成了一名数学家。

自黎曼的手稿存放在哥廷根大学图书馆以来，陆续有一些数学家及数学史学家前去研究，希望找寻到一些有关黎曼猜想的踪迹。可以想象研读他那些天马行空、诸般论题混杂、满篇公式却几乎没有半点文字说明的手稿会是一件多么困难的事情。因此许多人满怀希望而来，却又两手空空、失望而去。黎曼的手稿就像一部天书，牢牢守护着这位天才数学家的思维奥秘。但是到了 1932 年，终于有一位数学家从那些天书般的手稿中获得了重大的发现！这位数学家就是西格尔。他的名字因此与伟大的黎曼联系在了一起，从此不朽。话剧里《天书寻踪》这一场说的正是黎曼 - 西格尔公式的这一数学传奇。

相关于黎曼 1859 年的数学论文，绝大多数数学家相信黎曼关于函数世界中零点的结论只不过是他直观的推测而已。可是在黎曼天书般的手稿中，西格尔阅读到黎曼不单单是一位抽象思想和一般理论的大师，还是一位计算的大师。在黎曼的手稿中，西格尔发现了黎曼在其论文中只字未提的黎曼 $\zeta(s)$ 函数的前三个非平凡零点的数值。正是基于这些计算，黎曼构建了概念性的世界，找出已知证据之间的规律。

正如西格尔写的那样，“黎曼关于 $\zeta(s)$ 函数的手稿都不适宜出版。偶尔可以发现一个公式散落在一页的不同地方，更常见的是一个公式只写了一半”。整个手稿看上去就像一部交响曲的最初草稿。要是没有西格尔的坚持和如此强有力的数学能力从黎曼大量的笔记中提取出这个公式，也就无法得到最后的结果。这个结果也因此得名：黎曼 - 西格尔公式。

说来奇怪，数学家居然花了这么长时间才认识到黎曼的手稿中有一些珍宝。哥廷根的数学家研究这些论文 70 多年，却一无所获。许多数学家如克莱因、希尔伯特和朗道尽管对黎曼的论文多有品论，但是却没有一个人花点时间来看看这些未出版的手稿。

存在于哥廷根图书馆的黎曼手稿只是从管家手中收藏下来的一部分。而黎曼的夫人爱丽丝于 1875 年 5 月要回的那些涉及个人隐私的部分手稿，其中包含了一本记录了黎曼 1860 年春在巴黎所写内容的黑色笔记本。数学家们猜测，在那本黑色笔记本中，除了有黎曼个人的巴黎游记之外，肯定会有一些有关 $\zeta(s)$ 函数和黎曼假设的想法。尽管有些传说，但是这本笔记再也没有出现，直到今天，它的去向依然是一个谜。寻找黎曼失踪的黑色笔记本，在某种意义上也是一种寻宝之旅。

话剧片段二：最昂贵的葡萄酒

黎曼 - 西格尔公式的发现一举点破了数学家们认为黎曼的论文只有直觉而无证据的猜测，并对 $\zeta(s)$ 函数非平凡零点的计算方法产生了脱胎换骨般的影响，让停滞多年的欧拉 - 麦克劳林方法相形见绌。在黎曼 - 西格尔公式提出后的数年内，哈代在剑桥大学的一名学生利用它证实了 $\zeta(s)$ 函数的前 1041 个非平凡零点都在黎曼所说的临界线上。

关于黎曼 $\zeta(s)$ 函数非平凡零点的计算则可以追溯到多年前。

1903 年，丹麦数学家 G. 格拉姆 (Gørgen Gram，1850—1916) 才首次公布了对黎曼 $\zeta(s)$ 函数前 15 个非平凡零点的计算结果。在这 15 个零点中，格拉姆对前 10 个零点计算到了小数点后第六位，而后 5 个零点只计算到了小数点后第一位。

$$\frac{1}{2}+14.134725\mathrm{i},\ \frac{1}{2}+21.022040\mathrm{i},\ \frac{1}{2}+25.010856\mathrm{i},\cdots。$$

几十年来，这是数学家们第一次拨开迷雾，实实在在地看到黎曼 $\zeta(s)$ 函数的非平凡零点，它们都落在黎曼所说的那条奇异的临界线上。

值得一提的是，格拉姆只是一位业余数学家。他的正式职业是一家保险公司的董事长——他之所以计算那些 $\zeta(s)$ 函数的非平凡零点或只是为了打发时间。不管如何，当格拉姆将这一串零点发表的时候，数学家们一定是怀着强烈的敬畏来看待它们的。从传奇的高斯时代以来就吸引了数学家们注意力的素数分布的秘密，如今以某种方式被锁在这一串神秘的数字里

$$\frac{1}{2}+14.134725i, \frac{1}{2}+21.022040i, \frac{1}{2}+25.010856i,\cdots。$$

在格拉姆之后，贝可隆 (R. J. Backlund) 于 1914 年把对零点的计算推进到了前 79 个零点。再往后，经过哈代、李特尔伍德等的努力，到了 1925 年，人们计算出了前 138 个零点，它们全都位于黎曼猜想所预言的临界线上。

其后黎曼 - 西格尔公式的发表大大促进了人们对黎曼 $\zeta(s)$ 函数非平凡零点的计算。正如上面提到的，在这一公式发表之后大约过了四年，哈代的学生、英国数学家蒂奇马什就成功地计算出了黎曼 $\zeta(s)$ 函数的前 1041 个零点——如人们所预料的那样，它们全都位于黎曼的临界线上。在此后，随着计算机技术的加速发展，数学家们对零点的计算也推进得越来越快，几乎呈现出你追我赶之势：1956 年，D. H. 莱默 (Derrich Henry Lehmer) 计算出了前 25000 个零点；两年后梅勒 (N. A. Meller) 把这一记录推进到了前 35337 个零点；1966 年，莱曼再次刷新纪录，他计算了前 250000 个零点；三年后这一纪录又被 J. B. 罗瑟 (John Barkley Rosser Jr.) 改写为前 3500000 个零点。

于是就有了我们的另一场话剧故事：《最昂贵的葡萄酒》。这一场话剧的主要人物是德国数学家查基尔和意大利数学家邦别里。他们都是 20 世纪数学界名声赫赫的数学家。其中一位相信黎曼假设是对的，而另一位则不相信黎曼猜想是对的。于是他们之间有了一场有趣的赌约。

黎曼 $\zeta(s)$ 函数的前 307000000 (三亿零七百万) 非平凡零点见证了这场赌约。他们定下的赌注为两瓶波尔多葡萄酒。最后查基尔输了，他兑现了诺言，买来两瓶波尔多葡萄酒和众人分享。之所以说这是世界上被喝掉的最昂贵的葡萄酒，是因为为了这两瓶葡萄酒，数学家特里勒领导的团队特意多计算了一亿个零点。这花费了整整一千个小时的 CPU 时间，而特里勒团队所用的计算机的 CPU 时间在当时大约是七百美元一小时。如此说来，这两瓶葡萄酒是用七十万美元的计算经费换来的！

喝完了那两瓶葡萄酒，查基尔从此对黎曼猜想深信不疑。只不过，邦别里相信黎曼猜想是因为它的美丽；而查基尔相信黎曼猜想则是因为证据。

在看似冰冷的数学里，亦隐藏有数学家们娱乐的七彩。

2016 年 12 月 17 日　星期六　当数学遇见物理

随着数学家对黎曼假设研究的深入，他们发现这一假设的关系网如此之

广。曾经它只是一个源自数论的命题，没有人会预见到，它的足迹竟然已越过其他数学领域，涉及数学之外的物理学上。让人意想不到的是，黎曼 $\zeta(s)$ 函数的零点竟与强磁场中氢原子的行为有着神秘的相似性。话剧中的《茶室邂逅》这一段故事说的正是数学与物理学的这一奇妙的遇见。确切地说，正是数论与量子力学之间的这一奇妙遇见。

这一话剧故事的时间可追溯到 20 世纪 70 年代某一天，地点则是美国普林斯顿高等研究院。人物主要有 3 位：蒙哥马利、丘拉和戴森。其中蒙哥马利和丘拉都是数学家，而戴森则是一位物理学家，多年前他因在量子电动力学的工作而享誉物理学界。

在 20 世纪之前，人们认为物质在力作用下的运动是受所谓经典力学支配的。这种力学建立在牛顿所描述的定律基础之上。然而，物理学家在探索微观世界时，却发现最微小的粒子是以非经典的方式运动的，为了描述这种运动，人们建立了量子力学这一新的工具。量子力学这门学科是我们今天理解微观世界的基石。它是在数十年发现和探索基础上，于 20 世纪 20 年代建立起来的。而后在 20 世纪下半叶，为了对一些微观粒子的行为方式有更为细致的理解，科学家们又引入量子混沌领域。研究这一领域的工具则是随机矩阵。

在蒙哥马利和戴森两人当年见面的时候，蒙哥马利还从未听说过随机矩阵。可到如今，在黎曼假设研究的某些方向上，人们几乎言必称随机矩阵。量子力学和数论的这一联姻，有趣而富有传奇。下面是蒙哥马利讲的故事。

I was still a graduate student when I did this work. I had written my thesis but not yet defended it. When I first did the work，I didn't understand what it meant. I felt that there should be something this was telling me，but I didn't know what，and I was troubled by that.

That spring，the spring of '72，Harold Diamond organized an analytic number theory conference in St. Louis. I went and lectured at that，then I flew to Ann Arbor. I'd accepted a job at Ann Arbor and I wanted to buy a house. Well，I bought a house. Then I stopped off in Princeton on my way back to England，specifically to talk to Atle [Selberg] about this. I was a little worried that when I showed him my results he'd say："This is all very nice，Hugh，but I proved it many years ago." I heaved a big sigh of relief when he didn't say that. He seemed interested but rather noncommittal.

I took afternoon tea that day in Fuld Hall with Chowla. Freeman Dyson was standing across the room. I had spent the previous year at the Institute and I knew him perfectly well by sight, but I had never spoken to him. Chowla said: "Have you met Dyson?" I said no, I hadn't. He said: "I'll introduce you." I said no, I didn't feel I had to meet Dyson. Chowla insisted, and so I was dragged reluctantly across the room to meet Dyson. He was very polite, and asked me what I was working on. I told him I was working on the differences between the non-trivial zeros of Riemann's zeta function, and that I had developed a conjecture that the distribution function for those differences had integrand $1-(\sin \pi u/\pi u)^2$. He got very excited. He said: "That's the form factor for the pair correlation of eigenvalues of random Hermitian matrices!"

I'd never heard the term "pair correlation". It really made the connection. The next day Atle had a note Dyson had written to me giving references to Mehta's book, places I should look, and so on. To this day I've had one conversation with Dyson and one letter from him. It was very fruitful. I suppose by this time the connection would have been made, but it was certainly fortuitous that the connection came so quickly, because then when I wrote the paper for the proceedings of the conference, I was able to use the appropriate terminology and give the references and give the interpretation. I was amused when, a few years later, Dyson published a paper called "Missed Opportunities". I'm sure there are lots of missed opportunities, but this was a counterexample. It was real serendipity that I was able to encounter him at this crucial juncture.

1972 年春天，刚刚完成关于 ζ 函数零点统计关联研究的蒙哥马利带着他的研究成果飞往美国圣路易斯参加一个解析数论会议。在正式行程之外，他顺道在普林斯顿高等研究院做了短暂的停留。没想到这一停留却在数学与物理之间造就了一次奇异的交汇，黎曼猜想之旅也因此多了一道神奇瑰丽的景致。

蒙哥马利关于 ζ 函数零点间隔的论文于 1973 年由美国数学学会发表。5 年后，他在普林斯顿作了一个题为“蒙哥马利的对关联函数猜想”的讲座，听讲者中有一位名叫奥德利兹克的年轻人。多年后，蒙哥马利的对关联函数猜想变成了蒙哥马利 - 奥德利兹克定律。

蒙哥马利 - 奥德利兹克定律

黎曼 ζ 函数相继非平凡零点之间的（适当正规化的）间隔分布与 GUE 算子本征值的间隔分布在统计意义上是一致的。

这一故事又涉及著名的希尔伯特 - 波利亚猜想。

黎曼 $\zeta(s)$ 函数非平凡零点对应于某个埃尔米特算符的本征值。

在话剧的写作过程中，我查阅了一下维基百科，无意间发现，原来丘拉是李特尔伍德的学生。这位印度数学家于 1931 年在李特尔伍德的指导下获得博士后学位。他是那一位唯一与塞尔贝格有过合作文章的数学家。

另外，李特尔伍德名下的学生竟然还有拉马努金和达文波特。而蒙哥马利则是达文波特的一名学生。

The world is but a little place. 这句话真是传奇。

2017 年 2 月 17 日　星期五　黎曼的探戈

给这部话剧拟了一个剧名——《黎曼的探戈》。不可不说，这有点异想天开。可以想象，在黎曼的一生中肯定不会有探戈。因此在某种意义上，“黎曼的探戈”可以理解为黎曼 ζ 函数的探戈。 其英文的本意则可以是 Sound of Music from Riemann hypothesis.

想到用这个话剧名，多少有期待向一部音乐剧致敬之意！这部音乐剧叫做 *Fermat's Last Tango*(费马的最后探戈)。其中的主角是英国著名数学家安德鲁 · 怀尔斯，他于 1995 年证明了费马大定理。因而被载入数学的史册。普林斯顿高等研究院是个神奇的所在。1972 年蒙哥马利和戴森在这里的茶室邂逅，让我们看到了黎曼 $\zeta(s)$ 函数的零点分布与随机矩阵理论之间的神秘关联。数学与物理学的这一共鸣或将为我们带来一条最有希望证明黎曼假设的路径。普林斯顿高等研究院也是爱因斯坦成为世界上最著名的科学家后安享晚年的地方。有一本关于该高等研究院的书，即以来访者经常问的问题为名：《谁得到了爱因斯坦的办公室？》。

除了爱因斯坦外，极少有著名的科学家，特别是现代的数学家，其成就能够为公众所熟知。怀尔斯是这极少数者之一。他因为证明费马大定理而名扬世界。他的数学传奇被拍写成电视纪录片，写成畅销书。音乐剧《费马的最后探戈》随之出台。当这部剧作在 2000 年前后于曼哈顿上演时，怀尔斯执教于普林斯顿大学。

且听剧中两位数学大师跨越时空的一段“对话”：

I knew，I swore，
That elegant symmetry
Of x squared plus y squared
Is square of z
Could not be repeated if n were three，
Or more!

在“怀尔斯”如上吐露心声后，“费马”随后唱道：

Elliptical curves, modular forms,
Shimura-Taniyama,
It's all made up, it doesn't exist,
Algebraic melodrama!

音乐剧是一门高雅的艺术。在其演出里需要更为专业的演员。相比而言，若有类似主题的话剧，其门槛则不必那么高。若再由一群少年以话剧的模式来演绎这段浪漫而传奇的数学故事，则无疑也会是一曲浪漫的传奇，恰如怀尔斯童年时代的梦想。

一部有关《费马大定理》的话剧还在创作构思中。期待在三五年后上演。

关于《黎曼的探戈》，是否也可谱写或改编为一部音乐剧？这同样值得期待。目前想到的，若可在这一话剧中融入一些音乐的元素，或许可以为话剧增添色彩。托姆·阿波斯托尔的 ζ 函数的零点之歌会是一个绝妙的选择，可是放在哪一场话剧里呢？这里是 ζ 函数的零点之歌片段：

Where are the zeros of zeta of *s*?
G. F. B. Riemann has made a good guess.
They're all on the critical line, stated he,
And their density's one over 2π ln *t*.
This statement of Riemann's has been like trigger,
And many good men, with vim and with vigor,
Have attempte to find, with mathematical rigor,
What happens to zeta as mod t gets bigger.
The efforts of Landau and Bohr and Cramer,
And Littlewood, Hardy and Titchmarsh are there,
In spite of their efforts and skill and finesse,
In locating the zeros there's been no success.

不管是费马的最后定理，还是黎曼的探戈，每一个精彩的数学故事，经由不同的眼睛，看到的是不同的镜像世界与故事的演绎。

2017 年 3 月 17 日　星期五　贝尔芬格素数

2, 3, 5, 7, 11, 13, 17,…。

小时候的你有没有听老师说过，这些只被 1 和它本身整除的数具有独特的魅力！？这些数被称为素数。犹如我们生活的这个世界——这其中的万物都是由原子构成的，素数是构建算术世界所有数的基石。素数就像一块块的乐高积木，由此可以造出其他自然数。

《书海谣》这场话剧讲的正是素数的故事。之所以想到写这场话剧，多少是因为一位同事的孩子，她在去年观看我们的话剧《物竞天“哲”》后，很希望可以来参与今年的话剧演出。有关素数的话题若经由一个只有 7 岁的孩子来讲授，是否会让人耳目一新？

这一幕话剧将以一对可爱的父女的对话为我们绽开素数的奇妙星空。

素数就像是镶嵌在数之宇宙上的宝石，这些算术的宝石已经被数学家研究了许多个世纪。现今所知的，人类最早尝试了解素数的证据来自一块古老的骨头——它被称为伊山沟甲骨，距今已有八千多年的历史。它是在 1960 年，在非洲中部的赤道山区，被科学家考古时发现的。在它上面，刻着三列四组刻痕，其中一列有 11，13，17，19 个刻痕，这正是 10 到 20 的所有素数。其他两列看起来更像是数学天性的体现。尽管我们并不清楚，这是有意地还是无意地恰好构成一列素数。但是无论如何，这块古老的骨头也许正是人类这么早就开始关注素数的一大证据。

有人认为中国人是最先听到素数心跳的民族之一。在古代中国，人们将雌性特征归为偶数，雄性特征归为奇数，且除了如此直接的划分之外，他们还认为那些非素数的奇数，比如说 15，是具有女人气的数。有证据表明在公元前 1000 年，中国人就能够从物理观点理解为什么在所有的数中素数是如此的特殊。如果有 15 个豆子，你可以很容易地将它们排成一个长方形，三行五列。但若给你的是 17 个豆子，你只能排成的长方形就是一行。或许对于古代中国而言，素数就是具有男人气的数，它们抵抗着任何试图将它们写成两个更小的数之乘积的尝试。

早在古希腊时期，数学家就已经知道素数的宝石是无穷无尽的，这些宝石存在于一个与我们的现实世界完全独立的空间中。可是，它们如同天空中的繁星没有规律可言，能不能找到一个奇妙的公式——它能告诉你第 100 个或者第 1000 个素数是什么？

自古以来，这个问题就一直折磨着众多数学家。数个世纪以来，人们一直倾听素数自身的心跳，两下，三下，然后是五下，七下和十一下，如此继续下去……你看不出有任何规律能告诉你究竟隔多远可以找到下一个素数……

“数学家们试图在素数序列中找出某种秩序，但迄今一无所获。我们有理由相信，这是人类永远无法看穿的秘密。”伟大如欧拉曾如是说。

在素数的故事之外，这一幕话剧经由这对父女的对话来分享一个非常奇妙的素数：

10000000000000066600000000000001

正如在话剧中谈到的，这是一个回文素数。而在这个数的中央，还包含一个有点神秘色彩的666——这个数被称为魔鬼数。

这个素数有一个很是独特的名字——贝尔芬格素数。

在这一话剧的最后，这个最为神奇的素数被装入一个“时间的漂流瓶”，去寻找那位神秘的人物——Dr. Prime! 因为他非常需要这把数学的钥匙——来帮助他打开和追寻黎曼猜想的数学宝藏……

2017 年 4 月 17 日　星期一　素数的精灵

有同学和老师问起今年这部话剧的名字。我说这个还在等待中。关于这部话剧，至少可以有三个有点不同的名字选择。比如，它可以叫做《“曼”无止境》，黎曼假设或者黎曼所创造的数学带给我们无止境的思考和启迪。或如前面所说的，话剧的剧名曰《黎曼的探戈》。这部话剧也可以叫做《书海谣》，因为从某种意义上，这部话剧中的故事只不过是那位爸爸给可爱的女儿所讲的数学故事和一部书的缩影。

剧本的写作已初具雏形。整个剧本共计有六幕 17 场。话剧故事的主体部分散步在《黎曼的探戈》的第 3 幕、第 4 幕和第 5 幕里：

第 3 幕　第一场　虚数的魔力　第二场　错钓的大鱼　第三场　数学桥　第四场　江湖奇侠

第 4 幕　第一场　天书寻踪　第二场　最昂贵的葡萄酒　第三场　茶室邂逅

第 5 幕　第一场　书海谣　第二场　缘分的天空

而这些数学故事呈现和收藏在 Dr. Prime 和 Prof. Devil 穿越时空的旅行里。为了故事展开和讲述铺垫的需要，在此前添加 5 场：

第 2 幕　第一场　梦醒那时分　第二场　在散步

第三场　一个问题　第四场　教授来访　第五场　灵魂的契约

由此，有关黎曼假设和素数音乐的故事曲慢慢绽开。在故事讲述的最后，还有一场或者两场话剧与前面遥相呼应：比如，第 5 幕 第四场 七桥的小城 对应于 第 2 幕 第二场 在散步。所有这些话剧故事又可镶嵌在一个数学文化类节目《竹里馆》中。

第 1 幕　函数知多少　　第 6 幕　黎曼的探戈

在这些日子里，又特意加了前后各一段开篇曲：素数奏鸣曲和素数精灵的奏鸣曲，以便让我们系或者其他系爱好表演的同学参与其中。这会是非常开放的话剧舞台，3—5 人或者 30—50 人都可。这两场话剧演出原则上可以不用排练，最多彩排那天走走舞台即可。到时候请听导演们如何说！

且让我们在此数学娱乐一下，若邀请你来扮演一回素数的精灵，您会选择一个什么样的素数呢？

2017 年 5 月 17 日　星期三　“曼”无止境

一言以概之，整部话剧还有一场有待完成：这场话剧不妨叫做《“曼”无止境》。不过也许这场话剧可以舍弃。因为上面提到的 17 场话剧已可独自成篇。在看似完整的剧本中插入《“曼”无止境》，只是期待着看看，在话剧的演出中植入一场有点专业的数学讲座效果如何。

这场数学讲座设计的时长在 16—20 分钟。让我们想象在一百多年后的哥廷根，推出一系列纪念黎曼诞辰 300 周年的相关活动。其中有一场讲座的主题是有关黎曼和黎曼假设的点滴故事。于是迎来这样一场有点别致的话剧中的数学讲座。

这一讲座的内容可以随着不同的演讲者而不同。恰如黎曼假设的研究，可以有许多种不同的思路。在这里有我的一个设想：源于这一数学讲座的话剧特色，其中有一半以上内容可以是相关话剧故事的补充和升华。而在呈现有关黎曼的一些生平和数学故事后，则可以来聊聊黎曼猜想在数论之外的其他领域的影响力。比如它在代数几何、微分几何的故事，以及它与非交换几何有着怎样奇妙的关联。

卢昌海先生在他的《黎曼猜想漫谈》一书中讲述了一个有趣的数学故事：著名的法国几何学家埃利·嘉当 (Élie Cartan) 有一天收到了一封奇怪的信件，寄信人地址是位于法国海滨城市鲁昂的一座军事监狱。由此引出了关于韦伊猜想的故事。

数学家 A. 韦伊 (André Weil) 无疑是一位传奇人物。他在十六岁即进入著名的高等师范学校读书。自十九岁起，少年韦伊开始在欧洲各地游历，还到印度生活了两年多。相传在第二次世界大战前夕的一个夏天，韦伊为逃避兵役，和妻子来到了北欧国家芬兰，打算以此为跳板前往美国。不料却被当成苏联间谍抓捕。所幸有芬兰的一位数学家 R. 奈旺林纳 (Rolf Nevanlinna) 的帮助他逃过一劫，不过随后他被驱逐出境，瑞典警方随即逮捕了他，将他送往英国，如此几经周折，韦伊于 1940 年 2 月被送回到了法国警方手里。法国警方则以“逃避兵役”为由将他收押在鲁昂的军事监狱里。正是在这段不幸的时光里韦伊很幸运地取得了出色的研究成果。这些成果与黎曼猜想有关，多年后，他在此基础上提出了著名的韦伊猜想。这一猜想的数学故事可以追溯到高斯时代。在经过数学家 B. 迪沃克 (Bernard Dwork，1923—1998)、A. 格罗滕迪克 (Alexander Grothendieck，1928—2014)、J. P. 塞尔 (Jean-Pierre Serre，1926—) 等人的工作后，比利时数学家德利涅最后证明了这一猜想中的黎曼假设部分。正是在证明韦伊猜想的过程中，数学家们产生一些重要的思想并研究了一些全新的数学工具。由此我们可以说，黎曼猜想对代数几何的发展起了极大的促进作用。

不能不说，韦伊的数学传奇让人神往。有许多回系里的老师们聊天说起这段数学往事，常会一道开玩笑说，若选择在监狱里开一个讨论班，说不准我们会做出重大的数学成果。还记得多年前韦伊曾如是说，

我开始相信，没有什么事情比监狱更助于抽象科学。我的印度朋友维吉经常说，如果他在监狱蹲上 6 个月或者一年，他肯定能证明黎曼假设。这可能是真的，但他从未获得机会。

由黎曼假设可以引出很多的数学传奇，这里的故事说不完。

2017 年 7 月 17 日　星期一　距离 2014 最近的素数

历经 3 年，这部话剧的初稿终于完成。在这三年多的时间里，读了很多书。这其中有三部书，对于这一话剧的创作来说，影响是最大的，第一部是歌德的《浮士德》，它或可告诉我们的是，等待与坚持！歌德用了他一生的时间来写绝世名篇《浮士德》，带给我们的感动是坚持！第二部是乔斯坦·贾德的《苏菲的世界》，它可以告诉我们的是想象力！哲学的想象力，也是数学的想象力！第三部书，则是卢昌海先生的《黎曼猜想漫谈》，它带给我们的是精彩的人文笔触和科学情怀！这一作品中的一些桥段，源自卢老师这一科普大作的文笔、哲思和启迪。

《黎曼的探戈》的话剧主旋律当是品读数学之美。这里有最高深的黎曼假设，这里有最简单的数字音乐。这是一则带有穿越色彩的话剧故事，某种意义上，这一话剧故事或可理解为你我每个人关于黎曼假设的一道梦境。在我们 2017 这一版的话剧里，这个梦境或许有一点点复杂、重叠，这是个两重抑或是三重梦境。有的故事则在三重梦境里呈现！

让我们以数字奇趣的角度来简单谈谈这一话剧里的一些故事：

这一数学话剧有两把钥匙：一是康德先生的那一曲名言，还有那个神秘的数字——贝尔芬格素数：1000000000000066600000000000001，由此打开我们这一话剧故事的大门。

在这一话剧里还隐藏着另一个数：246，话剧里 Dr. Prime 的数学故事从 1907 年开篇，穿越时空来到 2153 年，相隔 246 年！而从数学与文化的维度，这个数至少在两个地方可以被发现。张益唐于 2013 年证明了素数间的有界距离不大于 70000000，之后在一些学者的努力下，70000000 已被改进并缩小到 246。另一个地方则出现在古代中国最伟大的数学经典《九章算术》里，这部书采用问题集的形式，其中收藏有 246 个数学问题。

不知道在这一话剧的演出后，观众们对 153 和 666 是否会有所偏爱？我想说的是，在这些看似只是数学娱乐色彩的数字里，可以隐藏有一些深刻的数学问题：比如

圣经数 153 是一个三角形数：$153 = 1 + 2 + 3 + \cdots + 17$；

另外，153 还可以写成三个素数的和：$153 = 37 + 43 + 73$，其中 37 和 73 是对偶的。

我们不妨把形如这样的数叫做“如圣经数”。又如魔鬼数 666 也是一个三角形数：

$$666 = 1 + 2 + 3 + 4 + 5 + \cdots + 36。$$

除此之外，666 恰还是前 7 个最小的素数的平方和：

$$666 = 2^2 + 3^2 + 5^2 + 7^2 + 11^2 + 13^2 + 17^2。$$

我们把形如这样的数叫做“类魔鬼数”。

于是我们可以问这样的一类问题：是否有无限多个“如圣经数或者类魔鬼数”？这一问题的难度，或许不亚于孪生素数猜想。

2017 年是非常独特的一年：2017 是一个素数。在如此独特的今年，华东师范大学数学系谨以这样一部最为独特的原创数学话剧纪念和缅怀伟大的黎曼先生——2017 距离黎曼出生的那一年 (1826) 和其离世的这一年 (1866) 分别是 191 年和 151 年，而 191 和 151 这两个数恰都是素数！

《黎曼的探戈》首演的时间预计在 10 月 28 日。华东师范大学数学系校友会将会在这天成立！有意思的是，106 年前的那一天：1911 年 10 月 28 日是数学大师陈省身先生的诞辰日。

于是，2017 年 10 月 28 日将会是最为独特的一天。在陈先生的生日里，我们演绎了一场黎曼的话剧。某种意义上，这里蕴藏着数学精神的一则传承！

10 和 28 这两个数字很别致：有如 153 和 666，10 和 28 都是三角形数。

还有一点有关数字有趣的发现是，在黎曼假设与素数的音乐的 3 部出色

的科普书里：马科斯·杜·索托伊的《素数的音乐》有 12 章，卡尔·萨巴的《黎曼博士的零点》恰有 17 章，而约翰·德比希尔的《素数之恋》则有 22 章，3 部书若平均后则恰是 17 章，不是吗?

17……这是一个富有传奇色彩的素数，我们的话剧之声如是说，

“有两件事物我们愈是思考愈觉得神奇，恰如那一晚的话剧之声将会演奏的，那就是奇妙的素数星空与我们心中的黎曼 ζ 函数”。

让我们想象，因为这一数学话剧，演出现场有某一位孩子，或者孩子的孩子们与黎曼假设结缘，最后成为一位数学家。让我们期待，这一数学话剧的种子会撒在孩子们的心里，等待着有一天绽放绚烂的花朵！

话剧篇中曲：“曼”无止境

在《黎曼的探戈》的这一话剧故事的设计里，有一场是“独特”的。期待通过一场相关的数学讲座——其主旋律是天才数学家黎曼以及黎曼假设的点滴故事——来为话剧增添色彩。这里呈现的是我们在 2017 年的话剧演出中的“‘曼’无止境”。或许可以参考一下。

第 5 幕　第三场　“曼”无止境

时间：2126 年 4 月 25 日
地点：哥廷根大学
人物：Prof. Ke，其演讲主题是：纪念黎曼诞辰 300 周年

Prof. Ke：老师们，同学们，朋友们！今天我们在此纪念一位著名的系友，数学家黎曼诞辰 300 周年！(他稍停了停)

Prof. Ke：伯恩哈德·黎曼于 1826 年出生在德国汉诺威，一个名叫布列

斯伦茨的小村庄。尽管家境贫寒，他却在关爱和幸福中成长。成年后的黎曼总是对他的家人保持着最热烈的爱。

Prof. Ke：小时候的黎曼很害羞、腼腆，这给他带来烦恼的同时，也让他习惯于长时间在孤独的思维世界里漫步，来收藏他天才的创造力和七彩的科学哲思。

280 年前的今天，那是 1846 年 4 月 25 日，黎曼成为哥廷根大学神学和语言学的大学生，经年后缘于对数学的最热烈的喜爱，黎曼转到了数学系。这是数学的幸运——不然数学的世界里又少了一位天才大师。

非常巧合的是，4 月 25 日也是 F. 克莱因的生日。而在 1849 年——黎曼从柏林大学访学后回到哥廷根的那一年，恰迎来了克莱因先生的降生！

Prof. Ke：黎曼无疑是世界数学史上最具独创精神的数学家之一。在数学、物理学的许多地方……都留下了他天才的印记！

“没有其他任何人可以比黎曼对现代数学具有更大的决定性的影响力！” 伟大如 F. 克莱因者亦如是说。(光影变幻里……)

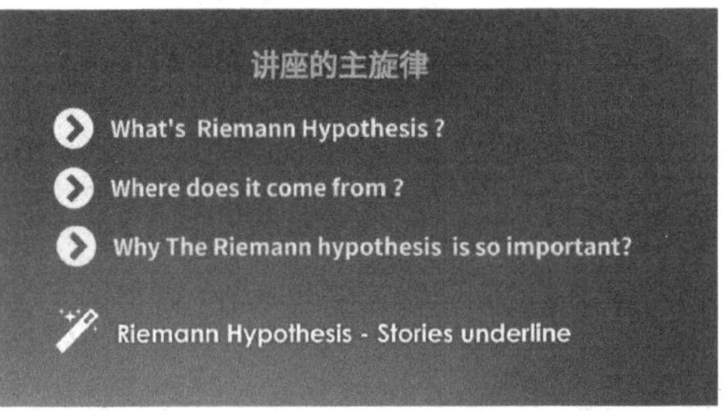

Prof. Ke：在此我主要想谈谈黎曼的著名假设。这一演讲将分为如下的四个部分。

What——黎曼假设说的是什么？Where——来自何方？Why——为何它如此重要？Math-stories underline ——它背后的一些数学故事。

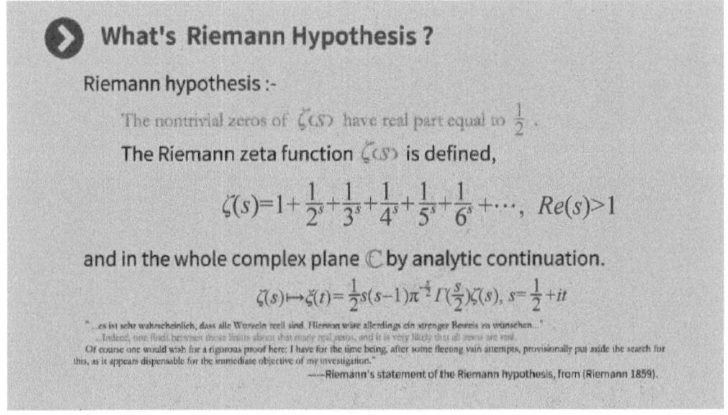

Prof. Ke：1859 年，黎曼被选为柏林科学院的通讯院士。作为对这一崇高荣誉的回报，他向柏林科学院提交了一篇数论论文。这篇只有短短不到 10 页的论文就是黎曼猜想的“诞生地”。在其中隐藏有如下的猜想：

黎曼 $\zeta(s)$ 函数的所有非平凡零点都位于复平面上 $\mathrm{Re}(s)=\dfrac{1}{2}$ 的直线上。

当然黎曼原文中“关于黎曼假设”的表述和这个有一点点不同。

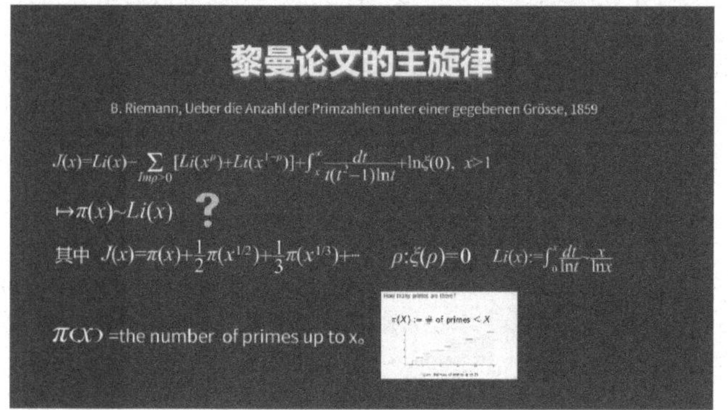

Prof. Ke：黎曼假设，或者说黎曼猜想，并不是黎曼这一论文的主旋律，黎曼的本意是想通过 $\zeta(s)$ 函数的桥来证明他导师——高斯的素数猜想。

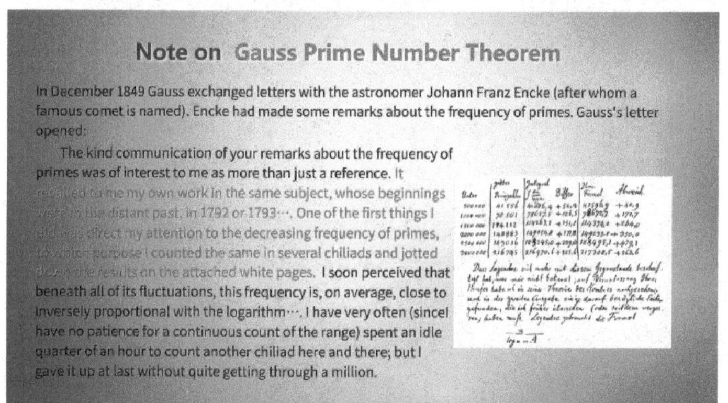

1849 年，在写给他的朋友——数学家及天文学家乔安 - 恩克的信中，高斯说，早在他十五六岁的时候就发现了素数的分布规律可以由对数函数来模拟。这当然是数学中最为神奇的一个发现。因为素数的世界，原本是如此的不可捉摸。

Prof. Ke：这个奇妙的规律也独立地被法国数学家勒让德所发现。还记得在黎曼的中学时代，校长舒马福斯先生曾推荐黎曼阅读勒让德的著作《数论》，天才少年黎曼用了六天时间读完了这部 859 页的巨著。书中就记载有高斯与勒让德的这一素数猜想。后来，高斯借助于对数积分的函数改进了这一猜想。

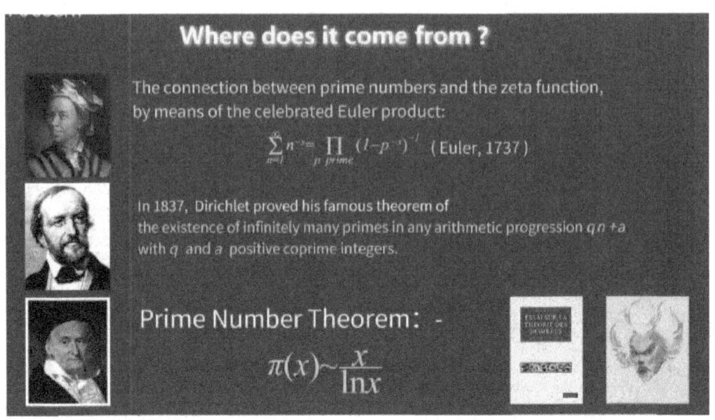

黎曼之所以写这篇论文，除了高斯 - 勒让德的素数猜想外，多少还因为另外两位大师级的数学家——欧拉和狄利克雷。

黎曼 1859 年那篇伟大的论文，开篇于著名的欧拉乘积公式：

$$\sum_{n=1}^{\infty}\frac{1}{n^s}=\prod_{p(\text{素数})}\left(1-\frac{1}{p^s}\right)^{-1}。$$

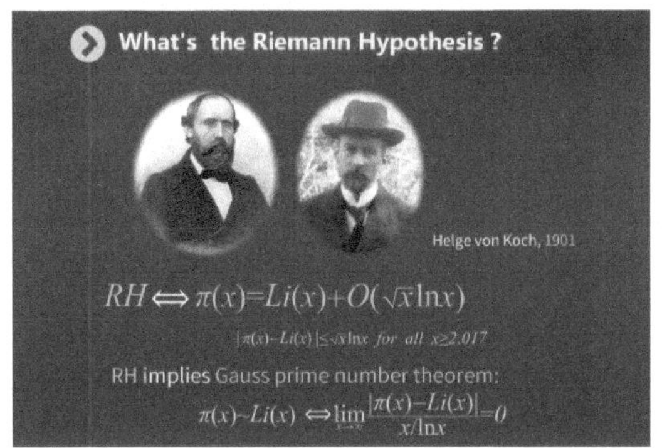

Prof. Ke：若以一个更现代的数学角度来考察和关注黎曼猜想，高斯的素数定理说的是，素数个数函数 $\pi(x)$ 和对数积分函数 $\mathrm{Li}(x)$ 之间的相对误差当 $x \to +\infty$ 时可以任意小，而黎曼猜想则给出了这两个函数间的绝对误差，并且是最精确的绝对误差。

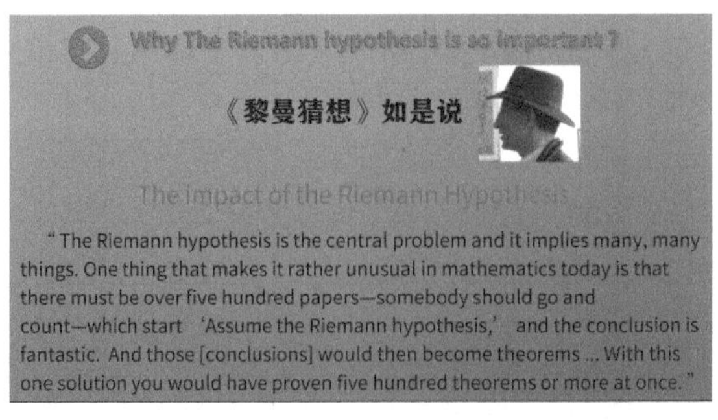

Prof. Ke：黎曼猜想之所以重要，有许多原因。在当今的数学文献中有很多的数学命题以黎曼猜想或其推广形式的成立为前提。如果黎曼猜想被证明，所有那些数学命题就全都可以荣升为定理。

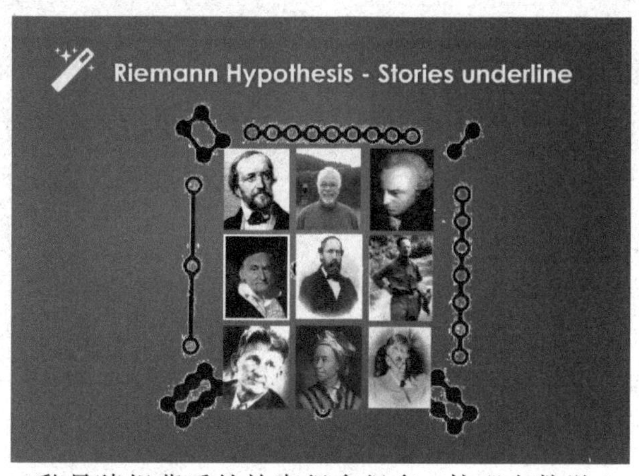

Prof. Ke：黎曼猜想背后的故事很多很多，体现在数学上、物理学上，乃至哲学上……这些故事或可以浓缩在这样一张古老的洛书图画里。

Prof. Ke：在黎曼的论文发表之后的最初二三十年时间里，他所开辟的这一领域显得十分冷清，没有出现任何重大进展。

1896 年阿达马、普桑关于素数定理的证明，让数学界把更多的注意力放到了黎曼猜想上来。而 1900 年希尔伯特关于"数学问题"的演讲则将黎曼非凡的洞察力带到了世人的面前，也令黎曼假设成为数学界最瞩目的难题之一。

在随后新的百年征程里，多少天才数学家闪亮登场。这其中有朗道、哈代和李特尔伍德。还记得吗？在这些有趣的故事里，我们当可遇见哈代先生那张如此独特的明信片。

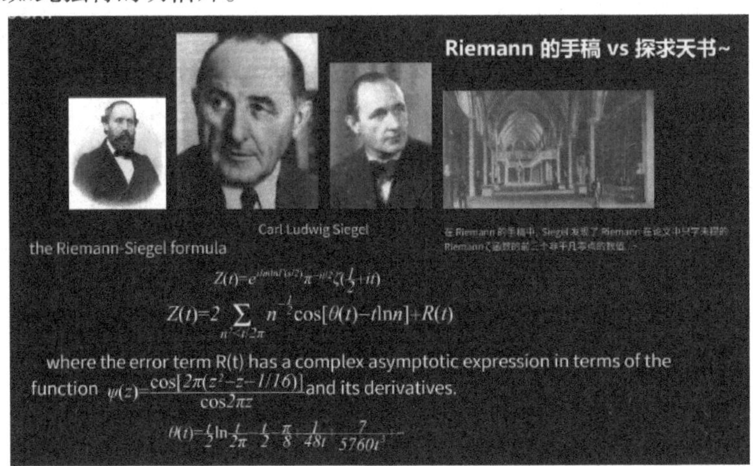

Prof. Ke：接下来的这一位有着传奇色彩的数学家，我想——你们都认得，对了——是西格尔。他也是我们的系友，他的导师是朗道先生。西格尔关于黎曼 - 西格尔公式的发现无疑是黎曼猜想之旅上一种别样的景致！正是从黎曼的手稿里，西格尔发现了黎曼在论文中只字未提的黎曼 ζ 函数的前三个非平凡零点的数值。

这是一个了不起的发现。

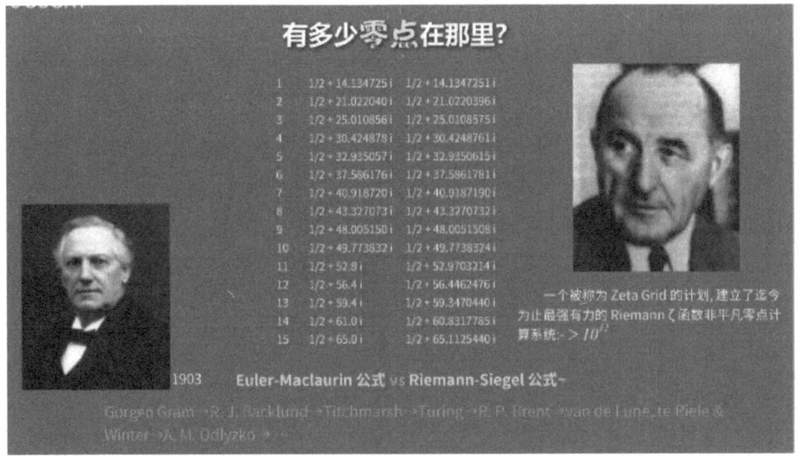

Prof. Ke：西格尔于 1932 年从黎曼的手稿中发现的秘密公式，可以用来准确而有效地计算黎曼世界中零点的位置。经由现代计算机，可认识到这个公式的真正潜力。一旦这个公式变成计算机程序，我们就可探索黎曼世界中从未想象过的新世界。

而在那只有纸和笔的年代里，这种计算是极其困难的……

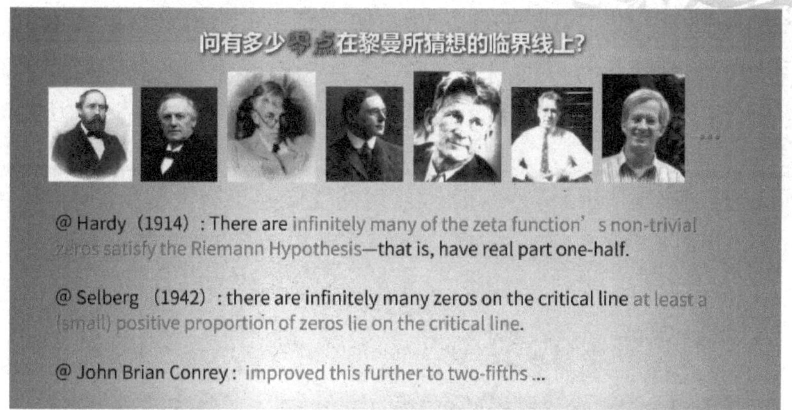

Prof. Ke: 另一方面，借助于数学理性的力量和一系列艰辛的解析研究，数学家们已经知道，至少有 2/5 的零点在黎曼所说的临界线上。这里有许多数学家的贡献，比如哈代 - 李特尔伍德、塞尔贝格、莱文森、康瑞……其中也有中国数学家的贡献。

当然这距离黎曼假设的最后解决还依然遥远。

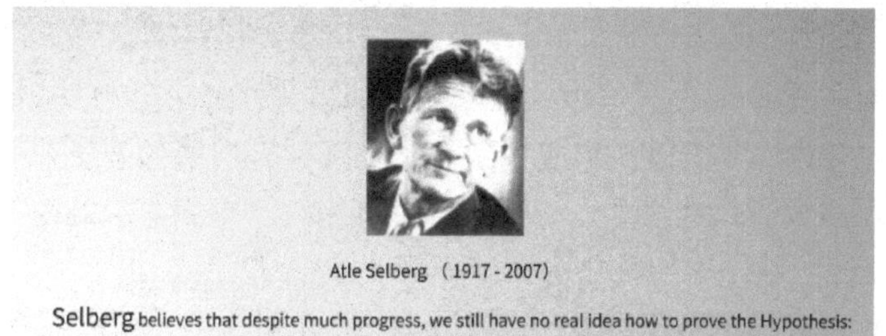

Prof. Ke: 塞尔贝格如是说，黎曼假设的解决，或许至少得等待 200 年。

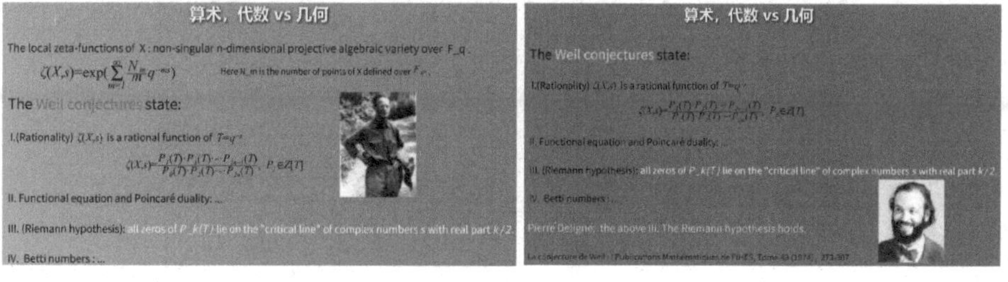

Prof. Ke: 黎曼猜想的魅力，在于经由它可以窥得更广阔的数学世界，

比如，在代数几何上，从模算术到有限域，我们可以遇见著名的韦伊猜想。这一猜想的数学故事可以追溯到高斯。在经过数学家迪沃克、格罗滕迪克、塞尔等人的工作后，比利时数学家德利涅最后证明了这一猜想中的黎曼假设部分。

可以说，黎曼猜想对算术 - 代数几何的发展起了极大的促进作用。

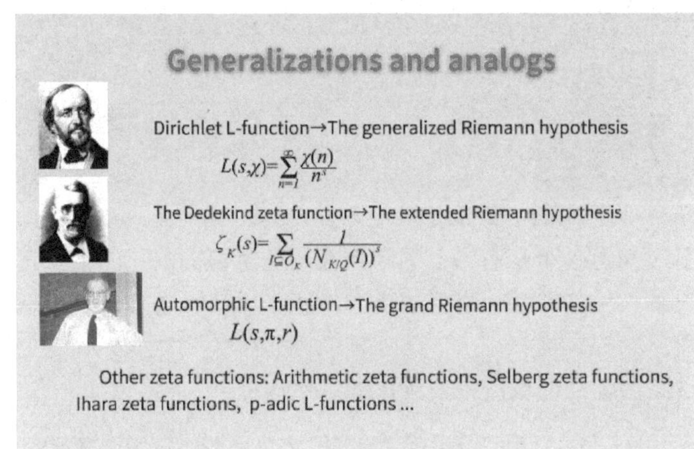

Prof. Ke：黎曼假设还可以拓广到其他的模式，比如，相应于狄利克雷 L-函数，有广义的黎曼假设；相应于戴德金 ζ 函数有扩展的黎曼猜想。但无论狄利克雷 L-函数还是戴德金 ζ 函数，都可以纳入一个更宏大的框架中，成为一类更广泛的、数学家们称之为自守 L-函数的特例。

当下最为流形的数学之朗兰兹 (Langlands) 纲领中，也有黎曼假设的侠影萍踪。

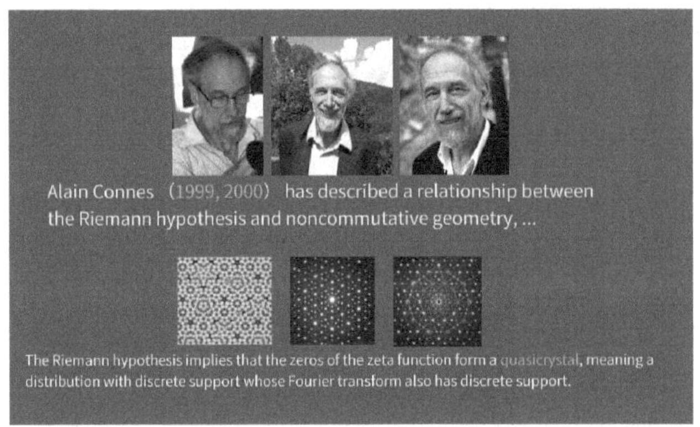

Prof. Ke：Alain Connes 的研究发现——黎曼假设与非交换几何有着奇妙的关联。

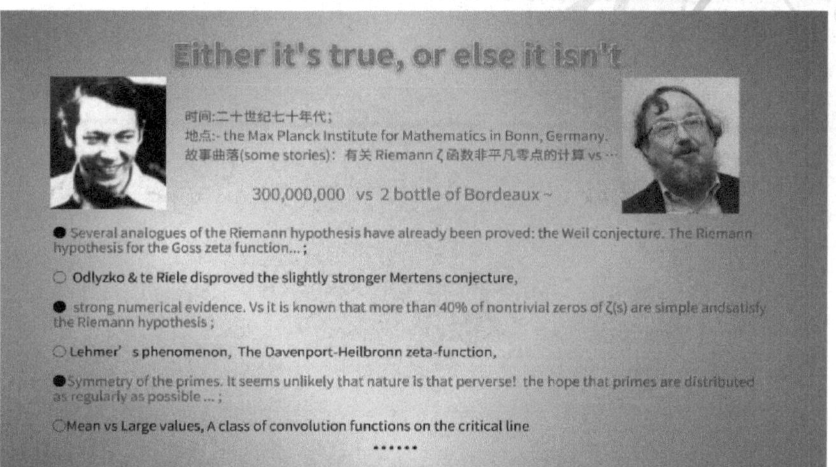

Prof. Ke：如果你问我，“黎曼猜想究竟是对的，还是错的”？我只能有点遗憾地说，“这个我也爱莫能助”。因为在这个问题的两边，都有不少数学家“粉丝”。他们各有各的看似千奇百怪的理由。

不过我可以带你一起来领略和欣赏黎曼假设背后的一些数学奇迹。

Gauss's class number conjecture

Disquisitiones Arithmeticae

There are only a finite number of imaginary quadratic fields with a given class number.

◆ Theorem（Hecke; 1918）. Assume the generalized Riemann hypothesis for L-functions of all imaginary quadratic Dirichlet characters. Then the conjecture holds.

■ Theorem (Heilbronn; 1934). If the generalized RH is false for the L-function of some imaginary quadratic Dirichlet character. then the conjecture also holds.

In 1935, Carl Siegel later strengthened the result without using RH or GRH in any way.

Prof. Ke: 话说在数论的世界里，有一个著名的猜想叫做高斯类数猜想。1918 年，数学家赫克在“假设广义黎曼猜想是对的”的基础上，证明了高斯的这一猜想，而 16 年后，数学家海尔布伦却在“假设广义黎曼猜想是错的”的前提下，也证明了高斯的这一猜想。

于是高斯类数猜想的无条件证明是黎曼假设最奇怪的应用之一。

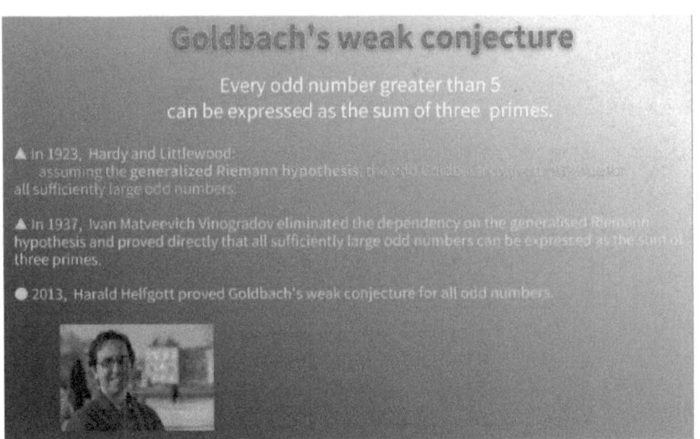

Prof. Ke：又如，著名的哥德巴赫弱猜想说的是，任何一个大于 5 的奇数可以写成 3 个素数的和……早在两百年前——那是 1923 年，哈代 - 李特尔伍德就曾在“假设广义黎曼猜想是对的”的基础上，证明对充分大的奇数，这一猜想是对的。然后，这个难题才被人类解决。

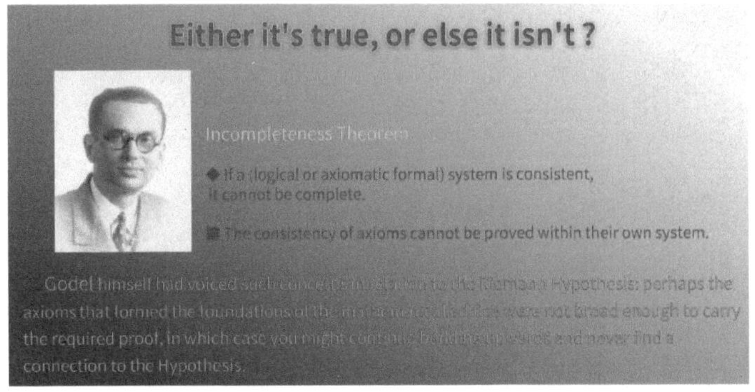

Prof. Ke：关于黎曼 $\zeta(z)$ 函数的研究，如此之多，以至于我们感觉自己懂得如此之少。或许如哥德尔说过的，也许构成现代数学大厦基础的公理系统还不够广泛，不足以为黎曼假设提供证明。

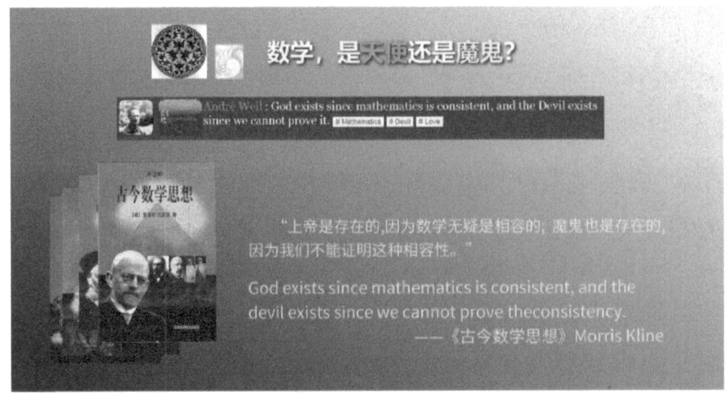

Prof. Ke：关于数学是什么？这是问题真的好难……因为啊，数学她既是天使，也是魔鬼。

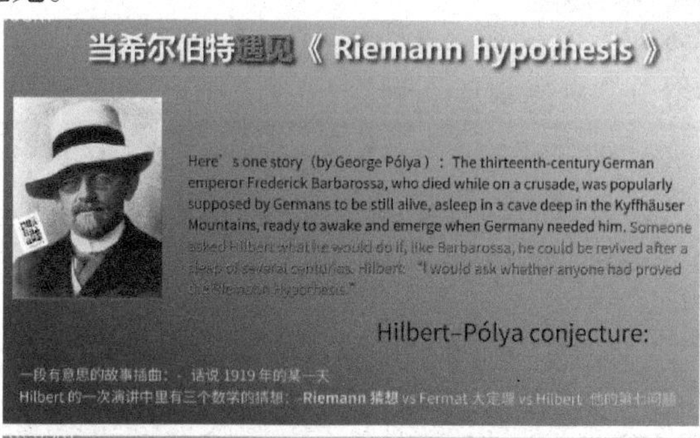

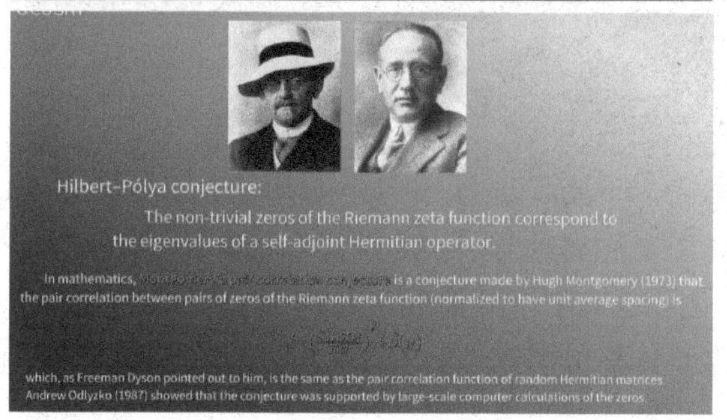

Prof. Ke：尽管在黎曼假设的研究上，希尔伯特并没有直接的贡献，但有许多相关的轶事与他有关，比如乔治·波利亚曾讲过这样的一个故事：“有人问希尔伯特，如果您像巴尔巴罗萨一样，沉睡几个世纪后醒来，您最想做的是什么？希尔伯特说，我想问，黎曼猜想是否已被证明。”

有一个猜想涉及希尔伯特和波利亚的名字，这个猜想说的是：

希尔伯特 - 波利亚：黎曼 $\zeta(s)$ 函数非平凡零点对应于某个埃尔米特算符的本征值。

于是这又可以导引出数学与物理学的奇妙“邂逅”。

Prof. Ke：普林斯顿高等研究院是一个神奇的地方，1972 年春天蒙哥马利和戴森在这里的茶室邂逅，让我们看到了黎曼 $\zeta(s)$ 函数的零点分布与随机矩阵理论之间的神秘关联，从而为这一研究注入了一种奇异的魅力，随后又有了著名的蒙哥马利 - 奥德利兹克定律。

在一些数学和物理学家的心目中，这一模式已经成为一种证明黎曼猜想的新的努力方向，即所谓的物理证明。

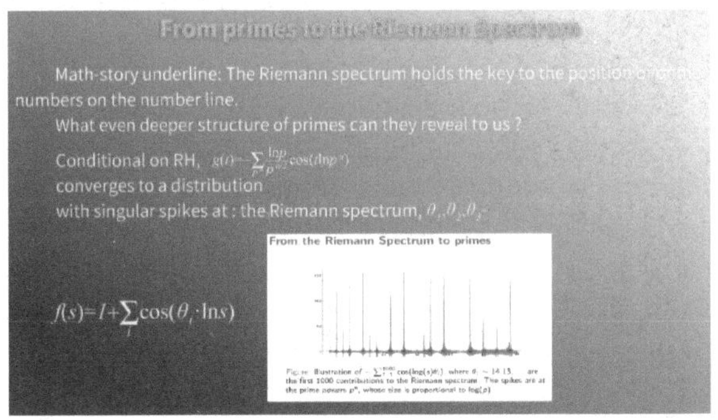

Prof. Ke：会不会有一天人们在宇宙的某个角落里发现一个奇特的量子物理体系，它的经典基本周期恰好是 ln 2, ln 3, ln 5,…? 或者它的量子能谱恰对应着黎曼 $\zeta(s)$ 函数的非平凡零点？如果真是这样，那无疑是大自然最美丽的奇迹之一。只要想到像素数和黎曼 ζ 函数非平凡零点这样纯粹的数学元素竟有可能出现在物理的天空里，变成优美的轨道和绚丽的光谱线，我们就不能不惊叹于数学与物理的神奇，惊叹于大自然的无穷造化。而这一切，正是科学的伟大魅力所在。

或许此时此刻，在天堂的黎曼看到或者听到这些的时候，他会微微一笑，说：年轻人，你们所说的这数学与物理学之间诸多奇妙的邂逅，其实——我早就预知了。因为在我所处的那个时代，我既是一位数学家，也是一位物理学家。

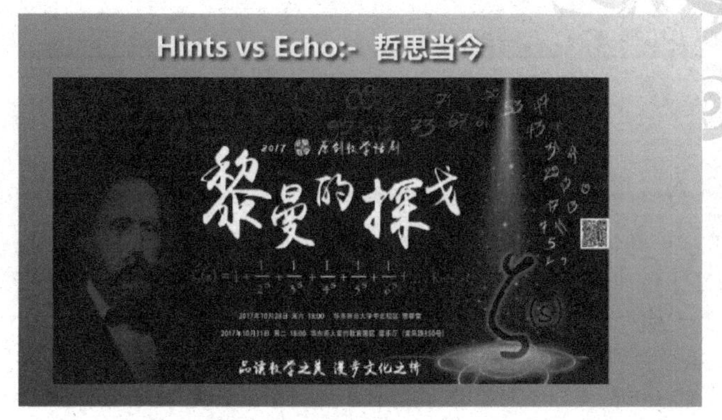

Prof. Ke：有两件事我越思考越觉得神奇，正如一百多年前在遥远的东方——中国上海，华东师范大学的一部数学话剧之声里演奏的……那就是奇妙的素数星空和我们心中的黎曼 $\zeta(s)$ 函数。

有两件事我们越是思考越觉得神奇，正如 105 年前的一部话剧之声里演奏的，那就是奇妙的素数星空和我们心中的黎曼 $\zeta(s)$ 函数。

Prof. Ke：小时候的你有没有听老师说过，这些只被 1 和它本身整除的数具有独特而非凡的魅力……这些数字精灵被称为素数！

谢谢！

（随后在灯光渐暗处，舞台上迎来 PPT 上素数的世界——诸多精灵的群舞）

参考文献

埃里克·坦普尔·贝尔．2012. 数学大师：从芝诺到庞加莱．徐源，译．上海：上海科技教育出版社．

歌德．1983．浮士德．董问樵，译．上海：复旦大学出版社．

卡尔·萨巴．2006. 黎曼博士的零点．汪晓勤，等译．上海：上海教育出版社．

康斯坦丝·瑞德．2006. 希尔伯特：数学世界的亚历山大．袁向东，李文林，译．上海：上海科学技术出版社．

卢昌海．2016. 黎曼猜想漫谈．北京：清华大学出版社．

马科斯·杜·索托伊．2007．素数的音乐．孙维昆，译．长沙：湖南科学技术出版社．

乔斯坦·贾德．2007. 苏菲的世界．萧宝森，译．北京：作家出版社．

威廉·莎士比亚．2010．莎士比亚全集．朱生豪，译．北京：人民文学出版社．

希尔伯特．2009. 数学问题．李文林，袁向东，译．大连：大连理工大学出版社．

约安·詹姆斯．2016. 数学巨匠：从欧拉到冯·诺伊曼．潘澍原，林开亮，等译．上海：上海科技教育出版社．

约翰·德比希尔．2008. 素数之恋．陈为蓬，译．上海：上海科技教育出版社．

Baker A. 1975. Transcendental Number Theory. Cambridge：Cambridge University Press.

Baker A. 1996. Linear forms in the logarithms of algebraic numbers. I. Mathematika, 13：204-216.

Bombieri E. 2000. The Riemann Hypothesis – official problem description (PDF). Clay Mathematics Institute. https://www.claymath.org/millennium-problems/riemann-hypothesis.

Cantor G. 1874. Über eine Eigenschaft des Inbegriffes aller reelen algebraischen Zahlen. J. Reine Angew. Math., 77：258-262.

Edwards H M. 1974. Riemann's Zeta Function. New York：Dover Publications.

Kempner A J. 1916. On Transcendental Numbers. Transactions of the American Mathematical Society, 17 (4)：476-482.

Hilbert D. 1893. Über die Transcendenz der Zahlen e und π. Mathematische Annalen, 43：216-219.

Littlewood J E. 1986. Littlewood's Miscellany. Bela Bollobas, ed. Cambridge: Cambridge University Press.

Riemann B. 1953. Ueber die Anzahl der Primzahlen unter einer gegebenen Grösse. Monatsberichte der Berliner Akademie. New York: Dover.

Titchmarsh E C. 1986. The Theory of The Riemann Zeta-function. Oxford: Oxford University Press.

Victor J. Katz. 2004．数学史通论．2 版．李文林，等译．北京：高等教育出版社．